Halte aux effets électromagnétiques

Crédits photos :

Tous les schémas et photos © Dr Jean-Claude Albaret sauf :

- Figure 4 © Pierre Petit
- Figure 21 © André Lequet
- Figure 27-2 © Dasse-Haraut Marie
- Figure 59 © Jacques Aubert
- Figure 70 © Valeurs Actuelles n°3423 du 5-11/07/02
- Figure 61 © Pénélope Bonnaud

ISBN : 978-2-7163-1376-6

Dr Jean-Claude ALBARET
Docteur en médecine
Membre de la Société Française de Radio Protection (SFRP)
Membre de la Commission Internationale
de la Santé au Travail (CIST/ICOH)

Avec l'aimable collaboration d'Annie Ginibre, physicienne,
Docteur ès sciences.

Cet ouvrage est un travail personnel, n'engageant pas ces organismes

Halte aux effets électromagnétiques

Éditions du Dauphin
43/45 rue de la Tombe-Issoire
75014 PARIS
www.editionsdudauphin.com

De mon père, je retiens l'adage :

"1 cas, c'est un hasard ; 2 cas, une coïncidence ; 3 cas, une épidémie !
Je retiens aussi, pour une enquête épidémiologique, les 3 questions indispensables :
"Combien de cas ? Sans laquelle tu ne peux mener d'enquête".
"Où ? Et tu dois avoir une carte, pour repérer ces cas !
"Quand ? Et tu dois trouver le facteur commun à ces malades qui a pu changer avant et (ou) apparaître au début de l'épidémie !".

Jean Claude Albaret

Table des matières

2de partie : Domaines d'exploration Mesures et mécanismes

Annexes

REMERCIEMENTS

L'auteur voudrait avant tout remercier :

Monsieur le Professeur François TEILLET,
ancien Chef de Service d'hématologie à l'hôpital de Colombes,
et son épouse et assistante,

Madame le Docteur France TEILLET-THIEBAUD,
qui par leur écoute, leur confiance, leur concours intelligent,
lui ont permis d'entreprendre ces recherches.

Monsieur le Professeur Pierre MECHLER,
Directeur du Département de Géophysique Appliquée de l'Université Pierre et Marie Curie, qui, s'intéressant au premier effet découvert, a proposé une interprétation et un nom.

L'élaboration de cet ouvrage a bénéficié de l'attention constante de
Madame Annie GINIBRE,
Agrégée de physique, Docteur ès Sciences, Maître de Conférences de l'Université Paris Sud, maintenant retraitée.
Et de ses conseils scientifiques, pluridisciplinaires, et pratiques.
Qu'elle en soit ici, tout particulièrement remerciée.

Ses remerciements vont aussi à tous ceux, trop nombreux pour être nommés ici, qui l'ont aidé de leurs avis, conseils, encouragements, critiques favorables... ou non, ou qui, connaissant cette recherche, l'ont aidé en fournissant des informations précises sur leur propre cas.

PRÉFACE 1

Le travail réalisé par le Docteur Jean-Claude Albaret, sur les effets possibles du courant électrique sur la santé, s'inscrit tout à fait dans la définition même du Principe de Précaution. Existe-t-il vraiment une relation entre l'augmentation des cancers et le développement technologique électrique des pays industrialisés ?

Le cocon d'ondes électromagnétiques artificielles que l'humanité tisse consciencieusement autour d'elle est-il sans danger pour la santé des individus ? Le courant vagabond induit est-il réellement cancérigène ? La variation spatiale électromagnétique des champs a-t-elle un effet biologique déclencheur ?

Toutes ces questions, abondamment illustrées par l'auteur de ce livre, nécessitent des réponses urgentes de la part des ministères de tutelle. Il appartient aux laboratoires bien équipés de la recherche publique d'en établir la causalité et de lever les incertitudes. Les zones d'habitation doivent être protégées, principalement en ce qui concerne les implantations des premiers et derniers poteaux de lignes électriques et des transformateurs. La sécurité des lignes enfouies devra également être assurée. Aucun doute ne doit subsister.

Tout individu doit être rassuré sur le fait qu'un courant induit qui traverserait son corps, la nuit, quand il dort, ne constituerait pas l'un des facteurs d'une résonance susceptible d'induire certains cancers !

Philippe Jean COULOMB
Professeur Honoraire des Universités
Président de la Commission Internationale Consultative
Principe de Précaution

PRÉFACE 2

L'exposition aux champs électriques et magnétiques générés par le courant électrique est responsable d'une augmentation du risque de cancers. Ce fait est reconnu par de nombreux scientifiques ainsi que par des instances internationales, comme le National Institute of Environmental Health Sciences (NIEHS) américain dès 1998, le National Radiation Protection Board (NRPB) anglais en 2001, ou le Centre International de Recherche sur le Cancer (CIRC) en 2002. Pourtant cette corrélation établie entre cancers et électricité continue d'être minimisée, voire occultée, dans certains rapports scientifiques officiels.

Dans son ouvrage, le docteur en Médecine Jean Claude ALBARET conforte, par ses observations pertinentes, la réalité du lien entre électricité et cancers. Les faits présentés soulignent, et c'est là une notion inédite, l'existence de types de cancers qui sont dépendants des différents environnements électriques auxquels les malades sont exposés.

Le Docteur Jean Claude ALBARET développe en particulier un concept original, celui de la « Variation Spatiale du Champ électromagnétique « (VASEM), lui permettant d'expliquer les associations qu'il rapporte entre des formes de cancers et les environnements électriques. Il parvient ainsi à associer la présence de cancers à des particularités dans l'agencement des fils électriques sur les poteaux de distribution du courant.

Par sa recherche de terrain et à partir des résultats qu'il a obtenus, le Docteur Jean Claude ALBARET est en mesure d'apprécier, voire d'anticiper, le risque cancérogène potentiel d'un lieu de vie. Des conseils de radioprotection figurent également dans ce livre. Ils sont une aide précieuse pour le lecteur soucieux de réduire le risque électromagnétique engendré, entre autres, par les transformateurs électriques, mais aussi et selon la classification de l'auteur, par des poteaux électriques suspects.

Le Docteur Jean Claude ALBARET avec des arguments nouveaux, attire notre attention sur un risque sanitaire avéré associant électricité et cancers, risque qu'il convient de prendre très rapidement en considération, en application du principe constitutionnel de précaution.

Roger SANTINI (†)
Docteur d'État ès sciences
Membre Émérite de la
Bioelectromagnetics Society (USA)
In memoriam

Pierre LE RUZ
Docteur en Physiologie
Directeur scientifique
de l'Association
Biologie Prospective
Environnement (ABPE)

AVERTISSEMENT

Par un travail d'exploration mené pendant de nombreuses années, le docteur Albaret est arrivé, sans soutien officiel, à découvrir des pistes inédites en étudiant, tout particulièrement, des cancers qui font peur, tumeurs cérébrales et cancers du sang, dans des circonstances liées à l'électricité.

La rareté de ces cancers ne signifie pas que le problème est de faible ampleur; mais, du fait que l'étude des coïncidences y est particulièrement spectaculaire, c'est un point de départ pour comprendre des mécanismes plus généraux. La localisation, parfois une accumulation, d'autres cancers, problèmes de santé, et effets divers, dans des environnements analogues, complète la démonstration.

L'étude chiffrée, très détaillée, n'est pas là pour fournir des preuves probabilistes, mais pour décrire la diversité des circonstances et justifier des pistes de recherches plus délicates. C'est une méthode tout à fait standard en physique, en particulier en spectroscopie, où j'ai pu observer son efficacité face à des données ininterprétables autrement.

L'espoir initial de prouver une parade simple à l'aide d'écrans métalliques, a débouché, pour l'instant sur des interrogations plus ciblées: étudier tous les détails théoriques et techniques demande, en plus, les compétences d'ingénieurs en génie électrique et de chercheurs en biologie, qui sauront mieux maintenant où et quoi regarder.

Un des mérites du docteur Albaret est d'avoir trouvé des descriptions approximatives et des idées simples. Il a pu ainsi préciser, au mieux, les aspects pratiques, sans être arrêté par la complexité désespérante du problème et les contraintes des études de l'épidémiologie actuelle.

Le présent ouvrage met à la portée de tous des éléments nécessaires à la prise en compte d'aspects couramment ignorés jusqu'ici ; peu importe finalement s'il y reste quelques flous dans la notion de courants vagabonds de retour, généralisée à l'excès, ou dans la comptabilité des poteaux, plus accessible que celle des habitants exposés et qui aurait été un casse-tête.

L'essentiel est d'avoir pu repérer des circonstances potentiellement dangereuses, où il sera indispensable d'effectuer des mesures et des essais empiriques.

C'est une rude épreuve morale, pour qui a été formé dans une discipline académique, de voir à quel point des idées simplifiées, voire simplistes et ignorantes, permettent à un chercheur indépendant, soucieux de pluridisciplinarité, de trouver ce que des recherches institutionnelles ignorent encore.

J'ai tenu à aider à la mise en ordre d'une grande partie de ces recherches, en affirmant que doivent être connues les conclusions hâtives, éventuellement provisoires, qui ont amené l'auteur aux hypothèses essentielles.

J'ai regroupé en annexe quelques bases d'électromagnétisme classique qui correspondent aux notions utilisées dans l'ouvrage.

Annie GINIBRE,
Agrégée de physique. Docteur ès Sciences Physiques.
Maître de Conférence, retraitée.

NOTE DE L'AUTEUR

On demandait à Napoléon 1er pour quelle raison il avait pris comme médecin personnel J. N. Corvisart, que la rumeur tenait pour un incapable, mais que l'historien G. Ferrus a décrit comme un observateur discret : «... *son humeur le portait plutôt à écouter et à réfléchir qu'à montrer ce qu'il savait, il ne fut pas remarqué parmi ses condisciples...* ».

Confirmant ceci, l'empereur aurait répondu :
« *Oui, il ne sait pas seulement si 2 + 2 font 4, mais c'est le seul qui commence par m'observer, avant de me balancer une théorie* ».
Sa fortune ainsi faite, Corvisart acquit avec ses honoraires, comme villégiature, un domaine couvrant les trois communes actuelles de Colombes, Bois Colombes et La Garenne Colombes, en banlieue de Paris.

Cette anecdote comporte, certes, des analogies avec ce qui est présenté ici : Colombes est le lieu où j'ai effectué une grande partie de mes recherches, et c'est souvent d'observations et d'appréciations divergentes qu'il s'agit ici.

Cependant, la ressemblance s'arrête assez vite : la voie ferrée ne passait pas alors à Colombes..., alors qu'elle a été ma principale source d'inspiration dans l'étude des effets de l'électricité sur la santé. Par ailleurs, je n'ai disposé ni d'une telle fortune ni de tels appuis, et j'ai trop souvent dû limiter au cadre de mes seuls moyens personnels, mes efforts pour suivre mes intuitions... Cependant, en essayant de faire connaître mes idées, j'ai été souvent soutenu par l'intérêt qu'ont montré des personnalités intéressées par mes observations.

L'originalité de ma démarche vient sans doute d'une nature intuitive qui me pousse à rechercher des explications compatibles avec toutes mes observations.

Les bases dont j'ai disposé sont impossibles à transmettre en totalité et à contrôler, aussi j'ai plutôt favorisé les exemples pour que chacun puisse s'essayer à les reproduire ou à les enrichir au hasard des circonstances.

L'exemple de mes revirements, concernant des conclusions préliminaires, est exposé pour ne pas laisser croire que des déductions hâtives, nécessaires à une telle approche, suffisent pour bien comprendre.

Il s'agit surtout de sensibiliser, et de lancer une alerte dûment documentée : il y a déjà un large faisceau de preuves, mais la production d'arguments-clés nécessaires à une démonstration scientifique sans appel, nécessitera sûrement la participation d'acteurs institutionnels divers.

Je préfère donc proposer une quantité de détails et de questions, pour bien montrer qu'il y a encore beaucoup à faire, en particulier pour la protection, même si certains points paraissent acquis.

COMMENT LIRE CE LIVRE

La première partie de l'ouvrage se veut accessible à tous : c'est l'historique de cette recherche sur des liens, insoupçonnés mais que l'on retrouve très souvent, entre certains points des lignes de distribution de l'énergie électrique et des cancers rares, aussi bien que les histoires des personnes qui y apparaissent. Cela sert de guide logique, et est annoncé dès le début par un résumé des étapes principales et des questions.

L'aventure et l'étonnement canaliseront-ils l'intérêt ? Ou bien le lecteur préférera-t-il au contraire cibler d'abord les sujets qu'il trouve plus à son goût et enrichir sa lecture en piochant dans la seconde partie ? Pourquoi pas, puisqu'il y trouvera une mosaïque d'observations réalisées souvent au hasard des occasions... Il lui suffira alors de reprendre de temps en temps le fil directeur de l'étude.

La description des environnements rencontrés lors de multiples enquêtes permet une prise de contact avec ce qu'il y a à observer, de façon assez informelle.

Parcourir les pages en diagonale, étudier les photos en alternant avec des observations dans les rues, peut être, au départ, une bonne façon de se familiariser avec des éléments électriques qui font partie du paysage mais que l'on a pris l'habitude d'ignorer, ne serait-ce que par souci esthétique.

La seconde partie, tantôt descriptive, tantôt explicative, développe des éléments plus techniques : des mesures et des interprétations explorant la physique des phénomènes électromagnétiques, initialement pour percevoir, où et comment, sont, et agissent, les champs électriques ou magnétiques créés par les fils électriques (avant d'envisager aussi la propagation d'ondes électromagnétiques) ; des résultats concernant les maladies et leur environnement ; et finalement une discussion dans le contexte des recherches scientifiques dans le monde.

Cette seconde partie peut être consultée ponctuellement dès la lecture de la première partie, pour préciser certains détails, de même que, en annexe, des références bibliographiques, des tableaux de résultats d'observation, et un exposé d'A. Ginibre, physicienne, sur les courants et les champs électromagnétiques, qui définissent et relie les notions utilisées.

L'ensemble de l'ouvrage pourra être regardé comme à l'image de la démarche :

- Avec ses paysages, qu'il s'agisse des rues plantées de poteaux électriques et de transformateurs, des théories existantes, ou des recherches internationales.
- Avec ses étapes, lors de déplacements pour enquête locale, mais, aussi, à la mise en évidence de questions nouvelles et de résultats importants.
- Avec ses cheminements parmi tout cela à la recherche de mécanismes.

INTRODUCTION

De nombreux ouvrages récents sensibilisent le public au problème de la pollution électromagnétique, et décrivent des alertes et des recherches épidémiologiques concernant des effets nocifs liés soit à l'électricité par la proximité des lignes à haute tension (HT) ou d'appareils électriques divers, soit à l'utilisation d'ondes, de la téléphonie mobile en particulier.

Curieusement, il n'y est pas vraiment question des lignes électriques qui mènent le courant depuis les transformateurs jusqu'aux maisons, le long des rues, et qu'on appelle lignes de distribution, sous des tensions très ordinaires de 400 volts.

C'est dans ce domaine que j'ai été amené à faire des observations inattendues où apparaît un lien entre certaines configurations et, initialement, des cancers rares, cancers du sang et tumeurs cérébrales, dans les 50 m, aussi bien que des perforations de tuyaux ou la présence de bestioles attirées là.

J'ai ensuite rencontré le problème des antennes relais, et étendu l'étude à d'autres maladies graves ; cependant, les constatations que j'ai faites après 2005, en particulier sur la maladie d'Alzheimer (2008), ne sont pas incluses ici. Le travail d'exploration que j'ai effectué pendant plus de 15 ans m'a mis en position de savoir observer quantité de détails techniques utiles à la compréhension de ce fléau que sont devenus les effets électromagnétiques, bien au-delà de ce qu'on imagine actuellement.

Cette piste qui est la mienne a d'original que ce sont des observations « tous azimuts », opportunistes, qui ont fourni, rapidement, des preuves, et cela, par des coïncidences souvent hautement improbables retrouvées de façon quasi-systématiques.

Par l'exposé de mes recherches et des résultats obtenus jusqu'en 2005, j'espère convaincre de l'importance d'inclure, dans les programmes de lutte contre le cancer, l'étude de ces effets de l'électricité que j'ai décelés et localisés, qu'il s'agisse d'une cause principale ou d'une coaction avec d'autres effets.

J'ai toujours l'espoir d'une protection, peut-être facile, contre ces nuisances électriques très générales mais actuellement ignorées. Cela m'encourage à faire connaître et discuter des hypothèses que j'ai dû faire évoluer en les confrontant avec toutes sortes d'observations et d'informations complémentaires.

1re partie : Cheminement de ma recherche

HISTORIQUE DE MES OBSERVATIONS DE 1991 À 2005

Je résume, ici un enchaînement de 28 observations que j'ai faites concernant des effets électromagnétiques, et quelques questions simples qu'elles m'ont posées, sur le moment, ou plus tard.

- En 1991, longtemps après m'être demandé s'il y avait des effets électromagnétiques sur les humains comme il y en a sur le matériel, j'ai fait effectuer un dosage du fer sanguin, avant et après m'être soumis au champ puissant de l'imagerie par résonance magnétique (IRM), et j'ai constaté des anomalies inattendues (première publication).

Les scientifiques se posent-ils les questions de base ?

- Toujours en 1991, j'ai voulu savoir si je retrouverai ces anomalies du fer chez des riverains exposés, comme moi, au champ magnétique d'une voie ferrée électrifiée. Je n'ai pas retrouvé cette anomalie, mais une autre – que j'exposerai plus loin – chez les personnes dont le lit était parallèle à la voie ferrée et proche d'une irrégularité de la caténaire (2e publication).

Un tel cas de figure peut-il avoir une incidence sur la santé du dormeur ?

- Pendant 18 mois, je me suis essayé à mesurer la variation des champs électromagnétiques (CEM) d'une ligne de 225 kV (1 kV = 1 kilovolt = 1 000 V), sous un arbre, de mètre en mètre, nuit et jour, en fonction des saisons.

Un rideau végétal entre une ligne électrique et l'habitat, ne pourrait-il pas diminuer l'effet de ces CEM dans les maisons ?

- En 1992 et 1993, en réponse aux 2 articles tirés de ces observations, le docteur Lambrozo, médecin chef du service d'études médicales d'EDF m'invita aux 2 premiers colloques internationaux en France, qui m'ont fait connaître les études épidémiologiques et des détails techniques sur un problème que j'ignorais. Je fus aussi invité au bicentenaire de l'École Polytechnique (1994) où furent mentionnées des études militaires de propagation d'ondes destructrices sur les fils, dont je n'avais pas saisi l'importance alors.

En 1995, j'ai réalisé les études importantes qui m'ont fourni les indices que je présente dans ce livre. Le plus grand nombre des observations, découvertes et hypothèses de ma recherche sur une piste électrique du cancer ont eu lieu à ce moment-là.

Pourquoi les recherches épidémiologiques actuelles n'utilisent-elles pas les méthodes exploratoires légères "de Papa", "à l'ancienne" ?

- Le 19 janvier 1995 marque un point de départ essentiel : en moins de 2 mois de recherche, je trouve, près de 4 malades atteints d'un cancer du sang rare, une structure électrique peu courante. Cette "configuration spécifique" est un agencement asymétrique des fils sur un poteau – 4 fils nus d'un côté, un câble torsadé de l'autre – que j'identifie plus tard comme un premier type de poteau électrique rare (type 1).

Cet assemblage, détail apparemment mineur, signe-t-il un cofacteur de cancer ?

- Février 1995, je trouve l'adresse de malades atteints d'un type rare de leucémie, par repérage de ce type de poteau rare : l'un des malades habite dans une ville de 8 513 habitants, devant l'un des deux seuls poteaux de ce type de toute la ville. Je distingue 5 types de poteaux au total (passage de 4 à 1 fil, débuts, coude, et fin de ligne), et je les présente à un concours de la recherche médicale : pas même d'accusé de réception du dossier. Un responsable d'EDF me conseille de voir plus de malades et plus de poteaux si je veux être crédible, ce que j'ai fait.

Ces types de poteau semblent bien être en cause, mais cela suffit-il ?

- Les 6, 7 et 11 mai 1995, journées tièdes du printemps 1995, des sortes de gros bourdons noirs (xylocopes) virevoltent autour de poteaux de ce même “type 1”, que j’avais trouvé à moins de 50 m des malades : le champ magnétique guide parfois certains insectes.

Si ceux-ci sont attirés par ce type de poteaux, l’observation de ces insectes permettra-t-elle de savoir où il y a danger de cancer, et de comprendre pourquoi ?

- En Juillet 1995, les hirondeaux font leur toilette sur les fils de 4 de ces mêmes poteaux : viennent-ils manger les insectes ou seraient-ils attirés à cause de magnétites dans leur cerveau ?

Comment confirmer cette piste qui paraît se raccorder à celle des cancers ?

- Le 23 septembre 1995, à Romans, dans la Drôme, un xylocope vient droit sur un poteau de fin de ligne, type 5, depuis plus de 50 mètres.

50 m, serait-ce aussi le rayon d’emprise pour les cancers ?

- Le 26 septembre 1995, toujours à Romans, une migration d’hirondelles se rassemble près d’un poteau “de type 1”.

Chaîne alimentaire, ou attraction par un phénomène magnétique ?

- Le 13 octobre 1995, afin de dater une hypothèse de prévention, j’effectue un dépôt de marque à l’INPI (Institut National de la Protection Industrielle) qui schématise un grillage de métal relié à la terre d’une prise électrique, à poser sur le lit. Je trouve, en effet, d’autres malades avec lit parallèle à la ligne électrique, ce qui évoque pour moi l’idée qu’un courant vagabond longitudinal est en cause.

Un paratonnerre horizontal sur la literie ne pourrait-il pas le dériver ?

Les années suivantes n’ont pas été toutes aussi fructueuses, mais 1996 commençait bien :

- Janvier 1996, je découvre un poteau portant deux fins de lignes faites de câble torsadé, à 15 m de la maison d’un jeune homme de 23 ans décédé d’une tumeur très rare du cerveau !

Deux fins de ligne sont-elles encore plus nocives qu’une seule ?

- Le 5 février 1996, je découvre un poteau “de type 1”, au 3-5 rue des Cares, à Moirans-en-Montagne, dans le Doubs. C’était l’un des 2 seuls poteaux de ce type dans la ville, et il se trouve à moins de 10 mètres de la maison dans laquelle 2 lits de métal ont brûlé en fondant le carrelage.

L’action de ce type 1 peut-elle intervenir dans des feux anormaux? Est-ce encore une confirmation?

- Mars 1996, je commence à traduire des articles fondamentaux de Wertheimer et Leeper, pionniers américains en la matière, dont celui de 1993 dans lequel ils trouvent moins de cancers du sein chez les femmes utilisant peu (selon l’expression des auteurs) leur couverture électrique.

Mon hypothèse de prévention par grillage de métal serait-elle confirmable?

- 6 juillet 1996, en banlieue de Budapest, je localise l’adresse de 4 sœurs atteintes de cancers devant un spécialiste hongrois des effets électromagnétiques, directeur de la section des radiations non ionisantes à l’Institut Joliot Curie de Budapest. Puis, dans une autre maison, j’ai l’occasion de tester mon hypothèse de position du lit du malade par rapport à l’axe de la ligne. Ouf! Enfin, un témoin officiel de l’efficacité de mes enquêtes!

Vais-je aboutir et trouver de l’aide auprès de l’ICNIRP (Comité International de Protection contre les Radiations Non Ionisantes) dont il est alors l’un des 12 membres du bureau?

- Mars 1997, je rencontre un inspecteur des Eaux auscultant la rue avec un stéthoscope, à la recherche d’une fuite de canalisation, juste devant la maison d’un cancéreux, près d’une irrégularité de ligne électrique, ce qui correspond à l’une des 3 questions qui présidèrent à ma recherche.

Une même cause électrique, qui peut provoquer des trous dans des tuyaux, pourrait-elle provoquer des effets délétères chez l’homme (ici un cancer du sang)? Serait-ce un indice de risque de cancer?

- 29 septembre 1997, du haut du Palais des Sciences et de la Culture de Varsovie, je regarde le grand nombre de toits de zinc construits après guerre. Redescendu au sol, je remarque qu’ils sont mis à la terre au niveau de chaque cage d’escalier d’une HLM. Mais une de ces mises à terre est débranchée et une enquête auprès des occupants ne signale de cancers que dans cette cage d’escalier.

Je me pose 4 questions, car je crains qu'il ne s'agisse pas d'une coïncidence :

1. **Est-ce la confirmation d'une action préventive d'un écran métallique mis à la terre ?**
2. **Les structures métalliques deviennent-elles nocives si elles ne sont pas correctement branchées à la terre ?**
3. **Qu'en est-il de toutes les antennes ?**
4. **Pour ce qui concerne les structures électriques qui m'inquiètent, s'agit-il d'un problème constant ou de 'pannes', plus ou moins courantes, voire exceptionnelles ?**

- Dans un village où tous les habitants se connaissent, le seul leucémique habite à 35 mètres d'un transformateur suffisamment important pour chauffer l'immeuble qui l'abrite. Ce n'est qu'un exemple parmi beaucoup d'autres de voisinage à risque.

La proximité de tels transformateurs est-elle à déconseiller ?

- En 1998, pour mettre fin aux perforations itératives (jusqu'à 3 fois par an) d'une cuve à mazout à 45 m d'un transformateur, je conseille au fils d'un cancéreux décédé, d'y souder un fil de cuivre de quelques centimètres, et d'en tourner l'extrémité libre vers le transformateur ; les perforations sont stoppées, au moins jusqu'en 2002 (sans nouvelles depuis).

Un tel dispositif pourrait-il prévenir l'apparition de cancers, ou bien, comme je me le suis demandé plus tard, peut-il être dangereux ?

- 25 juin 1998, à Paris, on m'a donné 45 minutes pour parler à un colloque de spécialistes francophones. J'exposais les différences de cancers trouvés en fonction de différents environnements, et en particulier électriques. Je précisais les 6 indices cliniques réunis en faveur de courants vagabonds de retour continus (je les pense continus ou redressés, car ils creusent des perforations électrolytiques dans l'acier) au lit des malades atteints de certains types de cancers. Déjà est apparue la différence entre les cancers du sang – plutôt en début de ligne près du transformateur, et en immeuble – et des tumeurs cérébrales (TC) – plutôt en pavillon, près des fins de ligne, et de ligne faite de câble isolé et torsadé.

Allais-je trouver une aide ?

- Mars 1999, je mesure entre 2 points dans la terre, au pied d'un poteau de fin de ligne voisin, une tension plus grande vers la maison du malade atteint de tumeur cérébrale. C'est un cas de figure rare, car, habituellement, le goudron des trottoirs empêche cette mesure simple.

Courant vagabond nocif, champ électrique, peut-on espérer mesurer quelque chose de caractéristique ? La mesure objective d'un tel phénomène physique permettra-t-elle sa reconnaissance ?

- Le 9 avril 1999, j'observe l'environnement électrique d'une ferme où les animaux sont stressés, en particulier lorsqu'un TGV gravit la rampe d'une courbe de voie ferrée, à 750 m de là. Je trouve une brève montée des tensions, prises entre deux points du sol, à ces moments-là. Cette grande distance fait peur, mais le site est heureusement exceptionnel (la ferme est sur la corde de l'arc décrit par la voie).

Quelle est la largeur du couloir de sécurité pour une voie ? Quelles précautions peut-on prendre lorsque l'on habite dans ce couloir ?

- Trois améliorations du syndrome de stress des vaches de cette même ferme ont été apportées.

1. Par le débranchement du fil de terre sur le poteau de fin de ligne d'alimentation électrique.
2. Par un câble de cuivre de 150 m, posé entre la voie et l'étable.
3. Par la grève SNCF du 08/05/99 et par la rupture de la caténaire par la tempête du 26/12/99.

Quelle est l'action d'éléments métalliques dans l'environnement des voies ferrées ?

- Janvier 2000, le rapport du technicien de la SNCF venu avec son équipe dans la ferme, mentionne le nom de force électromotrice longitudinale induite (femli). Ainsi je lis, pour la première fois comment on appelle, du moins dans un service très spécialisé de la SNCF, cet effet dont j'entends parler depuis 1963, et que je considère comme l'un des facteurs possible de cancer.

Comment faire connaître la redoutable activité de cette "femli" ?

- En 2003, j'ai pu mesurer des tensions près d'un poteau entouré de goudron ; sont-elles plus fortes vers la maison du malade (opéré et guéri d'une tumeur cérébrale) ? Afin de vérifier, et à ma demande, le malade a perforé et planté des piquets de terre dans le goudron au pied du poteau de fin de ligne devant son domicile : je ne trouve pas de tension mesurable dessous, entre ces piquets.

Est-ce le fait du goudron autour? Le courant passerait-il seulement dans la terre? Aurais-je trouvé des tensions si j'avais pu effectuer cette mesure sur de la terre humide? Comment obtenir un tel contrôle pour d'autres malades? Est-ce utile? Que faire?

- Le 6 juin 2003, lors du colloque annuel de neurochirurgie de France, un participant qui m'avait indiqué précédemment 2 villages où habitaient 3 cas (dont 2 voisins) de tumeur cérébrale (TC), m'apprenait enfin la cause de son silence.
  Après une semaine d'enquête sur les poteaux, je lui avais listé les zones à risque, dont 38 d'un village de plus de 500 habitants, mais sans en obtenir confirmation : en fait, l'un des 38 poteaux se trouvait devant sa maison, entre celles des 2 malades voisins, ce qui l'avait très impressionné.

Comment gérer une recherche qui fait peur, alors qu'elle laisse entrevoir un espoir de prévention ?

- 2 janvier 2004, un de mes proches manifeste les premiers symptômes d'une tumeur cérébrale (TC). En 2000, suite à la construction d'un immeuble, le transformateur avait été rapproché, de 90 m à 29 m, de la chambre où il couchait sans ennuis depuis plus de 35 ans. Je lui avais signalé un risque de lymphome ou de TC, pour lui ou sa femme dans un avenir proche, espérant qu'ils pourraient l'éviter. C'est la deuxième fois, sur trois, que se vérifie un pronostic que j'avais annoncé.

Faut-il se taire, quand il n'y a pas vraiment de solution en vue? Comment se défendre de la pose d'un transformateur trop proche, comme cela commence à se faire pour les antennes relais ?

- En janvier 2005, la SNCF remplace, le long d'une voie ferrée, la barrière de béton par une clôture métallique sans installer une mise à la terre, que le règlement n'impose que sur clôture de 500 m ou plus ; coïncidant avec cela, se produit alors, d'avril à septembre, une série d'incidents matériels plus ou moins sérieux.

Qu'en sera-t-il sur les personnes dans les années à venir ?

• Autour de décembre 2005, je me suis rendu auprès de quelques écoles où des enfants avaient déclaré des maladies graves.
Je rencontre le pédiatre épidémiologiste britannique G.Draper au colloque de l'Assemblée Nationale « Ondes électromagnétiques et santé : avis de vigilance générale ».
Ces perturbations par les irrégularités des lignes électriques que j'étudie rendent-elles les victimes plus fragiles à d'autres pollutions ? Les fils transportent-ils parfois les ondes de la téléphonie mobile ? Va-t-il être possible d'étendre mes observations à des milliers de cas ?

Chapitre I

Premières observations

Questions préliminaires

On me demande parfois les raisons d'une recherche sur les causes d'augmentation du nombre de cancer, à laquelle ma formation de stomatologiste (spécialité bouche et dents) ne m'avait pas préparé au premier abord. Comme tout médecin soucieux de cette augmentation, je ne me sentais pas directement concerné par les problèmes de recherche, car je me fiais aux chercheurs institutionnels pour en trouver la cause et y mettre un terme.

J'étais depuis longtemps attiré par les détails techniques, et j'avais eu l'occasion de m'interroger sur des maladies graves, dans mon entourage. Cela a mis longtemps à mûrir.

Corrosion par courants vagabonds

En 1963, lors de ma première installation à Courbevoie-La Défense, qui coïncidait avec celle des premiers sièges des compagnies pétrolières, un technicien chargé de la maintenance des pipelines se plaignait des perforations de la paroi d'acier des tuyaux. Les spécialistes accusaient un *courant vagabond de retour* (CVR) et utilisaient différents moyens de prévention. Les chiffres étaient parfois impressionnants : à 400 m des voies ferrées électrifiées, la paroi de 7 mm d'acier du pipeline pouvait se trouer, en moins de 6 mois, sur 1 cm de long, malgré l'observance stricte des règles de pose.

Ils ignoraient l'action de ce courant sur le riverain, et s'amusaient de mon souci lorsque je demandais s'il existait une prévention à ses méfaits éventuels sur le riverain allongé, la nuit dans l'axe de ce courant...

Image par résonance magnétique (IRM)

En 1983, une nouvelle question m'est venue lorsqu'un patient de mon ancien cabinet à La Défense est entré dans mon cabinet. C'était un vieil ingénieur qui avait dirigé un service de la Thomson, puis de la CGE (Compagnie Générale d'Électricité) : véritable professeur Nimbus, il était curieux de tout. Un jour il m'amenait un index électronique et tentait de me le faire adopter ; un autre, c'était un nouveau langage informatique qu'il mettait au point pour rivaliser avec le COBOL (langage informatique) ; aujourd'hui, c'était un profil de son crâne pris en IRM et réduit au format de carte postale.

Il venait d'assister – ou de contribuer, je ne sais plus – à l'installation, à Buc, de l'un des deux premiers et seuls appareils français d'IRM avec celui de Strasbourg. Je partageais son enthousiasme pour cette invention révolutionnaire. Je me souviens de son étonnement lorsque je lui demandais ce que devenait notre fer sanguin soumis à ce puissant aimant : "*Demandez à un biologiste !*" me répondit-il, furieux de ne pas s'être posé la question. Le biologiste me conseilla plutôt un polytechnicien, qui m'adressa à un radiologue : bref, je me rendais compte, de proche en proche, que personne ne s'était, quant à lui, interrogé à ce sujet.

Je m'étonnai de ce qu'aucun chercheur 'dans l'âme' ne se soit posé une question aussi élémentaire, et j'en éprouvai de l'inquiétude. Je m'étonnai, de plus, que le Président de la République annonçât, pour 1985, le passage de 2 à 5 du nombre de ces prestigieux et indispensables appareils, alors que les spécialistes en ignoraient les effets indirects.

Je décidai alors de mener cette étude lorsque j'en aurais le temps, étant pour l'heure surmené par la réinstallation de mon cabinet, par l'organisation des urgences stomatologiques de Paris et par mes fonctions d'Attaché de Consultation des Hôpitaux et d'Enseignement à l'Institut de Stomatologie.

Je voulais alors répondre à 3 questions simples :

- Les courants vagabonds parasites qui courent le long de voies ferrées électrifiées peuvent-ils être nuisibles aux personnes comme ils le sont aux choses ? Existe-t-il une pathologie propre aux riverains des voies ferrées ?
- Quels sont les effets de l'aimant puissant utilisé lors d'une image par résonance magnétique (IRM), sur le fer sanguin ?
- N'y aurait-il pas moyen de prévenir ces effets éventuels ?

J'ai fini par expérimenter l'IRM moi-même, en 1991, et cela a été le début de toutes ces années de recherches.

Une expérimentation et ses conséquences

Imagerie par résonance magnétique (IRM) et examens sanguins

Ce n'est qu'en avril 1991 que j'ai enfin pu observer l'action d'un aimant puissant sur le transit du fer dans le corps. Je profitais d'une douleur maxillaire à l'ouverture buccale pour passer une IRM sur l'appareil expérimental de Buc.

Je demandais une série d'examens du fer et de la formule sanguine (FS), la veille et le jour de l'intervention. J'effectuais des contrôles au cinquième jour, puis de mois en mois, jusqu'en janvier 1992. Le fer sanguin avait plus que doublé le lendemain de l'examen, sortant des normes, pour revenir à la normale au 5e jour.

Étonné par ce résultat, je le publiais dans la revue de stomatologie et en envoyais copie à EDF : l'étude de la bibliographie ne notait aucune perturbation de ce genre.

Une dizaine d'appareils de ce type existait en France, mais les confrères qui les utilisaient ne pouvaient me répondre. L'un d'entre eux ironisait même au téléphone : "*Si un malade atteint d'hémochromatose (excès de fer dans le sang) décédait sur la table, ça se saurait* !"

Cependant, en juin, apparut une inversion de formule sanguine (FS) qu'aucune maladie intercurrente décelable ne pouvait expliquer, et que je conservais jusqu'en décembre.

L'inversion de FS, peu grave en soi, consiste en une inversion de la répartition des globules blancs granuleux et lisses qui, de 60 % et 40 % normalement, peut passer à 40 % et 60 %. Précisons quatre points, pour éviter tout fantasme ou toute rumeur :

- Une inversion de FS est un symptôme que l'on voit associé à des infections sévères mais non malignes, dont, parfois, la mononucléose.
- L'appareil expérimental de Buc, non accessible au public, était peut-être en dérangement et, en tout état de cause, deux ingénieurs s'affairaient autour, lors de mon examen.
- Le professeur Dominique Doyon, radiologue à l'Hôpital de Créteil, n'a pas retrouvé de tels signes biologiques chez une soixantaine de malades passés dans cet appareil, avec ou sans produit de contraste (Gadolinium).
- Deux examens du fer sanguin chez un proche, effectués avant et après une IRM en septembre 2004, n'ont pas montré non plus de modification de la formule sanguine.

L'observation de 1991 était donc unique et inexpliquée (et reste telle), mais j'ai cherché à comprendre mes résultats.

Train et leucémie

J'habite Colombes depuis 1969, dans une rue parallèle à une voie ferrée électrifiée et à 70 m de la caténaire : cette proximité pouvait-elle être coresponsable des modifications de ma FS ? N'en trouvant pas d'autres cas dans ma famille, j'en cherchais chez une vingtaine de riverains qui habitaient dans les 20 m de la voie et qui voulaient bien me montrer leur FS. Il s'agissait de résultats d'examens systématiques (prénuptial, embauche, sport, etc.), à l'exception d'un seul, demandé pour maladie chronique.

Il n'y avait pas de perturbation du fer mais je trouvais des inversions de formule sanguine chez six personnes. Il se trouvait que leur lit était parallèle à la voie ferrée, et que quatre d'entre elles habitaient dans 2 maisons mitoyennes : une jeune femme et son concubin, sans enfant, dans une des deux maisons ; une mère et son fils dans l'autre, alors même que les formules du père et de l'autre fils étaient normales. Trois questions se posaient en conséquence :

1) Existe-t-il une sensibilité particulière qui veut que, dans un même lit et soumis à un même facteur de risque, la femme présente une anomalie et pas son mari ?

2) Les deux maisons mitoyennes se trouvant devant un dispositif de passage d'aiguillage, analogue à celui de la figure 2, cette irrégularité de la ligne d'alimentation des trains, est-elle un facteur de risque ?

Figure 2 – Fin de caténaire sur un aiguillage
Ce triangle de métal, en forme d'Y horizontal, correspond à un aiguillage où se trouve une fin de caténaire : à gauche, la branche haute du Y est le câble porteur ; la branche basse est la caténaire. À droite, le pied du Y représente le câble tracteur et tenseur de caténaire, isolé électriquement par une demi-douzaine de disques de verre. Un tel Y peut se retrouver dans d'autres dispositifs tenseurs, en particulier lors de fins de section de caténaires. Les autres fils, en fouillis, au dessous, sont les caténaires alimentant 3 autres voies ferrées, avec leurs câbles porteurs.

Près d'un tel dispositif, j'ai trouvé un champ électrique plus grand, coexistant avec des cas d'inversion de formule sanguine.
On ne voit pas ici l'ensemble du système électrique correspondant à l'aiguillage, qui s'étale sur une centaine de mètres.
Il est difficile de schématiser ce système complexe : les 2 caténaires sont côte à côte sur une certaine distance (entre deux poteaux). Afin d'éviter le contact du pantographe avec les deux caténaires à la fois, celle qui se termine remonte (c'est elle que l'on voit sur la photo). La nouvelle, descend et un système de poulie avec contrepoids augmente la tension mécanique du fil, à 700 kg pour les trains usuels, et à 1 200 kg pour les trains rapides (Corail, TGV).

3) Le fils dont la formule sanguine était normale couchait perpendiculairement à la voie ferrée ; l'axe du lit aurait-il un effet sur la perturbation ?

Au cours de la même enquête, un homme d'une trentaine d'années m'apprenait qu'il était atteint, depuis 1987, d'une forme rare de leucémie (LMC, Leucémie myéloïde chronique). Son lit se trouvait dans un axe à 45° de la voie ferrée. Il habitait, depuis son enfance, cette maison située à 10 m de la caténaire, à 50 de la gare, et à 20 m d'une station de transformation électrique. Ce cas de LMC suscitait à son tour trois questions :

1) L'exposition, pendant 9 ans (1978, installation de caténaire, début de LMC, 1987) au champ de la caténaire pouvait-elle suffire à déclencher cette leucémie ?
2) Le courant vagabond de retour, déjà évoqué plus haut, était-il le facteur en cause ? Était-il le seul ?
3) L'axe du lit parallèle à la voie était-il un facteur accessoire (comme le suggère ici, la position intermédiaire du lit, à 45°) ou essentiel ? On entrevoit la complexité du problème.

Je parlais de ma recherche à son médecin traitant, un professeur, chef de service d'hématologie, qui se déclara intéressé et prêt à m'aider lorsque j'aurais plus d'informations.

Curiosité et colloques

Si j'avais pu prévoir que ma curiosité m'entraînerait aussi loin et, surtout, que la reconnaissance des résultats serait aussi difficile, je me serais abstenu !

Cependant, le docteur Jacques Lambrozo, qui, en particulier, s'était impliqué dans l'étude de cohorte GAZEL (population composée de personnels de GDF et EDF), me faisait savoir qu'il était intéressé par cette recherche. Pris entre son devoir de réserve et son désir de confraternité, il m'offrait un superbe cadeau : la possibilité d'assister aux deux premiers colloques internationaux qu'il organisait, en 1992, à Champs sur Marne et en 1993 à Paris, sur les champs électromagnétiques (CEM).

J'y côtoyais les ténors d'un problème nouveau auquel je tentais de m'initier. Parmi tant de points intéressants, j'arrivais à en dégager trois :

1) Il existe une augmentation du nombre des leucémies d'adolescents vivant sous des lignes électriques.
2) Un conférencier, Tenforde, nous montrait qu'une résonance cyclotronique en présence d'un champ statique comme le champ magnétique terrestre, et d'un champ variable comme celui de nos maisons (alimentation en 380 V, 50 Hz), peut modifier la membrane de nos globules blancs ; mais l'expérience de cette modification n'ayant pu être reproduite, on ne pouvait retenir cette double exposition comme mécanisme d'action (voir liste des encarts pour plus de précisions sur Tenforde et sur la résonance cyclotronique).
3) Enfin, un participant, Surbeck, signalait que les recherches en cours ne tenaient pas compte des transitoires, champs puissants mais dans un temps très court, et qui ne se mesuraient pas avec les appareils actuels.

De plus, grâce aux actes du Colloque du 24 juin 1993, traduits en français par la vigilance de Lambrozo, je tenais en main les références de base indispensables et un moyen de comparer… dans ma langue maternelle, mes propres résultats à ceux des experts.

De la peur au rire

J'étais passionné par ce thème de recherche, mais je dois rapporter ici un incident lors du colloque de 1993, qui aurait pu m'arrêter dans mon entreprise. A quelques 300 participants, spécialistes et consommateurs électriques, on demandait leur expérience en matière d'effets d'un champ magnétique sur le fer sanguin : personne ne répondait.

Simple consommateur, je me levais, et exposais les résultats de mes analyses sanguines avant et après examen par IRM. Les Actes du colloque ne rapportent pas le silence qui écrasa alors la salle. Le meneur des débats, Luc Séguillon, me demanda ce que je pensais de ces résultats.

Lorsque je les mis sur le compte d'un dérangement de l'appareil, un énorme fou rire parcourut l'assemblée, évacuant ainsi cette peur qu'un original amène lorsqu'il suggère que l'on n'a pas fait certaines recherches élémentaires.

Hilare et hostile, elle n'écouta plus la suite de mon intervention impromptue, au cours de laquelle, j'exposais également la découverte d'inversions de formule sanguine chez certains riverains d'une voie ferrée, mais il était trop tard. Je rendis le micro et me rassis sur le strapontin que je n'aurais pas dû quitter !

La discussion ne m'avait pas été favorable. Deux maîtres de la question précisaient même, l'un : "*que ceci n'avait été noté dans aucune expérimentation*" (sans préciser si on avait cherché de telles modifications), l'autre, qu'il fallait protester :

"*... il est assez stupéfiant de mettre sur le même pied des dépenses chiffrées en dizaines de millions de dollars, qui ont mis en jeu des compétences considérables, des dizaines voire des centaines de personnes qui ont fait des études dont on a rapporté tout à l'heure la qualité, et de mettre en parallèle des faits de ce type avec la pêche à la ligne sur une numération sanguine...*"

Ce dernier devait avoir raison. C'était, en tout cas, l'avis de l'assemblée, car aucun des assistants ne protesta. Ainsi, j'aurais dû (ou pu) abandonner la recherche après un tel coup de semonce.

Heureusement, quelques jours après, je rencontrais Claude Lévi-Strauss, avec qui j'ai pu discuter une bonne centaine de fois en tête à tête. Cet homme bon et modeste m'a honoré de son estime, de sa confiance et de son amitié pendant près de dix ans, jusqu'à ma préretraite ; puis, nos routes ont divergé. Je lui rapportais l'incident en lui demandant si une spécialisation capable de minimiser le fait qui suggère une hypothèse, une théorie médicale nouvelle, n'entraînait pas une certitude doctrinaire, capable d'étouffer le côté créatif de l'esprit. Celui que certains ont appelé le plus grand philosophe contemporain, mit du baume sur la blessure encore vive, en me rappelant, de façon plus nuancée, que : "*L'Homme a toujours pensé aussi bien !*"

Mesures sous un arbre

Pour apprécier la réalité des champs électromagnétiques (CEM) j'effectuais des mesures, pendant plus d'un an, de mètre en mètre, sous un arbre poussant sous une ligne de très haute tension au port de Gennevilliers. Je constatais qu'ils s'annulaient à son pied, alors qu'ils prenaient leur pleine valeur hors ramure, le phénomène étant plus marqué sous l'arbre en sève, au printemps et en été.

Je me demandais alors, si des arbres plantés entre lignes électriques et habitations pouvaient prévenir les effets de ces champs. Je consultais le professeur Champagnat, spécialiste de l'arbre, qui enseignait la biologie végétale à la Faculté de Pharmacie de Paris. Il ne connaissait pas l'action des champs électromagnétiques sur les arbres, mais il m'apprit qu'il existait un arbre que la foudre ne frappe jamais, le hêtre !

J'envisageais une cause possible à cette particularité : lorsque l'on plante un gland et une faîne, on s'aperçoit, au bout d'un an, que les racines du hêtre s'étalent à l'horizontale, alors que la pivotante du chêne s'enfonce à la verticale dans le sol et qu'elle est trois fois plus longue que sa plantule.

Certes, cette différence s'atténue sur l'adulte, mais elle pourrait expliquer que le chêne, bon conducteur électrique, soit choisi par la foudre. Le facteur de conduction radiculaire pourrait être en cause : selon que l'arbre s'implante par racine pivotante (verticale du chêne) ou par racines fasciculées (horizontale du hêtre), il attirerait plus ou moins la foudre.

Au repas d'un colloque, JP Urbain, directeur du Réseau de Transport Électrique, se trouvait être mon voisin. Nous riions de cette hypothèse, et il se demandait si la foudre se retenait de frapper sur les hêtraies normandes de plus de 500 hectares. Je remarquais qu'il n'avait pas d'hypothèse à me proposer face à l'assertion de Champagnat.

En février 1994, bien que j'aie encore un enfant à charge, je prenais une retraite anticipée (dispositif MICA alors proposé aux médecins), pour me consacrer à plein-temps à cette étude. Ce fut en fait une reconversion informelle vers une activité de chercheur, sans soutien institutionnel, et sans contraintes. J'avais l'espoir qu'un jour, quelqu'un m'apporterait son concours.

En attendant l'occasion favorable, j'appris la mosaïque et pris comme sujet « Tityre sous le hêtre », d'après Virgile. En représentant Tityre, jouant de la flûte sous un hêtre, près d'un chêne frappé par la foudre, j'y ajoutais les détails de mon hypothèse électrique : les racines traçantes horizontales du hêtre, mauvaises conductrices de l'électricité, et la longue pivotante verticale du chêne attirant la foudre venue d'un nuage en forme d'enclume (cumulonimbus).

Cette mosaïque fut exécutée en mai, entre pivoine et delphinium, en moins de 400 heures (voir figure 3 en annexe).

Cet épisode, où je gardais présente l'idée de phénomènes biologiques et électriques, m'a permis de mûrir mon projet. C'est au cours de ce travail que j'ai décidé de mettre ce dont je disposais, d'énergie, d'attention, d'endurance et de patience, au service de la recherche. Et surtout, c'est là qu'est née l'idée d'appliquer à la recherche d'une relation entre cancer et électricité, les principes de la recherche épidémiologique appris de mon père.

Retour à "l'épidémiologie de Papa"

Mon père, en tant qu'inspecteur d'hygiène à la Préfecture de Versailles, devait trouver la cause des épidémies et stopper leur propagation. On le voit ici (ovale de la photo), en 1932, au dernier rang du cours de microbiologie du Professeur Calmette (encadré), de l'Institut Pasteur, connu pour le vaccin contre la tuberculose (BCG, Bilié Calmette Guérin). J'étais le dernier de ses 6 enfants ; mon père approchait de sa retraite et prenait le temps de me former à l'enquête épidémiologique.

Figure 4 (extrait de photo) – Cours de microbiologie à l'Institut Pasteur, en 1932
Dans l'encadré, le professeur Calmette, dans l'ovale, le docteur Joseph Albaret.

De lui je retiens l'adage : *"1 cas, c'est un hasard ; 2 cas, une coïncidence ; 3 cas, une épidémie !"*

Je retiens aussi que pour une enquête épidémiologique, les 3 questions indispensables sont : *"Combien de cas ? Sans laquelle tu ne peux mener d'enquête". "Où ? Et tu dois avoir une carte, pour repérer ces cas !". "Quand ? Et tu dois trouver le facteur commun à ces malades qui a pu changer avant et (ou) apparaître au début de l'épidémie !"*. Cette dernière recommandation, je n'ai pensé que bien tardivement à l'appliquer, mais elle est pleine de promesses.

En 1945, l'enfant qui décalque les courbes de niveau d'une carte d'état-major, c'est moi. Je repère, dans un ou deux villages voisins, la maison de malades atteints d'une infection contagieuse ; je les situe par rapport à ces courbes.

Le carbone violet glisse entre la carte et la feuille vierge car, sortie de guerre oblige, je ne trouve pas toujours quatre trombones pour les fixer et je dérive alors d'une courbe à l'autre, lorsqu'elles sont serrées. J'aime bien décalquer les régions plates de Seine et Oise aux courbes espacées ; mais dans les zones accidentées des Yvelines, des Petites Loges, de Saint-Cyr l'École, où les courbes se resserrent, d'un coup de crayon maladroit, le petit carré des maisons a vite fait de filer à 20 mètres au dessus ou en dessous de son niveau réel. Mon père, assis à côté, coule un œil diagonal, corrige l'erreur qui détruit l'intérêt du calque, m'incite à plus de rigueur.

Dans le cas d'une typhoïde, la carte servait à voir si les effluents d'un purin de ferme, en amont, avaient pu contaminer, en aval, la nappe d'eau, la source, puis les utilisateurs. La typhoïde était cette maladie dont on mourait ou restait bizarre ; "*idiot*" disait Mac Mahon qui ajoutait : "*je le sais car je l'ai eue*" !

Dans le cas d'une poliomyélite, la carte permettait de détecter piscine, plans d'eau, baignades, dans lesquels les adolescents contractent la maladie qui les paralysait.

J'analyse aujourd'hui mon travail : *"Elles étaient moches tes copies, mon pauvre Jean Claude !"*.

Mais la malice de mon père m'a formé ainsi, à une rigueur épidémiologique qui semble aujourd'hui révolue dans la mesure où les antibiotiques et les vaccins ont quasiment fait disparaître ces maladies dans les pays industrialisés.

Cinquante ans après, lorsque j'ai appris que plusieurs cas de cancers apparaissaient dans certains quartiers, certaines rues, certains immeubles ou certains pavillons et que l'on incriminait l'électricité, je me suis demandé si cette méthode ne me permettrait pas de découvrir un détail commun aux malades.

Un mot encore de ce père dont l'érudition et l'esprit pratique me fascinaient ! Par son sens de l'image qui frappe, j'ai acquis de cet homme ouvert à tout, morale, philosophie, science et technique, d'autres notions essentielles pour ma recherche, en 3 domaines au moins :

- Ex-assistant de radiologie à la Faculté de Montpellier, il m'apprenait que "sans pile de 1,5 V, capable de rougir la résistance d'une ampoule, il n'y a pas de rayons X possibles". Et c'est ainsi qu'aujourd'hui, je ne crains pas d'envisager dans le déclenchement du cancer, un mécanisme de coaction de tensions de quelques millivolts avec la quantité d'énergie stockée dans l'isolant d'une ligne électrique torsadée.
- Nous passions nos vacances à Saint Alban sur Limagnole, en Lozère, dans sa maison natale. Il me faisait observer les signes apparents de dépression barométrique et les prémisses de l'orage : "*Avant la tempête, les mouches piquent, les hirondelles volent bas et les fous crient !*"
  En effet, Saint Alban est surmonté d'un hôpital psychiatrique, et les aliénés hurlaient depuis l'asile, avant l'orage, comme la cloche depuis le clocher, avant l'office. L'emploi du Largactyl par Laborit, en anesthésie puis sur les aliénés, a aboli cet effet peu connu : on hiberne les fous, on ne les contient plus dans les camisoles de force et aujourd'hui, ils ne crient plus avant l'orage !
  Mais la relation entre l'insecte et l'hirondelle persiste toujours et je ne l'oublie pas : mon père me montrait le rassemblement des hirondeaux sur certains fils électriques pour leur toilette, en juillet et celui des hirondelles adultes sur d'autres fils, avant leur migration, en août ou septembre.
- En apiculture, enfin, il me montrait les différents types d'abeille, l'Italienne à l'abdomen fin comme celui d'une guêpe, la grosse anglaise, Buckfast, l'abeille sauvage corpulente et velue qui venait piller ses ruches. Il distinguait le vol nuptial de la reine avec ses bourdons, le vol circulaire des jeunes autour de la ruche à leur première sortie, le vol de l'essaimage.

Leucémies, trains, et poteaux électriques bizarres

Leucémie rare et caténaire

En novembre 1994, j'ai repris contact avec le professeur d'hématologie qui s'était intéressé à mes questions sur la pathologie chez les riverains de voies ferrées. Il m'a alors donné, dans le respect des règles en usage, 16 adresses de malades soignés pour un type rare de cancer du sang (LMC, déjà cité), soit, compte tenu de l'incidence de la maladie, un nombre qui correspondrait aux cas relevés dans une population de l'ordre d'un million d'habitants.

J'ai donc repris les principes de mon père. Certes, l'électricité est à ce jour presque aussi répandue que l'eau, mais si certains points de sa distribution peuvent amener des problèmes, la carte des installations d'EDF est aussi indispensable que l'était celle des plans d'eau pour localiser le risque de typhoïde ou de poliomyélite.
Dans la foule des paramètres relevés, je pointais la position et la distance des lignes électriques de transport souterraines ou aériennes, grâce à une carte EDF de 1985 ; les clochers qui attirent la foudre y figuraient alors.

Je notais la distance entre habitation des malades et fils électriques visibles : les fils de traction, de transport et de distribution électrique, les transformateurs, et aussi la proximité des clochers. J'ai vite, peut-être trop vite, abandonné l'étude des lignes téléphoniques, non en raison de leur faible voltage, mais parce que les maisons n'étaient pas toujours équipées de téléphone. Je notais la distance des maisons aux masses d'eau de la Seine, et repérais l'axe des lignes électriques par rapport au nord magnétique.

Accessoirement, j'ai noté, par analogie avec les irrégularités observées sur les caténaires, les asymétries de fils sur les poteaux, et surtout sur les poteaux de lignes secondaires. J'ai tenu compte de la nature de l'habitat : pavillon, immeubles plus ou moins haut, pouvant receler un nouveau transformateur non représenté sur ma carte trop ancienne.

En moins d'un mois, je repérais que les 16 malades d'Ile-de-France habitaient en zone résidentielle, et qu'aucun n'était à proximité ni de stop de carrefour, ni de carrossier, qui auraient apporté une pollution particulière ; 8 des 16 habitations se trouvaient à moins de 400 mètres d'une voie ferrée avec caténaire, et 4 de ces 8 habitations étaient alimentées par une ligne de distribution aérienne visible de 380 V.

Nous étions le 21 décembre, et j'étais très satisfait de ce résultat qui mettait en évidence pour la moitié des habitats, une proximité des lignes de plus de 10 kV. J'ignorais que des confrères américains avaient trouvé, depuis longtemps des choses analogues.

Janvier 1995 : découverte

Par chance, le professeur ne pouvait me recevoir avant la fin janvier. Je décidais de mettre à profit le délai dû à ce contretemps pour retourner vérifier un détail qui m'intriguait : à la distance de 14, 43 et 58 pas (73 de mes pas égalent 50 mètres) de trois des quatre maisons de malades qui étaient alimentées par une ligne électrique aérienne de distribution, il existait un agencement rare, une 'configuration spécifique'(CS) des fils de ligne sur un poteau.

Cette CS consistait en une asymétrie de la répartition des fils de part et d'autre du poteau : d'un côté 4 fils nus, de l'autre, un seul câble fait des 4 fils isolés et réunis en torsade. Je jugeais rare ce genre de CS car j'en comptais 1 sur 500 sur les poteaux le long des routes.

Figure 5. Premier cas de poteau suspect : fils et traînée d'avion
Première image de poteau suspect portant la configuration spécifique (CS), que j'ai suspectée au départ. Je l'ai noté plus tard 'de type 1', lorsque j'ai distingué d'autres types. Par hasard, cette photo comporte une traînée d'avion parallèle aux fils ; cette providentielle traînée m'a contraint à me demander ce que représentait une ligne de 2, 3, 4 fils ou plus, et puis, ce que signifiait cet agencement bizarre des fils (4 fils à gauche, 1 seul câble torsadé à droite) et quel effet il pouvait avoir. Le malade atteint d'un type rare de leucémie habitait derrière l'arbre en bas à gauche de la photo. Une voie ferrée passait juste derrière le photographe, à 80 m du malade. 4 janvier 1995.

Cependant, la dernière des 4 habitations de malades ne possédait pas ce type de poteau, bien qu'elle se trouvât, comme les autres, à moins de 400 mètres d'une caténaire. J'avais noté pour cette maison :
« *Ligne régulière d'aspect neuf. Câble torsadé posé sur acrotères de façade. Pas de CS. Section de caténaire du Paris - Cherbourg à 130 mètres* ».

Je pensais que puisque la ligne était neuve, il se pouvait qu'un examen attentif révélât quelque vestige de cette même configuration spécifique (CS) que j'avais trouvée pour les 3 autres. Parfois les installateurs rebouchent mal les dégradations de la dépose ; la cicatrice permet alors de compter le nombre de trous sur les murs pignons et de retrouver par déduction le type de la ligne d'origine. Le village se trouvait à près de 100 kilomètres de mon domicile. Le contrôle s'imposait puisque j'en avais le temps et je suis donc revenu sur les lieux.

Il n'y avait pas de traces de CS. J'interrogeais la première personne venue, un vieil homme en train de bricoler sa voiture, dans son jardin :
« *La ligne est posée depuis 25 ans !*
Comment le savez-vous aussi précisément ?
Parce que c'est moi qui l'ai installée : je suis électricien sous-traitant d'EDF et mon fils a repris l'affaire ; regardez la plaque professionnelle ! La ligne paraît neuve car elle est à l'abri de l'auvent du toit ! C'est du beau travail, hein ?»

Il était tout content, et moi, tout triste. En me reculant, je voyais bien sa plaque, mais pas ce que je recherchai ! Mon hypothèse s'effondrait lamentablement; j'errais dans les rues avoisinantes, misérablement ! Cependant, dans une voie située derrière la maison, que je n'avais pas pensé à explorer, je trouvai le poteau recherché : comme les autres, il portait des fils nus d'un côté, un câble torsadé de l'autre, et se trouvait ainsi, à moins de 50 m de la maison du malade. C'était le 19 janvier 1995 à 10 heures.

J'ai d'emblée ressenti l'importance de cette découverte, à la fois pour la compréhension du mécanisme d'action et pour la prévention ! J'explosai. J'exultai. L'intensité d'une émotion est-elle la même pour toute découverte ? Sûrement pas, et la première est-elle toujours la plus grande ?

S'habituerait-on à la chance ? Je n'ai plus jamais éprouvé, lors de mes autres découvertes ou rencontres, de choc aussi grand que cette première fois !

Je me demandais ce qui, dans l'agencement de ces fils, pouvait être pathogène : les 2 éléments les plus importants me semblent être, l'asymétrie des fils de chaque côté du poteau et la fin du câble torsadé et isolé. Les autres, tels que la longueur de la ligne 4 fils, du câble torsadé, le parallélisme entre ligne de 4 fils et caténaire, me semblent secondaires.

Figure 6. Aspect des lignes pour ces 4 premiers cas de leucémie
Les 4 malades se trouvent en direction des 4 numéros, dans les 50 m. On retrouve le même type de poteau sur lequel on voit le câble torsadé d'un côté et les 4 fils ou plus, nus, de l'autre.
Que représente cet agencement des fils ? Je ne l'ai compris que bien plus tard vers 1997.

– Dans le cas 1, la CS représente 2 fins de lignes sur un même poteau, dont l'une se reconnaît à ce que l'extrémité des fils du câble torsadé pend dans le vide. Les 2 transformateurs qu'on ne voit pas sur la photo, se trouvent à environ 300 m de chaque côté du poteau, et une caténaire parallèle à la ligne électrique, à 80 m de la chambre du malade.

– Dans le cas 2, on voit un câble torsadé entre 2 lignes de 4 fils : ce câble a pu être sectionné par tempête, ou, par un véhicule hors normes passant dans la rue. La société de maintenance assume l'urgence en restaurant la continuité de la ligne par un câble torsadé plus rapide à poser, et moins onéreux qu'une ligne de 4 fils. Une caténaire était parallèle à cette ligne, à 250 m.

– Dans les cas 3 et 4, enfin, il s'agit de double début de ligne sur un même poteau : 2 câbles torsadés en provenance du transformateur, à 20 m de l'immeuble, remontent le long du poteau portant les débuts de 2 lignes, l'une en 4 fils nus, l'autre en câble torsadé, isolé. La caténaire est à 130 m pour l'un et à 400 m pour l'autre. Le parallélisme, visible pour la ligne à 130 m, est approximatif pour la ligne à 400 m.

Finalement, dans ces 4 cas où il y a une caténaire dans les 400 m et une ligne secondaire visible, les 4 malades habitent près de poteaux de même type, portant, d'un côté, du câble torsadé, de l'autre, 4 fils nus, séparés. Pour 3 d'entre eux, ce sont des débuts ou des fins de lignes, et le 4e habite près d'une ligne qui passe de 4 fils à 1 câble torsadé.

Ainsi l'on trouve, en ce qui concerne la ligne secondaire, soit une fin des fils, soit une courbure du câble torsadé qui remonte du sol le long du poteau et part à angle droit en aérien vers le deuxième poteau de la ligne.

C'est au niveau de cet angle droit, que j'appelle ailleurs crochet, qu'il se passe quelque chose (je ne sais quoi), et j'ai trouvé plus tard que cela attire les insectes et les oiseaux.

Concernant les 4 autres cas de LMC proches de lignes non enterrées, mais sans caténaire dans les 400 m, j'ai trouvé qu'il existait, dans les 50 mètres de chaque habitation, un poteau portant d'autres types d'asymétrie de fils, ce qui m'a fait penser que le risque existe près des poteaux de début ou de fin de ligne, ainsi qu'aux asymétries du milieu de ligne : cette remarque fondamentale reviendra à plusieurs reprises dans cet ouvrage, car les cas que j'ai pu observer en grand nombre étaient essentiellement similaires. L'agencement des fils sur les poteaux de 380 V pourrait donc être en cause.

Détection

Février 1995. Détection de LMC par prospection

Si je n'étais pas témoin de simples coïncidences, la prospection d'une configuration spécifique (CS) semblable à celle que j'ai trouvée en premier, aussi visible et rare, devait me permettre de repérer l'adresse d'autres leucémies myéloïdes chroniques (LMC). Je me suis donc fait donner le nom de six villages dans lesquels habitait un malade soigné pour LMC : par le repérage de cette CS, j'ai réussi à localiser l'adresse de deux malades sur six, avec une précision de 50 mètres, en donnant au plus 3 fourchettes par cas, selon le nombre de poteaux suspects repérés dans la localité.

Dans l'un des 2 cas, je n'ai trouvé que deux CS de ce type dans toute l'agglomération ; l'une d'elles se trouvait devant une maison située à 20 m d'un transformateur et à 400 m de la gare. J'ai estimé l'adresse indiquée ainsi par cette CS, plus vraisemblable, car l'autre poteau de ce type était plus loin d'un transformateur et de la voie ferrée ; j'ai donc repéré correctement la maison du malade, dans une ville comptant 8 513 habitants au dernier recensement. Ce résultat surprenant, s'il me confortait dans l'assurance de ma découverte, n'était pas suffisant pour me rendre crédible, et, publié dans le Quotidien du médecin il ne me valait que 3 réponses.

Mais je ne pouvais plus admettre qu'avoir localisé un malade puisse être imputé au seul hasard, sans cause réelle. En fait, je tirais avantage d'un cas qui était particulièrement favorable à mon hypothèse.

Dans l'autre cas, le village était sans voie ferrée, mais le dernier poteau de la ligne de transport se trouvait à 45 m de la maison. Je me disais que cette ligne électrique de 20 kV pouvait remplacer une caténaire de 25 kV. Il existait, de plus, une protection cathodique (voir figure 35) installée par le Service des Eaux sur le trottoir et sous la CS, à 45 mètres de la maison du malade.

J'ai ainsi décrit dès mars 1995 ces configurations spécifiques (CS) que j'avais découvertes, ainsi que d'autres types de poteaux suspects, et j'ai présenté le tout au Concours Epidaure de la recherche médicale organisé par Le Quotidien du Médecin et la COGEMA (société qui s'occupe, entre autres, du retraitement des déchets radioactifs), dont j'ignorais le rôle à l'époque. Je n'ai pas eu d'écho de ce travail, pas même un accusé de réception du dossier, que j'avais déposé au bureau de l'organisateur ; sans doute ce concours était-il implicitement réservé aux équipes institutionnelles, comme cela est souvent explicitement mentionné.

Figure 7 – Type 1 et localisation de LMC
Des deux seuls poteaux de ce type repérés dans une ville de 8 513 habitants, celui-ci m'a paru le plus suspect, car il se trouvait à 400 m de la gare et près d'un transformateur. C'était bien là qu'habitait le malade frappé de LMC (Leucémie Myéloïde Chronique, cancer du sang rare).

Chapitre II

Des structures électriques suspectes

Afin de savoir dans quelle mesure ces autres structures asymétriques étaient rares au point de donner des coïncidences significatives, j'ai entrepris d'établir une statistique descriptive des lignes secondaires, qui, en ville, amènent l'électricité, en 380 V (400 V maintenant), depuis le transformateur jusqu'au compteur des maisons.
Voici d'abord une classification des poteaux, selon l'agencement de leurs fils et leur place dans le réseau.
Les exemples photographiés et commentés sont souvent associés à des cas de cancers rencontrés au cours des enquêtes, en commençant par ce poteau peu fréquent singulièrement identifié comme « associé » à une leucémie au chapitre précédent, et qui désignait le domicile du malade.

Poteaux électriques

Février 1995 : les poteaux électriques, classement et types

Ce sont les irrégularités qui me paraissent associées aux risques, la majeure partie des poteaux électriques me paraissant neutre.

Les 2/3 des poteaux de lignes portent une ligne principale faite de fils bien réguliers et symétriques de part et d'autre du poteau, auquel j'affecte le type 0. La ligne est généralement faite :

- Soit de 4 fils nus bien séparés, portés par des isolateurs accrochés aux poteaux.
- Soit de fils isolés par un matériau noir, torsadés ensemble, autour d'une âme d'acier, en un gros câble plastique (habituellement 4 conducteurs, mais c'est difficile à voir).

Figure 8 – Type 0, avec 4 fils réguliers et symétriques
Type 0 : les fils de la ligne principale de distribution en 4 fils (ou plus), sont réguliers et symétriques de chaque côté des poteaux ; cette symétrie définit ce que j'appelle le type 0, qui forme plus de 2/3 des poteaux étudiés.

Figure 9 – Type 0, avec câble torsadé régulier et symétrique de part et d'autre du poteau
Type 0 : Des 2 côtés des poteaux, la ligne principale de câble torsadé est symétrique, régulière ; cet aspect monotone est relativement courant.

Pour le 1/3 restant, il existe des irrégularités variées : ainsi, quelle que soit la longueur de la ligne, il y a toujours un poteau de début et de fin de ligne qui diffèrent des autres. D'autres irrégularités peuvent se voir en milieu de ligne : au branchement ou au coude de ligne, et au passage de la ligne de 4 fils nus à un seul câble torsadé. C'est une des raisons pour lesquelles le repérage d'une maison à risque est moins difficile dans une rue longue que dans une rue courte où les zones à risque se superposent. Il se pourrait aussi qu'une grande longueur de ligne soit un élément aggravant.

Le poteau de type 1 (voir figure 7), première configuration spécifique repérée, était très rare ; d'autres m'ont simplement paru moins fréquents que les poteaux réguliers. Pour pouvoir mieux apprécier la singularité des coïncidences que j'avais trouvées, j'ai commencé à classer les poteaux électriques selon l'agencement de leurs fils. J'ai repéré 5 types d'irrégularité, asymétrie ou discontinuité de la ligne, sur une minorité de poteaux. La classification comporte donc :

- **Le type 0**, régulier, décrit plus haut.
- **Le type 1**, le premier découvert, est aussi le plus facile à repérer : il y a 4 fils d'un côté du poteau, un seul câble fait des 4 fils réunis dans une torsade, de l'autre côté. En observant les autres structures, j'ai compris qu'il en existe en fait, plusieurs formes différentes ; je les garde associées à cause de la similitude des effets que j'ai observés au départ.
- **Le type 2** est soit un branchement, soit un coude de ligne plus ou moins accentué, que les fils soient nus ou isolés. C'est ce type de poteau (type 2 en 4 fils) que j'ai rencontré dans les 30 m de l'habitat de trois enfants atteints de tumeur du tronc cérébral.

Figure 10 – Type 2 : Coude ou branchement de ligne
Ici la ligne est faite de 4 fils nus et porte deux sortes de type 2 ; à gauche, un branchement ; à droite, un coude de ligne. Le cas de tumeur cérébrale habite à 15 m à gauche du branchement.

Dans les 3 cas de tumeur du tronc cérébral, l'un habitait dans le coude de la ligne (à 10 m), et l'autre, à 35 m, hors du coude ; quant au 3e cas, il habitait à 25 m d'un branchement.

- **Le type 3** est un début de ligne, avec parfois une crosse caractéristique, en provenance d'un transformateur, souvent visible dans les 50 m. Sur les vieux transformateurs en forme de tour grégeoise, on ne trouve pas cette crosse car les fils partent nus par des sortes de meurtrières. Le premier poteau de ligne se reconnaît facilement lorsqu'il porte une crosse et que l'on trouve le transformateur dans les 50 m ; dans d'autres cas, on peut le confondre avec un poteau de fin de ligne.

Figure 11 – Type 3 : début de ligne simple
Type 3 : ce 1er poteau de début de ligne porte un gros câble, isolé et torsadé, montant sur son côté et venant d'un transformateur à 25 m. Le câble se recourbe en crosse, et, ici, se sépare en 5 fils nus, nombre assez inhabituel.

- **Le type 4** est un autre type de début de ligne, caractérisé par un boîtier de distribution, et sans transformateur visible dans les 50 m ; il servirait, en fait, à un branchement sur ligne souterraine. J'ai observé que le boîtier caractéristique (de fibrociment) attirait insectes et oiseaux. Je n'ai rien observé sur les boîtiers de plastique.

Figure 12 – Type 4 : début de ligne avec boîtier
Ce type 4, de début de ligne, est caractérisé par son boîtier de distribution. On voit le gros câble remontant le long du poteau et amenant le courant depuis le pied du poteau jusqu'au boîtier, ici fait de plastique blanc. Il n'y avait pas de transformateur visible dans le voisinage. La ligne d'alimentation est faite de câble torsadé.

- **Le type 5** est une fin de ligne, bien identifiable quand on peut voir l'extrémité des fils et un fil de terre nu descendant le long du poteau ; mais, on peut le confondre avec un début de ligne lorsque des fils gainés en partent pour assurer une distribution souterraine aux maisons alentour.

Figure 13 – Type 5 : fin d'une ligne, faite, ici, de câble torsadé.
Type 5 : on voit la fin de la ligne, bien identifiable, faite de câble torsadé. Il n'y a pas de fil aérien entre le poteau et la maison. Le transfo était à 250 m à gauche. Tumeur cérébrale à 10 m derrière.

Figure 14 – Un exemple de fin de ligne en 4 fils.
Type 5 de 4 fils : Sur la photo de gauche, le fil de droite n'alimente qu'une seule maison. Sur ce poteau de fin de ligne, à gauche, on aperçoit les 4 fils nus. A droite, la maison où ont habité successivement deux cancéreux (Sang, puis sein).

Je rencontre moins de tumeurs cérébrales près de fins de ligne de 4 fils que près de fin de câble unique torsadé ; les doubles fins de lignes de 4 fils sur un même poteau sont très rares alors que l'on voit fréquemment des doubles départs de ligne en 4 fils.

Le problème des résidences de vacances est difficile à résoudre. Une personne atteinte de tumeur cérébrale habitait pendant un mois de vacances dans une maison près d'une fin de ligne de 4 fils (analogue à celle de la figure 14). Or elle habitait toute l'année à Paris, au 1° étage d'un immeuble, à environ 200 m d'un transformateur ce qui suggère qu'elle se trouvait peut-être sur une fin de ligne enfouie. Y a-t-il exposition dans les 2 habitats, ou seul effet cumulatif à chaque congé près de cette fin de ligne.

J'ai connu une enfant qui passait ses vacances d'été à 15 m d'un poteau couverts d'hirondeaux et qui a commencé sa leucose (augmentation dégénérative du nombre de globules blanc) à 8 ans. Là aussi, la corrélation demanderait une étude plus poussée.

- **Les types 3 3 et 5 5**, ainsi appelés parce qu'ils portent 2 débuts ou 2 fins de ligne. Parfois, à l'examen attentif des fils d'un type 1, on trouve une discontinuité des fils, entre les 4 fils nus et le câble isolé. Ceci atteste qu'il s'agit en fait, de 2 débuts ou 2 fins de lignes ; il y a alors selon le cas, le transformateur proche, dans les 50 m, ou les 2 transformateurs loin, dans les 150 m ou plus : ce sont les types 33 ou 55.

Figure 15 – Type 55 : 2 fins de lignes, ici, de câble torsadé.
Type 55 : on voit nettement, de chaque côté du poteau, l'extrémité libre des fils des 2 lignes qui se terminent par 2 crochets coudés vers le bas.

J'ai reporté l'ensemble des différents types d'éléments de lignes secondaires - structures électriques basse tension (BT) - sur le schéma suivant (inclus dans mon dossier du concours de la recherche médicale déjà cité) :

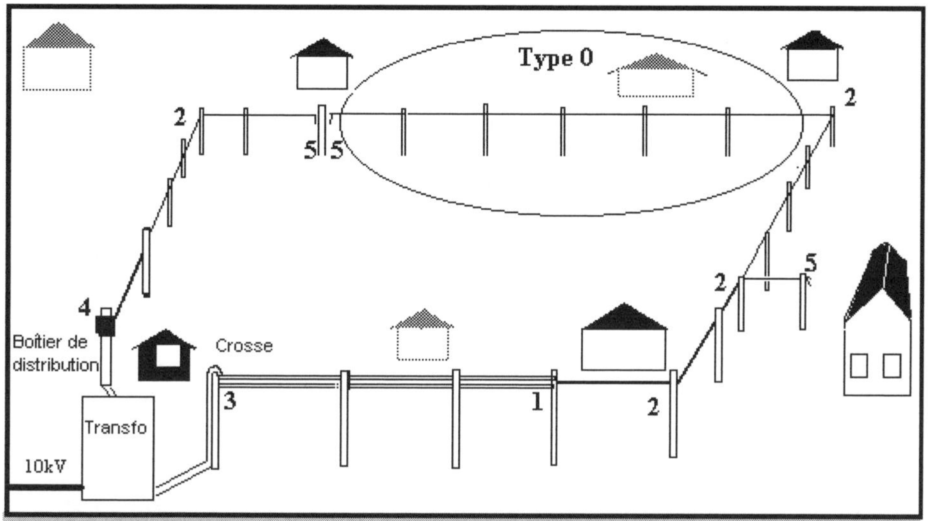

Figure 16 – Typologie des structures électriques (SE : poteaux, transformateurs).
En bas, à gauche : le transformateur et son alimentation par une ligne de 10 kV.
Type 0 : ligne symétrique et régulière
Type 1 : à la fois 4 fils séparés et un câble torsadé.
Type 2 : coude ou branchement de ligne.
Type 3 : début de ligne simple, avec parfois crosse.
Type 4 : début de ligne avec boîtier.
Type 5 : fin de ligne simple.
Type 55 : fin de ligne double.

Un deuxième schéma donnera une idée de la diversité de la distribution à partir des fins de lignes, surtout sur l'exemple de lignes en câble torsadé.

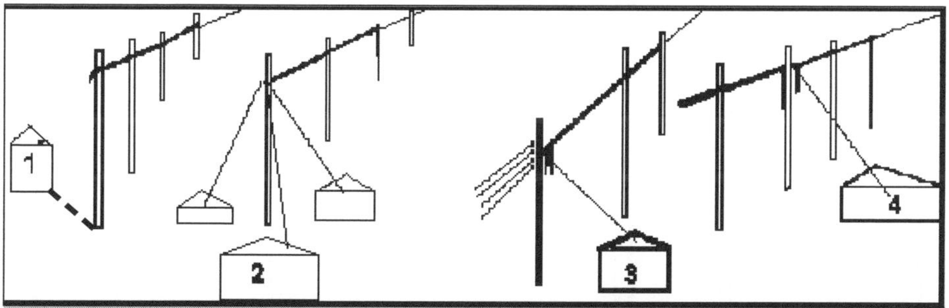

Figure 17 – Divers aspects des fins de lignes, type 5 et 55.
Types 5 et 55 : différents aspects des fins de lignes.
Le schéma montre divers aspects des fins de lignes et de la distribution vers les maisons.
1. Fin de ligne simple : il n'y a pas de fil visible entre le poteau et la maison 1, sauf le long du poteau ; le fil en sous-sol est dessiné en pointillé.
2. Fin de ligne en parasol,
3. Double fin de ligne, l'une en câble torsadé, l'autre, en ligne de 4 fils nus,
4. Double fin de 2 lignes identiques de câble torsadé.

EDF étiquette *'poteau de double fin de réseau'* le dernier poteau, assez facile à repérer, où les lignes sont de nature différente (comme celui de la maison 3 de la figure). Quel rôle a donc cette configuration que j'ai repérée comme suspecte en premier ? Jamais je n'ai vu de plaque sur un poteau portant les fins de 2 lignes de même nature (maison 4), pourtant bien plus difficile à repérer, surtout quand les câbles torsadés sont bien alignés ! Ce serait pourtant une indication précieuse !

La numérotation des types de poteaux correspond à l'ordre dans lequel j'ai compris leur implication, en m'aidant de la position de la maison des malades. C'est ainsi qu'en mars 1995 (voir figures 18 et 19), j'avais le choix entre un poteau de fin de ligne torsadée que j'étais tenté de classer sans danger et un type 1.

J'ai classé la maison A d'un malade décédé en 1994 d'un cancer du sang, à 45 m d'un type 1, alors qu'un poteau de fin de ligne torsadée touchait sa maison, conjointement à deux poteaux de débuts de lignes avec boîtier (type 4), tous trois dans les 20 m. La voie ferrée se trouvait à 80 m et la fin de ligne au-dessus de sa maison : on repère le crochet de câble torsadé de ce type 5 sur la photo (Figure 19) ; mais

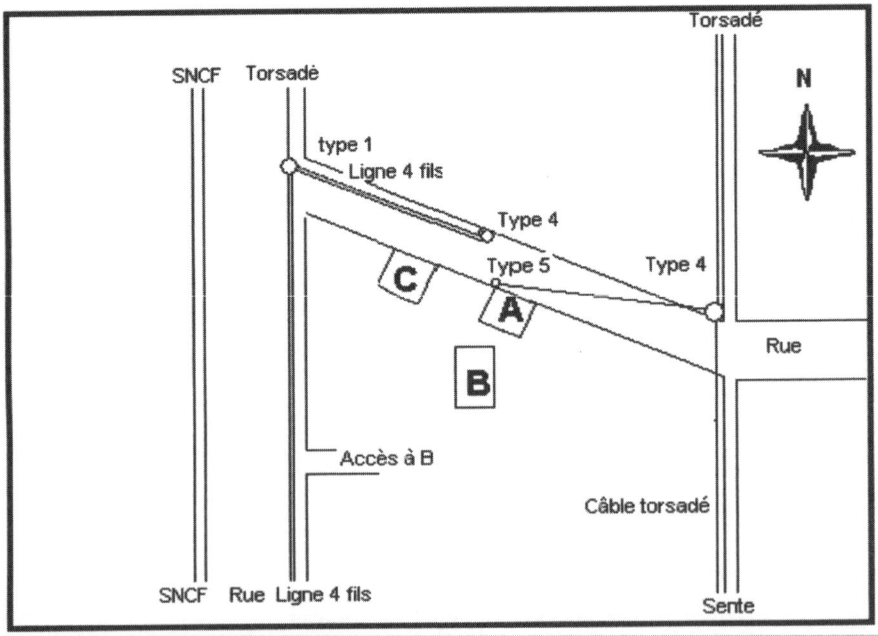

Figure 18 – Plan : maisons avec 3 cancers et 4 poteaux de type 1, 4 et 5
Ce plan montre la disposition de tous les poteaux suspects près des habitats de cancéreux : un cancer dans la maison A, deux cancers dans la maison B, un poteau de type 1, à 45 m de la maison A, une fin de ligne et deux débuts de ligne proche des deux maisons A et B. Maison C : pas de problèmes déclarés. Ligne voie ferrée, à gauche.

J'ai compris mon erreur d'appréciation en 2002, lorsqu'on me signala, dans une rue voisine un couple atteint, lui, de cancer du sang, elle, de cancer du sein.

La maison B de ce couple se trouvait à moins de 30 m du poteau de fin de ligne, et à 50 m du type 1. Y avait-il, ici, un effet coopératif ?

La mesure dans le jardin A, au pied du poteau, me montrait des tensions plus forte vers la maison B que vers la maison C.

J'appris aussi que les trois personnes habitant dans la maison C (à droite sur la photo) depuis 10 ans, étaient en bonne santé : cette maison C était plus proche que la maison B du poteau de type 1. Certes, on ne peut pas vraiment conclure, car heureusement, il y a aussi des personnes en bonne santé près des poteaux soupçonnés ; les sensibilités particulières comptent aussi, sans doute. L'implication possible de la fin de ligne (type 5) m'a alors paru évidente, mais peut-être étaient-ce les deux poteaux de début de ligne avec boîtier (type 4) qui étaient prioritaires.

Figure 19 - Type 5 Ensemble et détail du poteau de fin de ligne près de la maison A. Photo d'ensemble à gauche. Sur le détail, à droite, on distingue (flèche) l'extrémité du câble torsadé avec le crochet tourné vers le bas, sur le poteau de type 5 à l'angle de la maison A du cancéreux ; dans le fond, la maison C, dont les 3 habitants sont en bonne santé.

Cet exemple m'a fait accorder plus d'importance aux fins de lignes simples, que je considérais depuis longtemps comme suspectes sans trop de conviction : jusque-là, je ne leur attachais pas une priorité suffisante dans ma comptabilité un peu particulière où j'affecte, par commodité, un seul type de poteau, le plus suspect, à chaque habitat.

Le codage du type le plus suspect est utile, en général, mais insuffisant dans de tels cas.
Cet exemple traduit les difficultés d'interprétation lorsqu'il y a plus d'un poteau suspect, ce qui est rare, ou 4 comme ici, ce qui est exceptionnel.

NB : les lits du couple de cancéreux de la maison B étaient parallèles à la voie ferrée que l'on voit figure 18, à gauche sur le plan. L'occupante actuelle de la maison A vit sans ennui et son lit est perpendiculaire à la voie ferrée.

La typologie que j'utilise est imparfaite, et, en cas de doute, pour les cas particuliers, il faut revenir aux détails qu'il convient d'avoir noté en clair. Je crois aujourd'hui, que si je devais la reprendre, je la fonderais sur l'importance du risque, l'actuel type 55, double fin de ligne de câble torsadé, me semblant particulièrement important ! Mais les notions de formes, bien utiles, seraient perdues...

En fait, il est incertain d'établir une classification lorsqu'on n'a pas bien compris les mécanismes mis en jeu, et l'on progresse par approximations.
La présence d'éléments souterrains dont je ne m'occupais pas, n'est représentée qu'exceptionnellement sur mes schémas, comme l'est la ligne de 10 kV sur la figure 16 ; ces éléments ne doivent pas être ignorés. L'enfouissement des lignes est une difficulté supplémentaire pour la compréhension de la relation entre cancer et électricité ; il semble seulement masquer le problème.

Notons que les irrégularités dans la disposition des fils induisent ce qu'un géophysicien, consulté l'année suivante lors d'une rencontre fortuite le 15 juin 1996, devait appeler « variation spatiale du champ électromagnétique », que je note 'VASEM'. Nous reviendrons plus loin sur cette notion importante.

Rappelons ici que localiser les transformateurs permet d'identifier certains types douteux : parfois, des fils isolés descendent le long du poteau pour se distribuer en sous-sol aux maisons alentour : il est alors difficile de distinguer un début de ligne sans son transformateur, d'une fin de ligne sans sa mise à terre faite d'un câble de cuivre nu torsadé qui permet l'identification de façon sûre. Cette distinction est-elle toujours essentielle ? Le type 1 n'en tient pas compte, mais semble, cependant, avoir un rôle particulier. La mise à la terre, souvent souterraine, qui existe au niveau de certains poteaux, est un élément de perturbation.

Transformateurs

Le transformateur, comporte toujours une mise à la terre, et est alimenté par une ligne à haute tension. Il a, de plus, une influence notable par les effets électromagnétiques qu'il crée du fait du noyau aimantable nécessaire à son fonctionnement par induction.

Malgré sa faible incidence (5 % des SE), le transformateur est, de toutes les structures électriques, celle que je trouve le plus souvent dans les 50 mètres des malades et en particulier de ceux qui sont atteints de cancer du sang.

Je note toujours sa distance au malade lorsque je le repère. J'ai ainsi trouvé que 22 % des 413 cancéreux habitaient dans les 50 m d'un transformateur visible. Il existe 3 types de transformateurs :

1. Certains sont enterrés et on parvient à les repérer en ville, par les grilles d'aération sur les trottoirs ; on en trouve sur fonds privés, en cave, en sous-sol de parking, on les repère parfois dans une cour calme, par un grésillement caractéristique.
2. Les transformateurs au sol, pas toujours faciles à repérer, sont facilement identifiables, en France, par une plaque où l'on peut lire leur nom et 'Danger de mort' (Figure 25, à gauche). Parmi les fournisseurs européens, EDF est l'un des seuls à indiquer la nature et le danger des structures électriques (Figure 25, à droite). En Europe de l'Est (Hongrie, Pologne) les services les repèrent par un simple numéro, et parfois par un éclair stylisé. Ainsi (Figure 26), sur un transformateur de la banlieue de Budapest, il n'y a pas de signalisation de danger et l'identification se fait par un simple numéro, visible sous l'affichette.

nb : les figures 20 à 24 apparaissent plus loin.

Figure 25 – Plaques d'information sur installations électriques (France)
À gauche, transformateur classique. Sont indiqués la nature de la structure (poste de transformation HT), le nom de l'entreprise responsable (illisible ici), un nom d'identification, et mention du danger de mort. EDF est l'un des seuls fournisseurs européens à indiquer la nature et le danger de ses structures électriques.

À droite, concernant l'enfouissement, les mots 'sécurité' et 'embellissement' apparaissent, sans que l'on sache de quelle sécurité il s'agit.

Figure 26 – Transformateur hongrois
Pas d'autre identifiant qu'un numéro pour ce transformateur hongrois de la banlieue de Budapest ; sur la plaque, un éclair rouge stylisé symbolise le danger.

3. Les transformateurs aériens sont visibles, un peu partout dans le monde et bien repérables par leurs ailettes de refroidissement. On les trouve fréquemment dans nos campagnes, fixés sur des poteaux.

En France, je n'ai trouvé qu'un seul malade près d'un transformateur aérien (un seul sur plus de 413 cancers examinés), mais j'ai reçu des États-Unis des photos et un plan d'une rue pavillonnaire de 300 m montrant 3 transformateurs aériens sur poteaux, et les maisons de deux malades atteints de TC, à côté de ces transformateurs. Ce type de transformateur y semble plus fréquent que chez nous.

Dans nos grandes villes, il est difficile de compter les transformateurs ; en zone pavillonnaire, les transformateurs au sol sont répartis, en général, tous les 150 à 200 m ; en zone industrielle, il y en a un par industriel, éventuellement à 20 ou 50 m de distance. À la campagne, dans les villages, j'ai trouvé 4 à 5 transformateurs pour 1 000 habitants ; dans les hameaux, sur la ligne de 10 kV, les transformateurs aériens sont presque la règle.

Figure 27 – Transformateurs aériens français et thaïlandais
Transformateur aérien avec ses ailettes de refroidissement.
À gauche : allure typique en France, avec l'arrivée de la ligne 10 kV en 3 fils, à gauche, et le départ du boîtier de distribution de la ligne de 400 V à droite.

À droite : allure inhabituelle, dans une rue de Bangkok ; on voit aussi les premiers poteaux de deux lignes de basse tension, en 4 fils nus. (Photo Dasse- Hartaut).

Chapitre III

Phénomènes associés

Observations

Trouver de façon répétitive des phénomènes peu courants, et les trouver justement auprès de structures électriques que le voisinage de cancers fait déjà suspecter, est une forme de preuve assez originale et impressionnante. On trouvera le détail et le décompte de ces observations dans des chapitres ultérieurs. Voyons ici quelques exemples.

Avril 1995. Perforations des tuyaux d'eau de la voirie

Nous avons évoqué, dès le début, le rôle des courants vagabonds induits par les voies ferrées électrifiées dans les accidents de perforation des pipelines d'acier. Sans dispositif de prévention, ces corrosions récidivent au même endroit, et on a pu compter jusqu'à 10 petits cratères de corrosion par mètre linéaire de canalisation ! Ce '*même endroit*' ne se situerait-il pas près des structures irrégulières (dans les zones de VASEM) ?

Un jour, je trouvais, en arrivant à l'adresse d'un malade atteint de cancer du sang, un inspecteur des Eaux de Banlieue, équipé d'un stéthoscope posé sur une boule : il utilisait une technique destinée à repérer les fuites de canalisations métalliques d'eau de voirie.

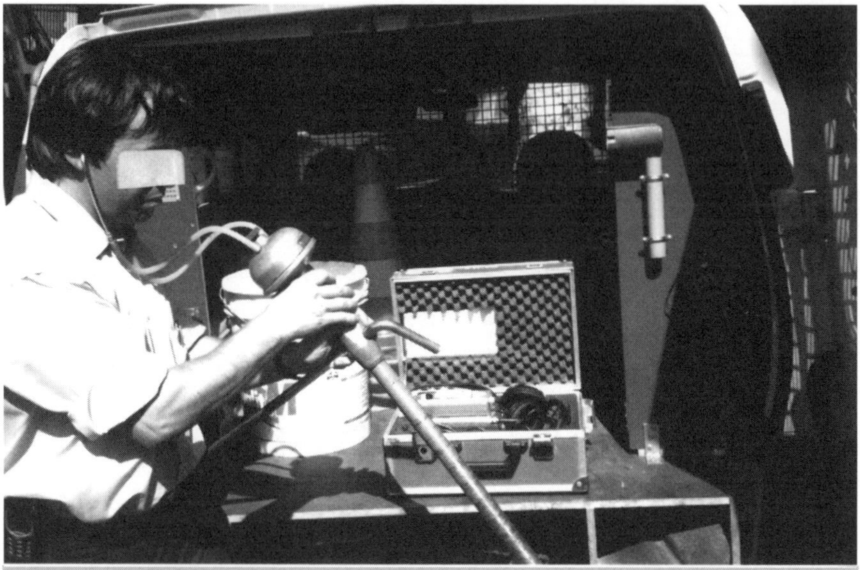

Figure 20 – Matériel de détection des fuites d'eau.
Appareils de détection des fuites d'eau : ancien modèle (avec stéthoscope d'écoute) porté par l'inspecteur, et nouveau modèle, avec lecture sur cadran, dans le coffre de la voiture. On voit les 2 branches du stéthoscope reliées à la sphère d'amplification du sifflement de fuite reliée à la sonde de détection que l'on pose sur le sol ; cet appareil ne s'utilise que pour des tuyaux de métal qui transmettent le bruit de la fuite ; la généralisation des tuyaux en PVC n'en permettra plus l'emploi.

Ce qu'il y avait de particulièrement intéressant dans ce cas, c'était la position du malade à moins de 5 m du premier poteau de rue, à 20 m du transformateur et à 80 m environ de la caténaire.

Le courant vagabond de retour qui accompagne toute ligne électrique, ne pourrait-il pas, de la même façon, expliquer en partie des accidents qui surviennent dans les villages sans caténaire ?

Il existe un grand nombre de cancers du sang et de perforations de canalisation (voir 2e partie), entre premier poteau de ligne et transformateur. Ainsi donc, des malades atteints de certains cancers, ainsi que des perforations de canalisations métalliques, se situent dans des zones où les courants vagabonds abondent.

Voici une anecdote qui montre la relation entre perforations et transformateurs : nous avons tous eu à pâtir de l'anarchie qui règne dans la numérotation des tours HLM lorsqu'il n'existe pas de plan à l'entrée des cités. Je gagne du temps dans le repérage de l'adresse d'un malade ou d'une fuite d'eau, en évitant de demander où est le numéro signalé, ce qui respecte l'anonymat des malades.

J'opère le mercredi, jour de congé scolaire, avec mon scooter et demande aux enfants à vélo, où se trouve le transformateur :

> « – *Qu'est c'est m'sieur ?*
> – *Une grande armoire métallique, avec EDF, un éclair, et danger de mort marqués dessus, et qui fait 'Bzz'quand tu colles ton oreille !*
> – *Suivez-moi, m'sieur !*
> – *Non moi ! Non, non, moi !* »

Bref, ils se battent pour se devancer et me guider au transformateur par les pelouses et trottoirs interdits ; je n'ai plus qu'à lever les yeux pour voir, dans les 50 m du transformateur, le numéro que je cherche. Et dans mon dos je les entends se glorifier entre eux :

> – *N'empêche que je vais plus vite qu'un scooter !*

Mai 1995. LMC et xylocope

Les 7, 8 et 11 mai, aux premiers jours tièdes du printemps, je remarquais un fait curieux : de gros bourdons noirs virevoltaient autour du sommet de 7 poteaux à côté desquels habitaient des malades atteints de leucémie myéloïde chronique, LMC. J'appris par la suite que c'étaient des xylocopes, et j'ai pris l'habitude de les observer lorsque le temps est favorable, car ils semblent sensibles aux phénomènes qui m'intéressent.

On voit le xylocope, aux ailes bleutées, souvent tourner autour des poteaux, il ne s'y pose qu'exceptionnellement. Malgré la diminution du nombre des autres insectes, bien visible dans ces observations depuis l'an 2000, on le voit encore au printemps et à l'automne.

Figure 21 – Xylocope
Portrait grandeur nature du xylocope, gros bourdon noir de 3 cm, aux ailes violacées, qu'on voit tourner sans se poser autour de certains poteaux.

Le nom du xylocope vient du grec[1], et signifie 'coupeur de bois', car la femelle pond ses Œufs dans les galeries qu'elle coupe dans le vieux bois ou dans les arbres morts. Le xylocope est aussi appelé 'abeille charpentière' et ses ailes bleutées sont caractéristiques. Théoriquement, son redoutable aiguillon tient les oiseaux à distance et seul le guêpier l'avale sans se faire piquer. Cependant, j'en ai vu, à plusieurs reprises, se faire attaquer par de simples moineaux. Ceux-ci convoitent manifestement une telle proie, qui se réfugie alors dans la frondaison d'un arbre, ou dans des alvéoles de pierre meulière où l'oiseau ne peut la poursuivre.

Chacun des 7 poteaux portait l'une des 5 configurations spécifiques (CS) de fils déjà décrites. Je remarquais en cours d'année, que d'autres insectes plus petits, auxquels je n'aurais pas prêté attention si je n'avais vu les premiers, tournaient autour de ces mêmes poteaux. J'ai vu plus tard que les bourdons réapparaissaient aux derniers jours de septembre.

Les insectes que ces poteaux attiraient appartiennent en quasi-totalité à la classe des hyménoptères (xylocope, abeille sauvage, bourdon, guêpe, fourmi ailée, etc.) dont il a été reconnu pour certains qu'ils s'orientent à l'aide du champ magnétique terrestre. Ainsi, je n'ai vu qu'une seule mouche bleue posée sur ce type de poteau et jamais de papillon, de libellule ou de coccinelle.

On trouve plus de toiles d'araignées sur ces mêmes poteaux, mais l'araignée doit, toutefois, se cacher de ses prédateurs diurnes car je n'en vois que rarement.

Cet attrait des insectes a été décrit par plusieurs auteurs. Jolivet, entomologiste français, observait que des fourmis s'établissaient dans une prise électrique. En Amérique et en Angleterre, 2 équipes rapportent que la jeune fourmi rouge placée dans un solénoïde change de direction selon que l'on met ou non le courant.

Un ancien ministre de la Recherche me disait même qu'il avait été chargé de trouver un moyen de « *démoustiquer* » les fils des lignes électriques !

---

1. Xylocope, xylos kopos, coupeur de bois.

J'ai observé qu'il n'y avait pas d'abeille domestique sur ces poteaux, mais seulement des abeilles sauvages. Les enseignements de mon père m'ont permis d'observer que l'abeille domestique qui a acquis ses repères optiques lors de la visite pré vol de la ruche, et s'y fie, ne s'intéresse pas à ces poteaux, et que l'attirance serait d'origine magnétique.

L'intérêt d'observer les xylocopes vient de ce que cet insecte, bien visible, sait repérer les poteaux que je suspecte, et j'en vois passer presque deux fois plus sur les poteaux portant deux fins de ligne, que sur un poteau de simple fin de ligne.

Les xylocopes suivent parfois la ligne électrique, mais je n'en ai jamais vu *remonter* depuis la fin de ligne jusqu'au transformateur.

Juin 1995. Quotidien du Médecin

J'avais été surpris de lire dans le Quotidien du Médecin un article qui me semblait propre à démobiliser la vigilance des confrères :

« Champ Électromagnétique et cancer : pas d'inquiétude !».

J'adressais une lettre destinée à l'auteur anonyme pour dire ma surprise de pouvoir localiser la maison des malades en partant de l'examen de poteaux électriques. Ce journal tirait à plus de 80 000 exemplaires, mais je ne reçus que 3 réponses. J'ai été étonné que le sujet n'intéresse pas les confrères.

Juillet 1995. Toilette des hirondeaux

En juillet, j'observais un rassemblement d'une douzaine d'hirondelles sur l'un des 7 poteaux sur lesquels j'avais observé des xylocopes, et je m'aperçus que 4 points de rassemblement de la ville de Colombes s'effectuaient sur les fils de poteaux portant l'un des 5 types de CS. Il s'agissait d'individus jeunes, des hirondeaux, qui semblaient faire leur toilette, mais ne se nourrissaient pas.

Figure 22 – Hirondeaux près d'un poteau de début de ligne (type 3).
Les hirondeaux font leur toilette sur les fils près d'un poteau de type 3, avec ici le fil remontant du sol et la crosse caractéristique. Aucun oiseau à gauche, au-delà du poteau voisin, de type 0.

Après travaux de déplacement du transformateur, près de l'un de ces poteaux, les insectes n'y sont plus revenus, et le rassemblement a cessé l'année suivante, alors même que les hirondeaux s'y posaient depuis plus de 25 ans, selon les voisins. Nous reverrons en détail l'évolution de ces 4 rassemblements en deuxième partie.

Le 26 septembre 1995 : migration d'hirondelles

Le 26 septembre, j'ai assisté à une migration d'hirondelles dans la Drôme : elles se rassemblaient en 3 endroits de la ville sur les fils de poteaux portant des CS. Le rassemblement le plus important s'effectuait sur un poteau portant 2 fins de ligne.
Une cinquantaine d'hirondelles se posent sur les fils, de part et d'autre d'un poteau de type 1, avec, sur la photo, un câble torsadé à gauche et 4 fils nus à droite. C'est la proximité du crochet de fin de câble torsadé qu'elles convoitent : à chaque passage de voiture sur le boulevard, elles s'effraient, s'envolent, mais se reposent dans les 20 secondes. Comme au jeu des chaises musicales, les premières choisissent la proximité du crochet.

Dans la réalité, comme sur la photo, il n'y a pas d'oiseaux sur les poteaux voisins, et les deux seuls autres rassemblements de la ville, d'une vingtaine de sujets seulement, se faisaient sur des poteaux portant branchements ou début de lignes. Le lendemain, la neige couvrait les sommets du Vercors ; les hirondelles avaient filé.

L'année suivante, les hirondelles avaient déjà migré. Il faisait tiède, et j'ai pu filmer le manège des insectes : ils remontaient le long du poteau, depuis le boîtier de téléphone posé au 1/3 supérieur, jusqu'au crochet de fin de ligne torsadée.

C'est cette extrémité qui attire les insectes ; il doit s'y passer un phénomène physique, à étudier, qui comporte une variation spatiale électromagnétique (VASEM), peut-être responsable des effets.

Figure 23 – Migration d'hirondelles et poteau de type 1
Le poteau, de type 1 (câble torsadé à gauche et 4 fils à droite) porte, au 1/3 supérieur, un boîtier de téléphone et une extrémité libre de câble torsadé, courbée en crochet vers le haut. Une bonne cinquantaine d'hirondelles se rassemblent avant la migration sur les fils de ce poteau, sans préférence apparente des sujets pour le fil torsadé ou les 4 fils nus : c'est en fait, la proximité du crochet qui semble les attirer. Il n'y a pas d'oiseaux autour des poteaux voisins, de type 0. 26 septembre 1995, 17 heures. Soleil et nuages, sans vent. 17° (Drôme).

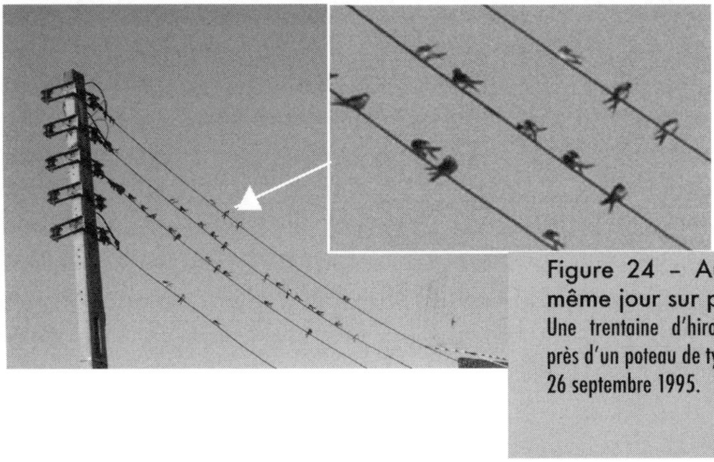

Figure 24 – Autre migration, le même jour sur poteau de type 2
Une trentaine d'hirondelles se rassemblent près d'un poteau de type 2 avant la migration. 26 septembre 1995.

Octobre 1995. Dépôt à l'INPI*

Afin de répondre aux railleries de mes enfants, je déposais à leur nom, une marque à l'INPI ; il s'agissait, en fait, de dater une idée qui me venait de mes observations, d'un moyen de prévention de certains cancers, au premier abord surprenant, par un écran métallique posé sur la literie.

On a vu les effets physiques des courants vagabonds près des voies ferrées électrifiées sur les pipelines et l'on connaît les moyens de les prévenir : par fil de dérivation soudé sur leur paroi, jusqu'à la seconde guerre mondiale, par protection cathodique de nos jours (nous reparlerons de cela au chapitre de la prévention). Pourrait-on prévenir d'éventuels effets biologiques sur le dormeur en dérivant de la literie, les courants vagabonds de retour par paratonnerre horizontal, câble, écran, tente, literie métallique, voire cage de Faraday ?

INPI, Institut National de la Propriété Industrielle

Cette idée simple que personne, scientifique ou non, ne semblait vouloir creuser, m'est venue en 1995. J'avais imaginé un paratonnerre pour le dormeur, puis par courtoisie pour le concubin, j'en mettais un second; pour assurer plus de stabilité, j'en ajoutais 2, je grillageais l'ensemble et le reliais à la terre de la prise de courant.

Cette marque n'a trouvé aucun repreneur qui envisage de vérifier l'efficacité de mon dispositif, c'était prévisible... Mais quelle n'a pas été ma surprise de lire quelque temps après (avril 1996), qu'en 1993 deux équipes de spécialistes (Vena et Wertheimer) avaient trouvé une augmentation du nombre des cancers du sein sous couverture électrique, mais avaient observé, au contraire, une diminution de ce nombre chez les femmes qui utilisaient peu leur couverture (en préchauffage du lit).

Ces équipes ont été amenées à se demander si la couverture 'peu utilisée' («low use») pouvait prévenir le cancer et en ont rejeté l'idée parce que « c'était impossible » ou « contraire à leur hypothèse de recherche».

J'appris par la suite que des draps de cuivre, mis à la terre par un système élaboré anti-retour censé éviter les parasites venant de la prise de terre, sont commercialisés, et utilisés, avec succès selon certains, contre la pollution électromagnétique ambiante. Un contrôle objectif serait le bienvenu. La mention de cancer n'est pas précisée, conformément aux prescriptions légales qui interdisent de propager commercialement tout espoir non validé officiellement.

Aller et retour Paris/Moirans en Montagne, 5 février 1996

La petite ville de Moirans en Montagne, dans le Jura, s'illustra par une bonne douzaine de feux, après enfouissement d'une ligne de 20 kV, et je décidai d'aller enquêter sur place en apprenant que les pieds de métal de deux lits avaient fondu le carrelage d'une chambre dont on donnait l'adresse (au n° 6 de la Rue des Cares).

Malgré quelques reliefs de neige qui mettaient du piment à la conduite sportive, je ne regrettais pas mon escapade, car je trouvais en face de la maison, aux n° 3-5, un poteau exactement tel que je l'attendais : 4 fils d'un côté, 1 câble torsadé de l'autre.

Au n° 14 de la rue, là où 5 feux s'étaient allumés, et où une infirme de près de 120 kg avait péri ainsi que son héroïque sauveteur, était situé le premier poteau de la rue en provenance du transformateur de la gendarmerie. On apprenait, au tribunal de Lons le Saulnier, le soir à 17 heures, qu'un pyromane avait signé des aveux.

En rentrant, je me posais des questions... Pyromane ou mythomane ?

Juillet 96. Une observation hongroise

Je profitais d'un voyage privé en Hongrie pour contacter un confrère spécialiste des radiations non ionisantes. Ce confrère m'écouta pendant une après-midi d'été. L'entretien était à la fois passionnant et pénible.

Passionnant, car ce petit homme rond à l'œil vif était ouvert et intéressé. Dans un pays pauvre et mal remis des événements de 1956, j'étais ému de voir, 40 ans après, son 'photocopillage' du livre « Le signal du sourcier », d'Yves Rocard. Je déroulais et lui donnais la bande imprimée de mes observations. Il me déroula, à son tour, le tapis rouge* et m'ouvrit les portes de son laboratoire. Je ne rapporterai pas ce que j'ai vu, mais je ne pense pas trahir sa confiance en disant aujourd'hui que c'est lui qui, le premier, m'a révélé le danger potentiel des téléphones portables.

Pénible parce qu'il n'avait pas de voiture, parce qu'il faisait chaud (35 ° à Budapest, ce 5 juillet 1996), et surtout parce que je ne pratiquais plus l'anglais depuis le lycée. Ce confrère ponctuait chacune de mes phrases de redoutables 'pourquoi' ('why', qu'il prononçait 'oui').

Ainsi, sans dictionnaire, je devais lui expliquer, en transpirant, que les insectes étaient attirés par certains poteaux :

« – *Oui ? J'ignore la raison pour laquelle ils sont attirés par ces poteaux !*
– *Oui ? Parce qu'il y a au moins 6 causes et que j'ignore laquelle est la bonne !*
– *Oui ? Parce que ces raisons peuvent s'intriquer !*
– *Oui ?* »

Et je devais, finalement, lui avouer que je ne comprenais pas la raison de ce que j'observais, mais, après quelques '*oui*' de plus, que nous pouvions, s'il le souhaitait, vérifier les faits.

Le lendemain, il m'amena dans une rue de 400 m environ afin de détecter la maison de 4 sœurs atteintes de différents cancers : certes, on pouvait incriminer l'hérédité pour l'aînée de 28 ans qui souffrait d'un cancer de l'utérus comme sa mère qui en était morte. Mais on ne le pouvait pas pour sa sœur, atteinte d'un type de cancer différent, ni pour ses deux demi-sœurs. Comment ne pas chercher une autre cause pour le cancer de ces 3 autres filles, alors même que le père et la deuxième épouse étaient bien portants ?

J'indiquais au confrère 3 poteaux formant VASEM et, comme poteau le plus à risque, une fin de ligne de distribution à 80 m d'une ligne de transport : c'était bien le poteau recherché, et il se trouvait à 35 m du pavillon. En approchant, je montrais les abeilles immobiles sur les fils devant la maison.

Nous constations, de plus, l'exceptionnelle répartition horizontale des 4 fils nus de la ligne, jamais vue en France ni dans les pays frontaliers.

Anecdote : Il me fit voir au musée la couronne surmontée d'énormes cailloux et d'une « croix toute de travers », couronne offerte par Gerbert d'Aurillac au prince magyar, Estienne. Il m'a fallu plus de 10 ans pour apprécier « *ce chef-d'œuvre d'orfèvrerie, témoignage de foi, preuve du génie mathématique et politique de son concepteur, ainsi que le destin extraordinaire de ce petit berger de l'Aveyron, surdoué en maths, devenu prêtre, évêque, et pape sous le nom de Sylvestre II. L'inclinaison de la croix correspond à l'angle de 23°5 que fait l'axe de la terre avec le plan dans lequel elle effectue sa rotation autour du soleil, ce que les scientifiques d'aujourd'hui confirment, à quelques secondes près. Toutes les mesures de la couronne obéissent à la suite de Fibonacci, connue des mathématiciens. (D'après M. Szinte, auteur de plusieurs livres sur Gerbert)*

L'une des filles était atteinte d'un cancer des voies aéro-digestives supérieures (VADS), mais ni les parents, ni les enfants, ne fumaient et, dans la maison, on ne voyait pas un cendrier, ce qui attestait l'absence de tabagisme. Enfin, l'IRM de la petite sœur de 16 ans, montrait une tumeur cérébrale de 3,5 cm, de découverte récente.

Un peu plus surpris que moi par ce résultat, le confrère m'amena alors chez un patient décédé de lymphome, dans un immeuble adossé au transformateur. Dès l'abord, je lui montrais les pigeons sous l'auvent du toit, au-dessus du transformateur. Puis, au rez-de-chaussée où nous entrions, il me demanda de désigner celui des trois lits que le malade occupait lorsqu'il débuta son cancer.

Les pieds d'un lit à deux places n'étaient séparés du transformateur que par le mur et le lit se trouvait perpendiculaire à la rue. Je l'éliminais donc pour cette raison sommaire : pas de parallélisme avec la rue, pas de risque de courant vagabond de retour, pas de cancer !

Deux lits simples se trouvaient parallèles à la rue dans la chambre voisine. Après avoir vérifié en les soulevant qu'aucun des 3 lits ne comportait de sommier métallique susceptible de dériver les courants de retour, je désignais celui des 3 lits qui était le plus proche de la rue et parallèle à elle. Après un conciliabule avec la veuve, le confrère m'affirmait : « *Vous avez raison : son mari est mort de lymphome, l'an dernier, dans ce lit* ! » Ceci ne répondait pas encore à la question posée, à savoir quel lit il occupait au début de son cancer : c'était celui-là même.

Après avoir vu plusieurs dizaines de guêpes sur les grilles de transformateur, le confrère me quitta en m'assurant que, pour ce qui était des insectes, il était convaincu d'une relation entre leur déplacement et les lignes électriques. Mais il ne pouvait me suivre en ce qui concernait les cancers : l'observation était trop fantastique, et j'étais bon pour un Nobel si elle se vérifiait !

En attendant cet hypothétique Nobel, nous allions en riant avec ma femme visiter le musée Semmelweis, du nom de l'obstétricien hongrois qui a découvert en 1845 le principe de l'asepsie. Ses collègues l'avaient fait interner en asile, où il mourait méconnu en 1865.

Au bas et à droite du Livre d'Or, je notais que, cent ans après, la reconnaissance d'une idée nouvelle est toujours aussi difficile, et mon épouse signa que sa femme avait bien fait de le plaquer et de le laisser seul avec son insupportable découverte !

Il est vrai que pour notre anniversaire de mariage, nos enfants s'étaient cotisés pour nous offrir un voyage en Irlande, et que ma femme ne m'avait pas encore pardonné de filer au petit matin pour observer le vol des insectes sur les lignes, et d'avoir ramené du Connemara de belles photos... de poteaux électriques.

Décomptes

Par le décompte des détails déjà définis plus haut, structures électriques (lignes, transformateurs), insectes et prédateurs, perforations de tuyaux, j'ai obtenu une description assez précise et étendue, dont la validité est devenue frappante, même pour qui dispose de peu de cas.

Parti de l'étude de l'habitat d'un malade atteint d'un type rare de leucémie, je dénombre aujourd'hui 413 malades : 275 cancers du sang (MBD) et 138 tumeurs cérébrales (TC). En effet, compte tenu de l'espoir qu'apportait mon étude, j'ai eu accès, en 1994, à une liste d'adresses de patients traités dans un service hospitalier et décédés entre 1984 et 1994 : elle me permettait d'observer les habitats d'un nombre beaucoup plus grand de malades du sang, sans faire une véritable enquête, et sans interrogatoire. Pour les malades atteints de TC, qui me semblaient particulièrement visés par le phénomène, j'ai pratiqué, à partir de l'année suivante, le bouche à oreille, parvenant à obtenir parfois le diagnostic exact.

Je me suis aperçu qu'il y avait un plus grand nombre de cancéreux autour des poteaux qui portaient des irrégularités dans la position de leurs fils.

Pour évaluer leur fréquence, j'ai classé, selon l'agencement des fils, 2 562 structures électriques (SE) de basse tension, soit 140 transformateurs et 2 422 poteaux situés entre le transformateur et le compteur.

Ayant observé que certains insectes étaient attirés par certains poteaux, j'ai compté, pendant 20 secondes le nombre d'insectes et d'insectivores ailés près de chacun d'entre eux, soit, au total 381 insectes et oiseaux, en remarquant qu'il y en avait plus, près des malades.

Puis, en 1997, je me suis fait communiquer la localisation de 300 perforations de canalisations de voirie, n'en conservant que 181 dont j'étais assuré. Je constate en tout cas, que les perforations surviennent souvent auprès de ces mêmes types de SE que l'on rencontre près des malades atteints de cancers du sang.

Cancers rares et structures électriques

Décompte des structures électrique (SE) de voisinage

Ma méthode de comptage des poteaux au voisinage des cancéreux est efficace, mais pas irréprochable, et je m'en expliquerai plus en détail en 2e partie. J'avais trouvé plusieurs fois un même type de structure électrique (SE) rare près de cancers rares, lors de ma première étude. Ultérieurement, d'autres SE m'ont paru intervenir plus souvent que ne le laissait supposer leur fréquence.

Cette approche méritait un peu plus de précision, et j'ai entrepris de comptabiliser un grand nombre de SE pour pouvoir prendre comme repère les proportions trouvées dans chaque catégorie. Puis, lors des études suivantes, me fiant aux coïncidences déjà rencontrées, j'ai classé les habitats en fonction de leurs distances à une SE proche (50 m) suspecte d'un lien avec un cancer.

J'ai négligé certaines structures : celles que je considérais comme neutres (type 0), sauf si elles étaient seules visibles, ainsi que celles qui me paraissaient moins suspectes auprès du malade, ce qui a probablement produit un effet de loupe.

J'ai également exploré et répertorié un grand nombre de structures électriques (SE), que ce soit pour une étude systématique ou lors de mes expéditions. J'ai pris l'habitude de noter, pour chaque SE étudiée, les effets biologiques (oiseaux, insectes) ou les perforations de canalisations marquées de bleu par le service des eaux ou simples réfections du goudron.

Pour décrire les habitats, j'ai repéré les SE présentes, mais aussi le type de logement, pavillon, résidence basse, ou immeuble de grande hauteur (IGH). Afin de me laisser poser mes hypothèses en aveugle, lorsque l'on me signalait un cas, ou plus, dans un village ou dans une rue, je demandais souvent à ignorer l'adresse exacte ou le numéro dans la rue, et cela a été vraiment très instructif.

Résultats comparés pour TC et cancers du sang

Je me suis surtout intéressé aux cas de cancers rares, dont on connaît peu la cause et bien la 'raison' de croissance (pourcentage d'augmentation) - pour le lymphome, 4 % par an, plus encore pour le cancer du sein, non étudié ici - les cancers du sang (MBD), et les tumeurs cérébrales (TC) en sont de bons exemples.

Pour les tumeurs cérébrales, qui semblent touchées aussi par les phénomènes électriques, j'ai pu obtenir quelques adresses avec diagnostics, mais j'ai surtout profité de tous les cas accessibles que j'ai pu connaître, soit actuellement, 138 cas. Et j'ai continué mon étude des SE situées dans les 50 m de l'habitat. J'ai retrouvé le voisinage des transformateurs, quasiment majoritaire pour les cancers du sang, déjà signalé par des scientifiques, dès 1979.

La comparaison entre les cancers du sang et les TC a été une grosse surprise : une différence très nette est apparue entre les deux types de cancers, visible dès qu'on dispose d'un petit nombre de cas. Ce sont les fins de lignes et les habitats bas qui sont les plus souvent associés aux TC, alors que ce sont surtout les débuts de lignes, les transformateurs, et les habitats en immeuble pour les cancers du sang.

Cette différence, très apparente, me porte à conclure à l'existence d'une influence des facteurs étudiés, alors même qu'on ne dispose pas de groupe témoin, de 'bien portants', dont la définition est bien fragile puisqu'elle peut changer rapidement, ou de 'non exposés', dont le choix n'aurait rien de simple non plus.

Ces résultats sont essentiels et une analyse plus détaillée en sera donnée en seconde partie (Tableau 8 en particulier). Nous allons voir ci-après, des conclusions qui me paraissent raisonnables, intuitivement, détaillées en 6 facteurs de risque, et le lien possible avec des phénomènes électriques, tensions anormales et courantes vagabondes.

Cependant l'étude des autres détails observables est également importante parce qu'elle permet, à la fois, une confirmation de la réalité des coïncidences, un moyen de détection supplémentaire, et une approche des mécanismes.

Insectes et insectivores

L'observation d'un plus grand nombre d'insectes et de leurs prédateurs autour de certaines des structures électriques, en particulier là où l'on trouve les malades atteints de certains cancers, me semble un élément important de l'observation générale, bien qu'elle soit limitée à certaines périodes favorables et variables selon les conditions météorologiques ; le contrôle de présence des insectes, que j'effectue en observant un arbre témoin, est commode tant que l'on reste dans un même quartier.

Certes, depuis l'an 2000, on voit moins d'insectes, mais la diminution, quelle qu'en soit la cause, touche peu ou pas le xylocope, et j'en vois presque autant qu'il y a 10 ans, au printemps et en automne.

Le nombre d'hirondelles diminue, et ainsi, là où je voyais 39 nids avant un curage effectué en 2001, les couples n'en ont reconstruit que 23 en 2003, et, depuis, s'en tiennent à ce chiffre.

L'étude de ces concentrations anormales démontre qu'il y a effectivement, près de certaines structures électriques, des effets biologiques à comprendre.

Pathologie des tuyaux métalliques

Très suggestives lorsqu'on les trouve, il existe des perforations des cuves à mazout ou des tuyaux d'eau de voirie près des malades. En 2004, un spécialiste de la maintenance de distribution d'eau me parla de « *pathologie des tuyaux* », et cette expression me convient tout à fait. C'est assez souvent que l'on trouve les perforations de tuyaux et les cancers du sang en début de ligne, près du transformateur et du premier poteau de ligne. Nous reviendrons sur ces deux points très importants.

L'étude des perforations montre que des effets physiques non négligeables existent aux mêmes types d'endroits que les cancers, du fait de causes électriques.

Résultats globaux

J'ai été impressionné de trouver près d'une minorité de poteaux, une majorité des malades, des insectes et insectivores, et des perforations (Tableau 12). Cela m'a aidé à continuer ce travail méticuleux, même si la comparaison des pourcentages n'est pas tout à fait représentative des effets.

Certes, j'ai bien compté les insectes et insectivores sur les 2 562 structures électriques examinées ; mais pour les cancéreux et les perforations, je n'ai comptabilisé les poteaux de type 0 que s'ils étaient seuls, sans aucun des 5 autres types dans les 50 m, et je les ai ignorés, même s'ils étaient plus près de la maison que l'un de ces 5 types.

Plus les rues sont longues et droites, plus le typage des poteaux et le repérage des zones à risque de cancer (ZARC) est aisé : on trouve ainsi, dans toute rue, 2 poteaux irréguliers, 1 de début (ou de branchement) et 1 de fin de ligne, et aussi, à l'occasion, 1 poteau de branchement, aux croisements de rues. J'ai rencontré une seule exception à cette règle : c'était dans le Pas de Calais. La ligne de 4 fils se branchait dans la rue voisine et ne comportait de ce fait sur les 13 poteaux de la rue qu'un seul poteau à risque, celui de fin de ligne (type 5), à 32 pas de la maison (25 m) d'une écolière morte à 4 ans de tumeur cérébrale.

En fait, lorsque les structures irrégulières sont rares comme, souvent, dans les rues longues, il suffit de quelques coïncidences frappantes pour comprendre à quel point elles sont significatives ; de même, la coïncidence des différents types d'effets au même lieu, qui ne se voit pas dans les pourcentages globaux, est un élément de preuve précieux.

Ainsi qu'il a été dit plus haut, les pourcentages détaillés qui seront donnés en deuxième partie, ont tout de même un sens, essentiel, mais de façon comparative : on parvient à observer, avec des chiffres assez stables, une nette différence, systématique, visible dès qu'on dispose d'un petit nombre de cas, lorsque l'on compare des cancers de nature différents (tumeurs cérébrales ou cancers du sang).

Chapitre IV

Les 6 éléments qui suggèrent la présence de courants parasites nocifs

Mes enquêtes m'ont permis de repérer 6 indices de risque de cancer, déjà évoqués, et que nous allons revoir maintenant. Ce faisceau d'indices suggère la présence de courants vagabonds (de retour au transformateur, ou autres), courants hors des conducteurs affectés au passage du courant (essentiellement courants induits, du fait de phénomènes d'induction électromagnétique, mais aussi dérivation des courants principaux).

La notion de 'femli' (force électromotrice longitudinale induite), utilisée par les techniciens de la SNCF, et de 'courants de femli', dans le cas de courants induits dans des conducteurs parallèles aux voies ferrées, signale qu'il y a une direction privilégiée pour ces effets.

Axe de la position fixe

La notion de courant vagabond amène à se demander ce qui se passe dans un conducteur électrique, physique ou biologique, placé à peu près dans l'axe privilégié. Nous avons vu précédemment, mais sur très peu de cas, le rôle possible, sur les anomalies sanguines, de la position du lit et du parallélisme avec la caténaire.

Lorsque plusieurs cancéreux habitaient la même maison ou le même immeuble, je me suis aperçu que les lits étaient parfois parallèles entre eux ; dans un cas, j'ai pu savoir que le lit du malade se trouvait parallèle à une canalisation d'eau qui s'était perforée dans la rue.

Durée de la position fixe

Dès 1979, les premières recherches de Wertheimer et Leeper, à Denver, dans le Colorado, portaient sur les cancers de jeunes, enfants et adolescents, morts avant 19 ans, et habitant près de lignes électriques. Une augmentation était constatée pour tous les types de cancers, pas seulement pour les leucémies dont on parle le plus, mais aussi pour les lymphomes, les tumeurs du système nerveux, et ceux classés comme 'autres', dans les environnements associés à des courants intenses. Cet effet systématique suggérait aux auteurs un éventuel 'effet sur la capacité générale du corps à résister au cancer'.

'Habiter', c'est aussi 'se coucher', donc 'se trouver dans le même axe pendant 8 heures environ'. Y a-t-il cumul, pendant un temps d'exposition très long et reproduit d'une nuit à l'autre ?

Dans le même ordre d'idées, il me semble que les travailleurs qui occupent un travail posté, près d'un transformateur en particulier, seraient plus frappés par les divers types de cancers que ceux qui sont mobiles.

J'ai ainsi noté que dans une tour d'hôpital où était installé un transformateur, sur 4 cancers du sein, on comptait 3 laborantines fixes et une infirmière courant dans les étages. J'interprète de même le cas d'une réceptionniste assise toute la journée à 15 m du premier poteau de ligne et 5 m du transformateur, qui déclarait son cancer du sein après 4 ans de ce travail posté ;
ou celui d'un jeune cuisinier, pris entre son four et le même transformateur à 5 m, qui débutait un séminome (cancer du testicule) après 4 ans d'emploi – dans ce cas, la chaleur a peut-être aussi eu sa part de responsabilité.

Pour la tumeur de l'œil droit chez un cameraman de télévision, ainsi que les tumeurs cérébrales chez les soudeurs à l'arc, s'agit-il du même facteur de proximité du transformateur ? Dans les deux situations, cette proximité existe.

Les 3 exemples suivants donnent quelques repères sur les effets de la durée d'une position fixe, mais montrent aussi la difficulté d'interprétation de chaque cas :

- Une modification de ligne, en mai 1996, est suivie de la disparition immédiate des insectes que j'avais vu tourner autour d'elle, puis, en juin, de la chute du nid d'une trentaine d'hirondeaux à 5 m de là, et enfin, en janvier et avril 1997, de perforations de canalisation d'eau à 15 m. L'observation a été publiée ; j'avais annoncé à un expert la disparition des oiseaux. Pour ces effets, les délais sont de quelques semaines ou de quelques mois, mais, pour les cancers, les quelques exemples suivants, où l'on connaît des délais d'apparition après modification de la ligne électrique, me font supposer qu'il faudrait compter plusieurs années.
- Un malade d'hémopathie meurt en 1986, à 45 m d'une fin de ligne. La personne qui rachète son pavillon débute un cancer du sein en 1996 (voir figure 14).
- Un transformateur qui se trouvait depuis 35 ans à 90 m de la chambre d'un couple, en a été rapproché à 29 m, lors de la construction, en 2000, d'un ensemble immobilier. Le mari, 72 ans, est opéré d'une TC en février 2004. Une voisine de 80 ans qui habitait face à l'ancien transformateur et à 90 m du nouveau, est opérée d'un cancer du poumon en novembre 2004. Les deux malades, non-fumeurs depuis 20 et 40 ans, sont soumis au tabagisme de leur conjoint. On voit la complexité du problème entre le temps, la proximité de l'exposition, le déplacement, le plus grand débit du transformateur ; l'interprétation doit rester en suspens. (Ce cas me frappe beaucoup car j'avais, pour une fois, prévenu le couple d'un risque de lymphome ou TC).

Ainsi, la position fixe et un axe préférentiel me semblent former 2 facteurs sérieux de risque de l'habitat, tout comme de l'exposition professionnelle.

Les systèmes conducteurs

Les bons conducteurs électriques, tels que les tuyaux d'eau ou les cuves à mazout, se perforent plus souvent en certains lieux (nous le verrons plus loin).

Chez l'homme, je remarque qu'un grand nombre de tissus présentent une bonne conductivité, du fait qu'ils contiennent de la lymphe, du sang, du liquide céphalorachidien ou de l'urine. Le docteur Lambrozo disait que d'une façon générale on incriminait rarement l'électricité pour des cas de cancers urinaires, et je remarque qu'il s'agit d'un système conducteur court. Ceci me fait envisager que la longueur du conducteur pourrait être en jeu, et que les systèmes courts seraient moins atteints.

Enfin, en cas d'accidents électriques, on remarque que le corps des victimes présente des traces de brûlures, mais par leurs vêtements.

Cancers et travaux de voirie

Je rencontrai Agnès Fleury, chef de clinique à La Pitié Salpêtrière, quelques jours avant sa soutenance de thèse sur l'épidémiologie des tumeurs cérébrales (TC), en juin 1996.

Au cours de cette entrevue très instructive, l'examen des registres montrait, depuis 1983, une inexplicable progression d'un type de TC très rare (Oligo Dendro Gliome) dans le Bas-Rhin.

Je me demandais pourquoi ce type de TC particulièrement ; pourquoi dans le Bas-Rhin et pourquoi pas dans la Côte-d'Or ou dans l'Aude, tout aussi équipés en registres des cancers ? Quelle pouvait en être la cause si la progression du nombre des tumeurs dans ce département était antérieure au nuage de Tchernobyl ?

Elle me mit en contact avec un confrère dont la femme était soignée pour TC. Ce confrère m'apprit qu'il assistait depuis quelques années, à une véritable épidémie de TC : 5 cas dans la rue où il habitait.

Lorsque j'allais visiter cette ville, et la fameuse rue, je la trouvais retournée par des travaux de voirie, et notais le déplacement récent de 2 transformateurs. La rue avait près de 2 kilomètres de long et je comptais 6 poteaux à risque. La femme de ce collègue habitait à 15 mètres de l'un de ces poteaux.

J'arrivais à faire dire à ce confrère que l'un des autres malades habitait sous la route à flanc de coteau, près d'une double fin de ligne que j'avais naturellement repérée. Néanmoins l'observation lui sembla si cruelle (ou terrifiante), qu'il ne me révéla pas où habitaient les autres malades...

Je m'apercevais qu'un événement spectaculaire pour les malades et le praticien (ici les travaux), leur paraissait seul en jeu alors qu'il s'ajoutait à un environnement déjà sournois qui n'avait pas attiré l'attention (les poteaux formant VASEM).

Ceci suggère l'hypothèse que des travaux de tranchée sur rue pourraient interrompre des circuits de conduction qui court-circuitaient certaines tensions gênantes, lesquelles suivraient alors un autre schéma, perturbant le corps d'un dormeur allongé.

Proximité ferroviaire

Les spécialistes admettent que les champs induits par la caténaire se mesurent à 130 m des voies ferrées ; mes propres recherches ne me montrent pas plus de cancers dans ce couloir de 130 m et c'est plutôt une zone de 400 m, correspondant donc à une plus grande sensibilité, qu'il faudrait considérer.

À 100 m d'une voie ferrée rectiligne, ou à 750 m d'une voie courbe, je mesure des tensions (entre deux points du sol écartés de 20 m) qui sont plus grandes avant le passage du train et qui diminuent après son passage, ce qui me permet de l'annoncer alors qu'on ne le voit ni ne l'entend. Nous reviendrons plus loin sur ces observations.

Je ne trouve pas de différence d'incidence du cancer près de caténaires alimentées en courant alternatif (SNCF) ou en courant continu (RER) ; pas d'informations non plus sur les voies en tranchée, de niveau ou en élévation.

Observation et déduction me suggèrent que la proximité des voies en tranchée serait peut-être un facteur de risque, mais j'ai besoin de témoignages supplémentaires.

Près des aiguillages avec 'fin de section de caténaire', correspondant au passage d'un circuit d'alimentation à un autre (fig. 2), je mesure, avant le passage des trains, des champs magnétiques 7 à 10 fois plus importants qu'à leur passage ou après leur passage. J'ai trouvé des inversions de la formule sanguine (symptôme bénin) chez 4 sujets en bonne santé habitant dans les 20 m d'une fin de section de caténaire.

Dans les 400 m d'une voie ferrée omnibus en tranchée, j'ai trouvé plus de malades sur le côté équipé d'un câble de protection aérien (sur 1 km de longueur : 13 contre 8), mais c'est aussi le côté où se trouve la station d'alimentation.

Dans les 400 m d'une voie réservée aux express, j'ai trouvé moins de cancers que dans les 400 m d'une voie omnibus. Mais ceci pouvait être biaisé, ou encore s'expliquer par la présence d'une voie ferrée désaffectée dérivant le courant vagabond de retour (nous reparlerons de ces 2 derniers points plus loin).

Hauteur de l'habitat

La hauteur de l'habitat me semble un facteur important dans la cancérogenèse. Le Tableau 8 présente, plus loin, les données détaillées que j'ai recueillies sur ce facteur. Il permet de distinguer et d'opposer l'habitat des malades : ceux qui sont atteints de tumeurs cérébrales (TC) vivent en pavillon, près du sol et des courants vagabonds, alors que ceux qui sont atteints de cancers du sang habitent plutôt en immeuble, abritant ou pouvant abriter un transformateur.

Une de mes patientes me disait en 1993 que dans son immeuble de 11 étages, elles étaient 5 atteintes de cancer du sein ; l'une habitait au 9e étage. 4 des 5 lits dont elle avait pu connaître la position, étaient parallèles à la rue. Une visite sur place montrait le transformateur au 2e sous-sol du parking. En 1996, je constatais, de plus, l'absence d'antennes relais dans les 50 m.

En 2003, j'appris qu'un couple venait de mourir de cancers (TC et cancer digestif), à un an de distance. Ils habitaient au 7e, dans un immeuble de 8 étages, surmonté de deux antennes relais. Dans la même cage d'escalier, il y avait un cancéreux chez le couple habitant au 6e, et aucun au 5e ; la morbidité des habitants des étages inférieurs est inconnue. L'immeuble date de 1970. Les habitants du 7e étaient là depuis 1970 ; ceux du 6e, depuis 1994 ; la date d'emménagement au 5e et dans les autres étages est inconnue. La pose des relais remonte à 5 ans environ (1998).

Dans l'environnement, je notais une antenne relais sur l'immeuble voisin de 8 étages, à 20 m de là. Les 3 antennes de ces 2 immeubles sont montées sur des pylônes installés au milieu du toit, en terrasse. Au pied de l'immeuble, à 25 m de là, un poteau de type 1 (4 fils, 1 câble torsadé) et le transformateur à 30 m.

Il semble qu'ici, les habitants soient soumis à deux sortes de nuisances électromagnétiques : celles de l'antenne voisine et celles des lignes électriques et du transformateur.

Chapitre V

Autres détails qui peuvent coïncider avec la maladie

Nous verrons ici, pour des cas particuliers, les détails rares d'installation électrique près desquels j'ai trouvé des cancéreux et qui sont peut-être des structures à risque.

Crochet de fin de ligne torsadée

La fin de ligne de câble torsadé se recourbe en un crochet auprès duquel je trouve les malades atteints de TC. Ce crochet n'est pas rare, mais il est si discret que je le range dans ce paragraphe.

Il peut être plus ou moins long, et situé sur ou contre le toit de la maison du malade. Court ou long, il attire les insectes et les insectivores, comme nous l'avons vu sur la photo de Romans avec un crochet de 20 cm qui attirait les hirondelles avant leur migration. Son orientation semble indifférente vers le haut, ou le bas, ou, dans la direction du malade.

J'ai observé un cas de double fin de ligne exceptionnel : le malade, atteint de tumeur cérébrale, habitait directement sous le crochet de fin de ligne posée au-dessus du toit de sa maison (photo de gauche) ; ce cas est d'autant plus intéressant qu'une deuxième fin de ligne, mais faite de 4 fils, se trouvait sur le trottoir d'en face, à 20 m. Quels sont les rôles relatifs, de la nature, de la distance au malade et des positions de ces 2 fins de ligne ?

Ce cas est pour moi unique, dans la mesure où je n'ai jamais vu ailleurs deux lignes électriques distinctes, sur les 2 côtés d'une même rue, finir, comme ici, au même niveau de la rue. Le plus souvent, les deux lignes se terminent sur le même poteau.

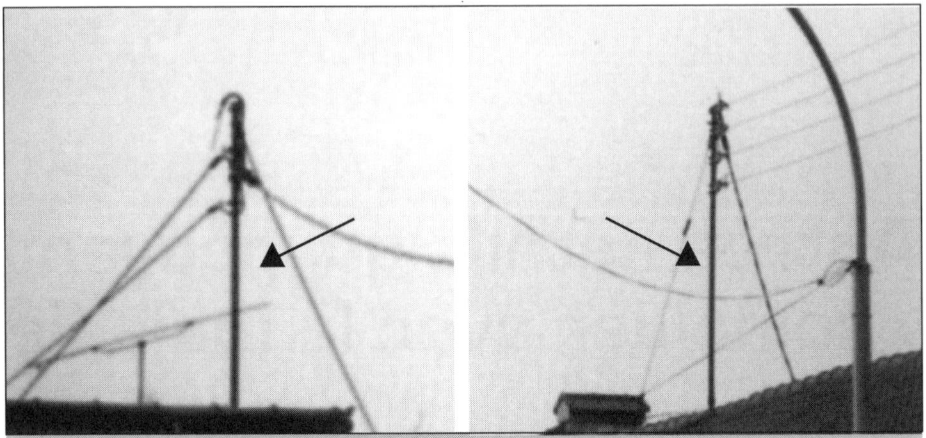

Figure 28 – TC sous crochet de type 5 de ligne torsadée
Habitat d'un cas de tumeur cérébrale (TC), à moins de 20 m de 2 fins de ligne, directement sous le crochet de fin de ligne de câble torsadé (visible sur la photo de gauche), alors qu'une fin de ligne à 4 fils nus se trouve de l'autre côté de la rue (photo de droite).

Central téléphonique. Antenne relais

Certains des malades atteints de cancer du sang logent dans les 200 m d'un central téléphonique dont l'antenne monte à 30 m environ, ou dans les 600 m d'une antenne de marine de 100 m de haut.

Figure 29 - Central téléphonique et antenne.
Quelle est la pathologie humaine dans les 50 m d'un central téléphonique haut comme un immeuble de 5 étages, surmonté d'une telle antenne ?

Lors de mes enquêtes (1994-1996), les antennes relais pour téléphones portables n'existaient pratiquement pas, ce qui explique que je n'en aie pas vu près des malades. J'ai toutefois observé des antennes de radio amateur, de gendarmerie ou de direction de l'équipement dans 8 des 413 cas.

Je vois aujourd'hui s'installer des antennes relais sur des immeubles avec transformateur où logeaient des malades. Les habitants qui contracteraient un cancer ne manqueraient pas de l'imputer à l'antenne : mais ne faudrait-il pas, en fait, l'attribuer à la coexistence des deux facteurs ?

Cicatrice de dépose

Les structures électriques visibles dans les rues sont en constante évolution, souvent dans le sens de l'enfouissement, mais d'autres changements sont également possibles. Cela présente des difficultés d'interprétation, encore que l'on puisse disposer d'indices précieux. Ainsi, il existe parfois, sur les murs des maisons, la cicatrice de la dépose d'une installation électrique ancienne rebouchée à la hâte par les intervenants, qui permet de se faire une idée de l'agencement précédent et d'en compter le nombre de fils.

Figure 30 - Cicatrice de supports de ligne
Dans l'ovale, la cicatrice, témoin des 4 plots d'un début de ligne. Le transformateur se trouve sous le balcon de la moto.

Cinq personnes atteintes de cancer vivaient dans les 50 m de la cicatrice, et l'on incriminait une ligne de transport de 300 kV passant à quelques 200 m dans la vallée (invisible sur la photo). Sur pression des habitants du quartier qui suspectaient une cause électrique à ces cancers, le service d'électricité a enfoui la ligne de distribution (380 V).

Rouleau de fil

J'ai trouvé, à six reprises, dans les 50 m des 413 maisons de malades examinées, un rouleau de fil laissé sur le poteau par les installateurs : il s'agissait d'un surplus de fil, vraisemblablement en attente d'un branchement futur.

Ceci évoque un solénoïde et ses propriétés. Les physiciens m'apprennent que si le fil n'est qu'en tension, sans débit, il peut se créer un champ électrique proportionnel, entre autres, au nombre et au diamètre des spires, du fait de champs magnétiques environnementaux ; si le fil est en débit, il se crée un champ magnétique.

Figure 31 – Rouleau de fil
Rouleau de fils d'une demi-douzaine de spires de 30 cm de diamètre sur un poteau, au-dessus d'un boîtier.

Poteau orphelin

Pour des raisons que j'ignore, les installateurs de lignes électriques chargés de les enfouir laissent parfois en place un poteau isolé, que j'appelle 'orphelin' du fait qu'il reste seul dans la rue. Il est donc, à la fois, poteau de début et de fin de ligne, et distribue son câble torsadé à une ou, au plus, deux maisons.

Il me semble alors redoutable. Je l'ai rencontré une demi-douzaine de fois au total, mais, à trois reprises, auprès de 2 cas de tumeur cérébrale et d'un cas de cancer du sein. Dans ces 3 cas, il y avait tandis que j'examinais, une manifestation biologique visible, comme l'attirance d'insectes ou d'oiseaux ; dans les autres cas, je n'ai rien remarqué.

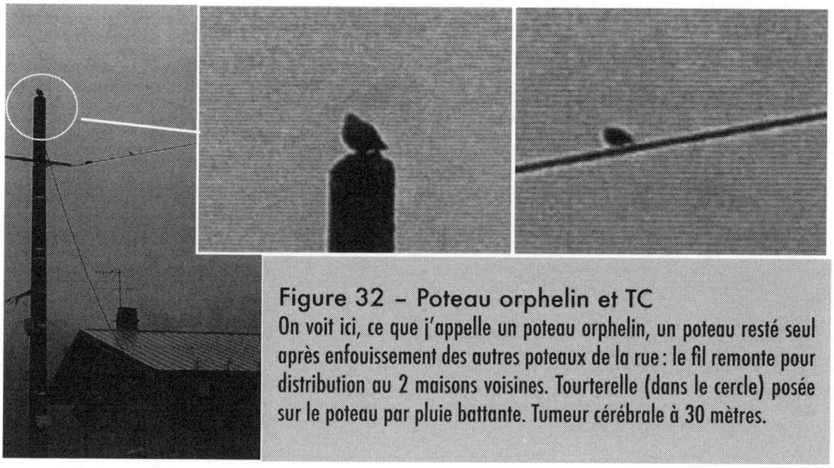

Figure 32 – Poteau orphelin et TC
On voit ici, ce que j'appelle un poteau orphelin, un poteau resté seul après enfouissement des autres poteaux de la rue : le fil remonte pour distribution au 2 maisons voisines. Tourterelle (dans le cercle) posée sur le poteau par pluie battante. Tumeur cérébrale à 30 mètres.

Le poteau est resté seul après enfouissement d'une ligne électrique dans une rue de près de 2 km et un fil remonte alimenter les 2 maisons voisines. Celle abritant une tumeur cérébrale (TC) est à 15 m. Un oiseau a filé pendant la photo ; une tourterelle reste posée, sous la pluie. Cette attirance, sous une pluie diluvienne de mai, amène à penser que les oiseaux rechercheraient la chaleur qui se dégage peut-être à ce niveau, selon des ingénieurs du CEA.

Parafoudre ou détecteur de crépuscule ?

J'ai remarqué la présence de ce genre de dispositif ressemblant à une grosse bougie, près de 3 malades atteints, l'un de tumeur cérébrale, et les deux autres d'hémopathies malignes.

Certains poteaux, sur les coteaux en banlieue ou dans les villages, semblent plus exposés que d'autres aux coups de foudre. Les techniciens d'EDF, en accord avec ceux du téléphone, posent alors des "parafoudre", selon l'un d'entre eux. Le poteau serait-il à la fois exposé et dangereux, pour une même raison, ou bien serait-ce des effets du parafoudre ?

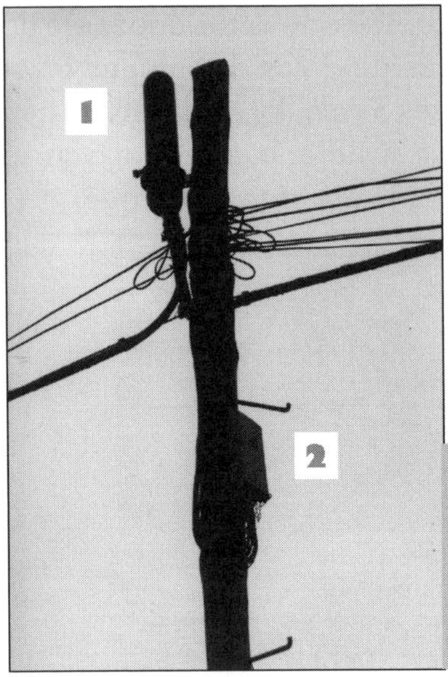

Selon un autre technicien, ma photo correspondrait à un « détecteur de crépuscule », pour l'éclairage public, ce qui changerait fortement la question : action de commande à distance ? interrupteur ?

Figure 33 – Parafoudre ? détecteur de crépuscule ?
Cet objet (1) ressemblant à une grosse bougie, est posé sur certains poteaux portant des installations électriques et téléphoniques (2), Tumeur cérébrale à 45 m.

Décussation

J'appelle 'décussation', par analogie avec le croisement des fibres nerveuses, en anatomie, le passage d'une répartition horizontale à une répartition verticale des fils, sur 2 poteaux qui se suivent. Ce type d'agencement est relativement rare ; on le trouve plutôt sur des lignes de 20 kV et je l'ai rencontré une fois près d'un malade atteint de tumeur cérébrale, proche par ailleurs d'un premier poteau de ligne et d'un transformateur. Nous verrons, au chapitre des lignes électriques, l'importance de cette répartition des fils, qui projette, selon qu'elle est verticale ou horizontale, les champs électromagnétiques sur le trottoir ou sur les chambres des 2 ou 3 premiers étages des habitations. L'agencement horizontal des fils existe sur les lignes de basse tension en Hongrie et en Pologne, mais je ne l'ai pas rencontré en France.

Figure 34 – Irrégularité sur ligne de 20 kV : 'décussation des fils'
Les 3 fils d'une ligne de 20 kV passent d'une répartition horizontale sur le poteau de remontée aéro-souterraine (EDF) à droite, à une répartition verticale sur le poteau suivant, à gauche de la photo.

Protection cathodique (PC)

La protection cathodique (PC) du service des Eaux (photo de gauche) ou de gaz de France (à droite) est un dispositif de protection contre la perforation des tuyaux de métal. Les Eaux les posaient très rarement, en cas de récidive de perforations, et ont quasiment abandonné ce système.

Celles que les pétroliers et GDF posent, au contraire, systématiquement pour prévenir les perforations (près de voies ferrées, sous rideau de fer des boutiques, coins de rue, ponts, ports, tankers, etc.) marquent l'éventualité d'une augmentation des courants vagabonds de retour ; selon mon hypothèse, elles ont donc un intérêt de repérage des zones à risque de cancer.

La rarissime PC du service des eaux fait partie des détails qui m'ont permis de localiser la maison d'un malade. Il semble improbable que la PC provoque le cancer, mais elle serait un marqueur indirect du risque en indiquant, par exemple l'acidité du sol et sa plus ou moins grande conductivité électrique, capable de provoquer des électrolyses des canalisations ; en indiquant peut-être aussi un mauvais équilibre du réseau qui créerait des champs électriques localisés.

Figure 35 – Protection cathodique des Eaux et de GDF.
À gauche : protection cathodique (PC) du Service des Eaux ; son nom est marqué dessus (1995).
À droite : plaque de PC Gaz de France (2005).

Chapitre VI

Événements médiatisés : des poteaux aux antennes

Les événements médiatisés, en général dramatiques, apportent à la connaissance du public des cas que le secret médical ne couvre plus, et dont l'étude se révèle à la fois utile pour la recherche des mécanismes, et exploitable pour apporter une démonstration.

J'ai inspecté les alentours de l'habitat de cancéreux dont on attribuait la maladie à une cause bien définie. C'est ainsi que pour des cas où des pollutions spécifiques étaient le plus probablement à incriminer, j'ai pu retrouver les caractéristiques des environnements électriques que je considère comme suspects.

J'ai souvent trouvé les malades dans les zones de VASEM que j'avais appris à identifier comme électriquement dangereuses après mes études sur les cancers rares. Ceci n'innocente pas les pollutions présentes à ces endroits, mais m'a mené à penser qu'il s'agirait de coactions : les premiers à être victimes sont apparemment ceux qui sont soumis à des perturbations liées aux lignes électriques.

Certes, on ne saurait imputer à l'électricité environnante toute la pathologie ambiante, mais il se pourrait que les phénomènes électriques induits potentialisent certains facteurs reconnus.

De plus, des effets de propagation faisant intervenir à la fois les lignes électriques et les antennes relais me paraissent bien correspondre à plusieurs de mes observations.

Radioactivité et poteaux : projet non réalisé

L'étude épidémiologique du professeur Viel (1996) mettait en cause les rejets de l'usine de traitement des déchets radioactifs de La Hague dans l'augmentation du nombre des leucémies dans le département de la Manche. Je me demandais, quant à moi, si les poteaux électriques ne pouvaient pas également être mis en cause.

J'étais parti innocemment pour compter les seuls poteaux de type 1 (passage de 1 à 4 fils) du département, que je croyais moins nombreux qu'en réalité, et pour vérifier que la majorité des malades se trouvait autour d'eux : j'ai vite compris que l'entreprise dépassait le temps que je m'étais imparti !

Néanmoins, cette visite en Normandie m'a donné l'occasion d'inspecter deux adresses de malades, données par des personnes à qui je parlais de mes recherches : l'une de cancer du sein et l'autre, de cette tumeur rarissime du cerveau (ODG) étudiée, dans une autre région, par A. Fleury, citée plus haut.

On m'avait signalé la première adresse, et, à ma demande, sans me donner le numéro de la rue. Cette rue était particulièrement longue (plus de 2 km) et l'alimentation électrique enfouie sans transformateur visible. Je regardais les rues transversales et aperçus, dans l'une d'elles un poteau de fin de ligne à 30 m environ d'une maison isolée : c'était celle de la malade. Le hasard a voulu que je fasse sa connaissance :

– *« C'était dans mes gènes, car mon père est mort d'un cancer du sein ! Et c'est au cours d'une mammographie systématique que j'ai été détectée.*
– *Depuis quand habitez-vous cette maison ?*
– *Depuis mon mariage, il y a 23 ans ; j'habitais avant chez mes parents ! »*

En 1996, elle débuta un cancer du sein ; elle habitait à 30 m environ de la fin de ligne (type 5, photo de gauche, ci-après).

Elle m'a accompagné pour voir si je trouvais, dans un autre village, la maison de son père, mort de cancer du sein ; je n'ai pas réussi à la trouver, car la tombée du jour a rapidement fait cesser l'entreprise. Mais lorsqu'elle m'a fait voir la maison, le même poteau de fin de ligne, en câble torsadé se trouvait à une vingtaine de mètres de la chambre à coucher.

Ainsi met-on sur le compte de l'hérédité ce qui peut être environnemental et que l'on ne manquerait pas d'incriminer si le malade couchait près d'une centrale nucléaire.

Figure 36 – Cancers du sein et fins de lignes (2 cas : père et fille)
Maisons de la fille (à gauche) et de son père (à droite), tous deux atteints de cancer du sein.
Les flèches indiquent le poteau de fin de ligne et l'habitat : 30 m d'écart entre les 2, pour la fille ; 20 m d'écart pour le père (fenêtre au coin de la maison).

Le malade atteint d'oligodendrogliome (ODG), cas évoqué précédemment lors de l'étude des types de poteaux, et dont on m'avait donné l'adresse en Normandie, habitait dans un coin de campagne isolé, et je passais plusieurs fois devant son domicile sans voir d'anomalie dans la trajectoire de la ligne torsadée qui longeait la route, devant la maison. J'allais quitter les lieux en classant le malade parmi ceux qui ont une ligne normale, lorsque j'aperçus au loin un transformateur aérien monté sur poteau électrique.

Suivant des yeux la ligne jusqu'à la maison du malade, j'ai continué à pied jusqu'à ce que j'arrive à un deuxième transformateur aérien. Revenant alors sur mes pas, je cherchais l'interruption de la ligne, deux transformateurs n'alimentant pas une même ligne à ses deux bouts !

Je la trouvais enfin, camouflée derrière l'abat-jour d'un réverbère, juste devant la maison du malade ; il n'y avait que quelques centimètres d'écart entre les deux extrémités des lignes.

Je n'ai vu que 7 fois, au cours de ma classification, ce type de poteau, qui porte deux fins de ligne dans le même axe ; il est difficile à détecter, donc peut-être plus fréquent, en fait.

Figure 37 – Type 55 et TC rare
Sur cette mauvaise photo, on aperçoit, derrière l'abat-jour, l'écart de quelques centimètres (flèche) entre les bouts de 2 lignes de câble torsadé, sur le câble porteur. On devine, à travers la haie, la maison du cancéreux. Hors photo, les 2 transfos aériens, assez éloignés, de chaque côté.

Ce dernier cas illustre bien la nécessité de posséder le plan des installations électriques si l'on veut être exhaustif et repérer de tels détails.

Incinérateurs et poteaux

Lorsqu'on s'est intéressé aux rejets des incinérateurs, on a accusé la dioxine d'être à l'origine de la prolifération du nombre de certains cancers en plusieurs villes de France. Le fait qu'un produit de type Seveso puisse augmenter le nombre de cancers ne surprend presque plus personne, et pourtant je trouve encore les cancers imputés aux incinérateurs près des mêmes types de poteaux et des transformateurs. Ceci pourrait s'expliquer par un effet coopératif, l'environnement électrique nocif abaissant sans doute les défenses des organismes, confirmant ce que suggéraient, dès 1979, les études fondamentales citées plus haut, à moins qu'il ne rende les particules plus nocives.

Plus précisément, la carte des installations électriques d'une de ces villes, comparée à celle d'une liste de malades, m'a montré que les cancers apparaissent aux mêmes endroits des lignes, qu'elles soient enterrées ou non.

Toxiques et installations électriques

L'apparition de cancers, chez des enfants d'une maternelle bâtie sur le site des usines Kodak, à Vincennes, a évidemment fait suspecter la présence de résidus toxiques. La visite des lieux montre, en l'absence de ligne électrique visible, le transformateur à 50 m de l'entrée de l'école, et une antenne relais sur l'immeuble de la RATP, à 100 m.

Mais ce qui me désole surtout, comme la présidente d'une association locale, c'est l'absence de visite au domicile de 2 des enfants morts de cancers: ils habitaient sur le même pallier et j'aurais bien voulu connaître leur adresse pour vérifier la présence, ou non, de structures électriques à risque.

Morts subites à l'école

Je ne m'intéresse aux pathologies non cancéreuses que lorsque des cas spectaculaires me font supposer l'implication d'effets liés à l'électricité. C'est ainsi que j'ai enquêté, à propos de deux décès que j'ai pensé dus à un ralentissement extrême du cœur (bradycardie paroxystique). En effet, des troubles du rythme cardiaque, apparus près de transformateurs, étaient déjà signalés par plusieurs études, entre autres par Brousse, Déoux, Faivre-Bonhomme, Savitz, Slesin.

Ainsi, le 8 janvier 2001, jour de rentrée scolaire (et, à mon idée, de remise en charge de transformateurs gros consommateurs, problème déjà rencontré ailleurs), la presse nous apprenait la mort subite de deux enfants, dans 2 écoles du Val de Marne.

Le soir même, l'institut médico-légal (IML) annonçait que les enfants étaient tous deux atteints de malformation cardiaque congénitale. Pour J... qui, arrivé en France en octobre 1999, décédait en jouant au ballon, l'effort physique pouvait peut-être expliquer le décès.

Mais, en ce qui concerne S..., enfant de 6 ans décédé à la cantine de son école comme un vieillard en fin de banquet, il pouvait du moins y avoir de l'électricité en cause, comme facteur aggravant. J'appelai un ami et confrère, expert auprès des tribunaux: de fait, après nous être renseignés sur l'emplacement de la classe de S..., on pouvait y observer, à la fois, le transformateur et le premier poteau d'une ligne de 4 fils, à moins de 50 m ; sur le poteau se tenaient 3 pigeons. Le problème est complexe, entre l'anomalie cardiaque, la proximité du poteau et celle du transformateur.

En ce qui concerne J..., la ligne électrique était enfouie, et nous n'avons pas vu de transformateur.

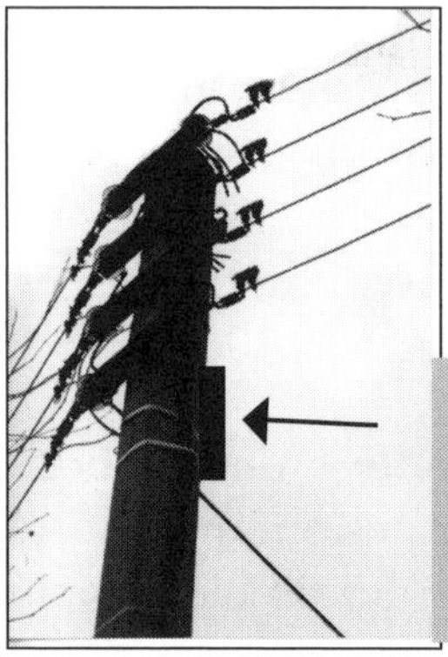

Figure 38 – Type 3 3 et mort subite d'enfant
Poteau dans les 50 m de la classe de S... On devine en bout de flèche, sur le côté du poteau, le gros câble de remontée du transformateur, qui se distribue à deux débuts de ligne de 4 fils nus (type 3 3).

Enfants et tumeurs du tronc cérébral

Au début des années 2000, on signalait 3 cas de tumeurs cérébrales chez des écoliers du quartier de l'Épi d'Or à Saint-Cyr l'École. Les associations incriminaient 2 antennes relais posées sur le toit de l'école à partir de 1992, et, elles portaient plainte contre l'exploitant.

1. Venu pour me rendre compte, en mars 2002, je rencontrai, par hasard, dans une réunion de quartier qui se tenait justement là, le père de l'un des trois écoliers. Je lui fis part de mon hypothèse : les enfants pourraient être exposés la nuit, chez eux, au lit, et le jour à l'école. Il habitait une rue de moins de 300 m, comportant une trentaine de maisons ; j'allais l'examiner, puis je lui donnais un papier où j'avais noté les numéros des 5 maisons devant lesquelles j'avais trouvé un poteau à risque : il vivait à 15 m du seul poteau de type 2 (ici, coude de ligne) sur les 9 poteaux que comptait la rue. Avec de tels chiffres, le hasard n'est, bien sûr, pas exclus, mais l'observation est tout à fait conforme à mes hypothèses : cela suggérerait, encore une fois, une aggravation par un facteur lié aux lignes électriques. Le fait que les deux antennes se trouvaient à plus de 500 m m'amenait à penser qu'elles n'agissent pas au domicile, à moins que leur rayon d'action soit plus grand que celui qu'on leur accorde habituellement ou que le danger soit véhiculé par la ligne d'alimentation !

2. Pour un autre des enfants déjà décédés, il existait un poteau de même type (le seul de ce type dans la rue, de 300 m également), à 20 m de la maison, à 350 m des antennes de son école, et à 400 m du premier cas. Compte tenu de ces deux cas, il se pourrait qu'il y ait un cumul de deux expositions différentes, l'une à l'école et l'autre au domicile.

3. L'année suivante mourait à son tour la troisième enfant du quartier atteinte de tumeur du tronc cérébral. Il m'a été dit qu'elle n'avait jamais été scolarisée dans l'école, et je n'ai pas connu son adresse. La coïncidence observée pour les deux premiers cas mériterait qu'on en sache plus sur le troisième.

4. J'avais déjà visité, en 1996, en limite de ce quartier, à près de 700 m des antennes relais dont on ne parlait pas encore , un cas de tumeur cérébrale chez une adulte habitant un immeuble de 4 étages. J'avais noté la proximité d'un premier poteau de ligne (20 m), d'un transformateur (50 m), d'une voie ferrée (80 m) et d'une station de transformation de 225 kV à 300 m (Les Saules).

5. Je suis revenu dans ce quartier en avril 2004, en compagnie d'une habitante qui me signalait, outre les 3 cas d'enfants, d'autres cas de cancers dans St Cyr, dont celui d'une tumeur cérébrale d'adolescente. Âgée, à cette date, de 21 ans, la malade avait 16 ans au début de sa maladie, et habitait alors à moins de 250 m de l'école, après la pose de la première antenne ; elle se trouvait devant un premier poteau de ligne, à 15 m d'un transformateur. Au cours de cette inspection, je montrais les xylocopes à cette habitante : ils virevoltaient autour des premier et dernier poteaux de ligne ainsi qu'autour de ceux qui se trouvaient devant la maison de deux malades.

6. L'observation d'un autre cas du même type de tumeur (tumeur du tronc cérébral), en province, annoncée par les médias en 2003 en vue d'une action caritative pour la fillette de 6 ans atteinte dès la naissance, paraît étrangement similaire : elle habitait à 30 m du même type de poteau (type 2), le seul de la rue. L'enfant avait été opérée avec succès.
L'examen montrait une rue de 500 m de long, avec une ligne de distribution aérienne sur sa plus grande partie ; 5 des 14 poteaux de la rue étaient à risque (1 poteau des types 1, 2, 3 ; et 2 poteaux de type 5) ; la ligne était faite de 4 fils près de la petite malade. Le poteau de type 1 était à plus de 100 m. Une antenne téléphonique se voyait sur la colline, à 800 m environ.
Encore une fois, cette observation, positive, ne serait pas très probante, seule, puisque le voisinage de poteaux suspects n'y est pas nettement plus rare que celui de poteaux normaux, et qu'un poteau voisin, normal, se trouvant à 40 m, pouvait être, par exemple, affecté à ce même habitat.

> Mais elle conforte les observations de Saint Cyr. Au cours de cette enquête, je repérais aussi un homme au crâne chauve, balafré, qui rentrait sa poubelle : il habitait depuis 40 ans devant le poteau de type 1 de la même rue, et avait été opéré d'une tumeur bénigne du nez 5 ans auparavant.
> En octobre 2004, une enquête publiée par la CIRE (cellule interrégionale d'épidémiologie) annonçait un taux anormalement élevé de cancers à Saint Cyr l'École, sans pouvoir en préciser les causes extérieures ; deux fois plus que la moyenne nationale, relevait un quotidien[1], début 2005.

Ce qui caractérise ce quartier paisible, c'est le parallélisme de ses rues, ainsi que la distribution électrique prédominante par lignes de 4 fils. Par ailleurs, je note sur ce même plateau de l'Épi d'Or, le poste de transformation d'une ligne de 225 kV dans les 700 m, séparé du quartier par la tranchée profonde d'une voie ferrée de transport local industriel, sans électricité parce que parcourue par des diesels. La répartition de tous les malades par rapport à ces lignes pourrait aider à l'enquête. Sans carte des installations EDF actuelles il est impossible de mener une étude correcte.

Figure 39 – Voie ferrée sans caténaire à Saint Cyr l'École
La voie ferrée non électrifiée en tranchée profonde du quartier de l'Épi d'Or à Saint-Cyr l'École, me pose un problème : véritable coulée verte, elle isole le quartier des courants vagabonds de retour à la station des Saules, traitant une ligne de 2 x 225 kV, à gauche de la photo, à 250 m environ du site. On ne devrait donc pas, selon mon hypothèse, observer la même incidence de malades à gauche et à droite de cette voie, sauf aux points de franchissement de cette voie par des conducteurs électriques.

1. D'après un rapport officiel, à propos des 5 cas de neuropathies, l'augmentation serait de 45,5 % à St Cyr, pour 23 % en Lorraine, 20 % dans le Val de Marne, 20 % en PACA.

Dans l'hypothèse d'une cause électromagnétique à Saint Cyr, je me demande ce qui, mis à part la pose des antennes en 1992, a changé dans l'environnement électrique depuis le début des années quatre-vingt-dix.

Y a-t-il eu, notamment, des travaux de voirie importants ayant pu modifier le trajet des courants vagabonds de retour? Le cas échéant, quelle serait l'action d'écrans métalliques?

J'ai trouvé à Saint Cyr, à la fois, des cas particuliers confirmant mes hypothèses générales de localisation, près de structures électriques spécifiques, et un questionnement sur des effets coopératifs possibles. Cette ville me semble un terrain d'examen unique pour la compréhension générale du phénomène, et l'on devrait y rencontrer des équipes pluridisciplinaires d'épidémiologistes, de biophysiciens, d'entomologistes, d'électrotechniciens...

Tableau 1 - Caractéristiques du quartier de l'Épi d'Or

Caractéristiques	Hypothèses
Quadrillé de rues parallèles	Champ électrique plus grand sur fils parallèles?
Lignes 4 fils nus majoritaires	Champ magnétique plus grand sur lignes 4 fils? Meilleure conduction des ondes parasites sur fils nus?
Poste de transformateur à 700 m et 4 transfos simples	Courant vagabond de retour? entre le poste et les 4 transfos
Voie ferrée en tranchée	Interruption ou gène des CVR?
Quartier pavillonnaire	Proximité des CVR sur l'habitant

En résumé, les trois cas de tumeur du tronc cérébral chez l'enfant que j'ai pu étudier habitaient en pavillon, à moins de 30 m d'un poteau portant un coude de ligne, de ligne faite de 4 fils nus; dans les 3 cas, ce poteau était le seul de ce type de la rue.
Pour les 3 des enfants de St Cyr, on a suspecté a priori les antennes relais sur le toit de l'école, mais y a-t-il effet coopératif de deux expositions différentes, ou bien transport des ondes sur les fils tendus jusqu'aux maisons sur des distances importantes, comme me le suggérait l'image d'une guitare résonant après un éternuement?

Chapitre VII

Comment repérer les zones à risques ?

Tout le monde peut essayer

J'ai pratiqué différentes enquêtes dans des cas où un phénomène physique ou biologique spectaculaire m'a semblé dû aux lignes électriques et pourrait être mis sur le compte de courants vagabonds.

Pour le repérage et l'étude des risques, même si des images peuvent être disponibles, rien ne remplace de faire la visite sur place des lieux où se produisent des accidents, et des mesures si c'est possible. Bien sûr, la carte des installations électriques (plan d'ensemble et de détail) donne de précieux renseignements, lorsque l'on peut l'obtenir.

Les observations et les mesures que j'ai effectuées suggèrent que des écrans métalliques peuvent avoir un grand rôle à jouer dans la déviation des courants vagabonds ; judicieusement posés autour de la literie, ils pourraient avoir un rôle préventif.

Par contre, comme nous l'avons vu précédemment, l'enfouissement des lignes ne semble pas avoir éliminé le risque, et cette pratique pourrait masquer le problème sans le résoudre.

Voyons maintenant trois types d'observations qui concernent le repérage des zones à risque.

Observations visuelles

Moirans en Montagne, feux

Les incendies de Moirans en Montagne, déjà évoqués plus haut, et l'enquête que j'ai menée le 5 février 1996, m'ont montré, là où se sont produit les incendies, la présence des mêmes structures électriques que je suspectais depuis près d'un an. On pourra consulter la revue de presse et le détail de mes observations, en annexe.

La localisation des feux m'a paru tout à fait conforme aux théories que j'avais élaborées, ce qui me semblait confirmer mes espoirs d'être sur la bonne piste, pour la prévention des cancers. Si incendiaire il y a, quels rapports y a-t-il avec le type de phénomènes que j'ai décelés ailleurs dans des conditions voisines ?

C'est un exemple qui montre des aspects très variés du problème, et, en particulier, suggère que certains accidents pourraient être évités si l'on connaissait mieux l'influence des lignes électriques. C'est un problème difficile, où l'on a pu voir, très médiatisées, certaines des difficultés qui se présentent, en particulier en ce qui concerne la possible responsabilité de services techniques, et un certain manque de réalisme dû à une absence totale de sensibilisation aux détails techniques que je décris amplement dans le présent ouvrage.

Moirans en Montagne me semble un bon sujet de réflexion sur la prévention : on a pu, en effet, constater que dans deux chambres d'une même rue, c'est le moins mauvais conducteur électrique qui subit les accidents.

Ainsi, au numéro 14 de la Rue des Cares, le corps des deux victimes était brûlé, mais pas leurs vêtements, notent le Procureur de la République et un article de presse. Ainsi, au n° 6, deux lits fondent le carrelage sous leurs pieds de métal, mais les 2 matelas que j'ai vus exposés dans la cour n'étaient pas consumés.

On peut donc logiquement se demander si l'habitante du n° 14 n'aurait pas été épargnée (intoxiquée par les fumées certes, mais pas brûlée) si elle avait couché sur un lit de métal comme celui du n° 6, et si, d'une façon générale, le fait de coucher sur literie métallique, meilleure conductrice que le corps, ne prévient pas certains accidents électriques.

Beynes, explosion

En mars 1996 survenait une explosion dans l'usine de stockage souterrain de Gaz de France de Beynes, à Saint-Ylliers.

Lorsque je m'y rendis, la police interdisait l'accès dans la cour où avait eu lieu le sinistre. Je voyais, dans les 50 m, le transformateur, et, dans les 80 m, la ligne de 20 kV, ce qui signifiait que la déflagration avait eu lieu dans la zone d'importants courants vagabonds de retour.

Voie ferrée désaffectée

À propos des voies express et omnibus, j'ai été amené à comparer la répartition des pathologies sanguines de part et d'autre d'une voie ferrée désaffectée (4 rails de 900 m environ) tronçonnée à ses extrémités. Il m'a semblé que ces éléments métalliques pouvaient modifier la pathologie en abritant les maisons des courants vagabonds de retour à la station d'alimentation de la caténaire.

Varsovie, toits de zinc

Grâce aux lorgnettes disposées sur le Palais de la Culture et des Sciences à Varsovie, j'avais observé la fréquence des toits de zinc sur les constructions d'après guerre. Ces toits étaient reliés à la terre par un câble au niveau de chaque cage d'escalier. Du pied de ces bâtiments, je découvris que l'un de ces câbles était rompu près de la gouttière, sans savoir depuis quand, car personne ne semblait l'avoir remarqué.

Je me demandais si ces paratonnerres improvisés étaient capables de dériver les courants induits et si, dans la cage d'escalier en question, on trouverait plus ou moins de cancers que dans les autres.

Je fis traduire, imprimer et envoyer aux habitants un questionnaire pour connaître l'axe et le matériau de leurs lits et savoir si l'on avait observé des cancers.

Le nombre de réponse fut insuffisant pour en tirer les conclusions que j'espérais, et en déduire une conduite d'évitement prudent, mais je notais que les cancers et immunodéficiences signalés se trouvaient dans la cage suspectée, au câble sectionné !

Beaucoup de travail pour peu de résultats, me dira-t-on !

– *Oui, dans la mesure où le risque de panique pouvait se montrer plus néfaste que le bénéfice d'une prévention hypothétique : il valait mieux ne rien dire !*

Et je ne pensais pas recevoir assez d'audience auprès des autorités polonaises pour mener une enquête épidémiologique discrète, alors que j'étais incapable de me faire entendre des autorités de mon propre pays.

- *Non, car cet exemple m'a fait beaucoup réfléchir : mon hypothèse n'était pas démentie, et j'ai longtemps pensé que la présence d'un paratonnerre sur maison à toit de zinc serait susceptible de prévenir certains accidents de santé !*

Mais j'en arrive aujourd'hui à une autre hypothèse angoissante et à penser, au contraire, qu'il y a plus de cancers dans les maisons où un écran métallique sur le toit, formant une antenne non reliée à la terre, amène des perturbations électromagnétiques dans l'immeuble, que l'absence de mise à la terre ne permet pas d'évacuer.
Qu'en est-il d'une antenne ? En clair, ceci suggère donc la question : y a-t-il un parallèle entre la généralisation des antennes et la prolifération du cancer. Existe-t-il actuellement une protection contre ce genre de risques ? Faut-il envisager de doubler d'un paratonnerre relié à la terre, toute antenne métallique sur les toits, ou y a-t-il une contre-indication technique ?
Un écran métallique peut-il être plus nuisible qu'utile ?

Observations avec des cartes EDF

Situation de 78 cas de cancers dans une petite localité

À la campagne, dans une localité, après une augmentation inquiétante du nombre de cancers, on avait répertorié, de mémoire d'habitants, tous les cancers des dix dernières années (en 2002, 78 cas). Dans la rue principale où l'on dénombrait 25 de ces cancers, la ligne de distribution venait d'être enfouie sur 700 m.

J'ai pu utiliser une carte polychrome de distribution d'EDF, antérieure à ces travaux, et j'y ai donc repéré les irrégularités des lignes avant leur enfouissement, c'est-à-dire, les différentes configurations spécifiques (CS) et les zones de VASEM que je considère comme susceptibles d'augmenter le nombre de cancers.

Sur la carte on voit, par convention, en bleu les lignes de 4 fils nus, en rouge le câble isolé torsadé ; les lignes enterrées sont tracées avec des pointillés différents.

Dans cette rue, le plan montre que 38 des 79 maisons de la rue, sont en zones de VASEM, et que 21 des 25 cancéreux habitent dans ces zones. Ces données provenant du bouche-à-oreille sont approximatives. Une étude restreignant le rayon d'emprise de ces SE serait sans doute plus démonstrative.

Je trouve un cas de cancer dans chacune des 4 maisons disposées autour de la fin d'une ligne rouge de 400 m, faite de câble isolé et torsadé, alors qu'il n'y en avait aucun le long de la ligne.

Enfin, je constate sur les 78 cas, que le cancer du sang se voit en début de ligne et, qu'à défaut de cancer du cerveau (aucun cas recensé), le cancer du sein se produit plutôt en fin ou double fin de ligne.

Situation de 3 cancers rares près de lignes enfouies

Dans une ville nouvelle pavillonnaire, on m'avait signalé 2 malades; ils se trouvaient habiter, en fait, à 250 m de part et d'autre d'une double ligne de transport aérien de 225 kV. Les 2 lignes de distribution électrique étaient enfouies et l'on ne voyait rien, mis à part les transformateurs et la sous-station qui les alimentait.

La fig. 40, avec les codes (K1, A14,...) représente la situation observée. Un cancer du sang (K1), se trouvait dans les 50 m du 14e et dernier transformateur (A14), d'une ligne (A) venant de la sous-station. Le 2° cas, une tumeur cérébrale (K2), se trouvait, au plus loin d'un 9° et dernier transformateur (B9), d'une ligne (B) de distribution aux transformateurs depuis la sous-station.

Sur les plans fournis, j'ai vu que la TC K2 se trouvait à 12 et 15 m de deux fins de lignes enfouies. Il n'y avait que deux maisons qui se trouvaient dans les 50 m de ces 2 fins de ligne sur les 41 du quartier desservies par ce transformateur.

Plus d'un an après, on me signalait encore un 3e décès, par cancer des os (K3), dans la même zone résidentielle; après contrôle sur la carte, j'ai su qu'il se situait dans les 30 m de deux fins de lignes alimentées par le transformateur A14: il n'y avait que 4 maisons dans les 50 m de ces deux fins de lignes sur les 43 maisons alimentées par ce transformateur.

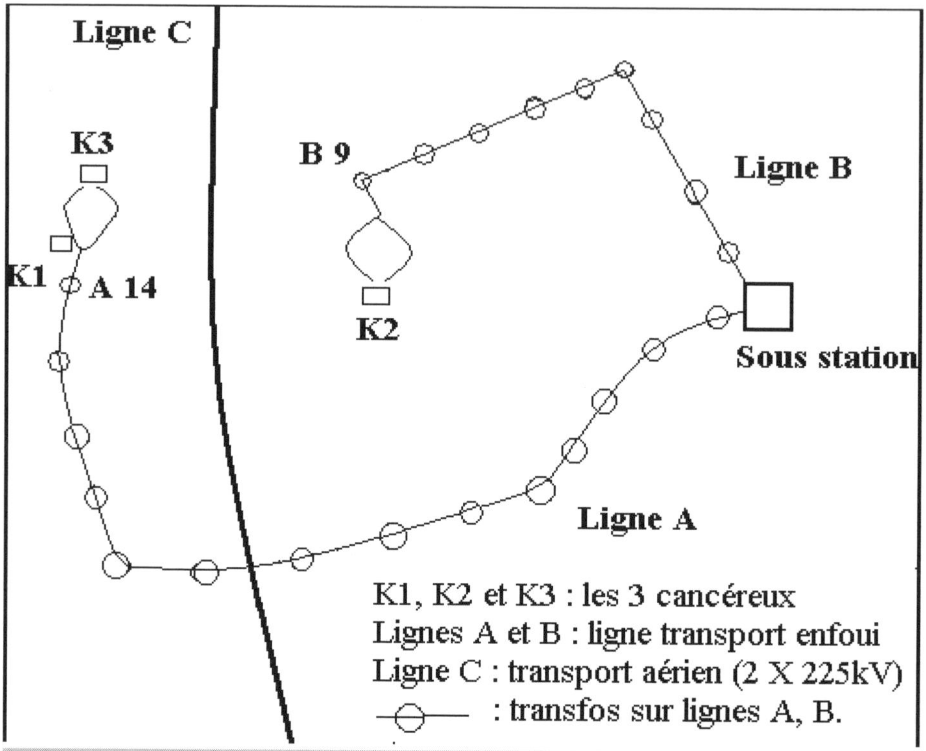

Figure 40 – Lignes enfouies, derniers points de distribution, derniers transformateurs
Le schéma représente la disposition de lignes électriques d'une carte EDF ; chaque cercle figure un transfo. 2 lignes souterraines, A et B, transportent l'électricité d'une sous-station à toute une série de transformateurs qui distribuent l'électricité, près d'une ligne aérienne de transport double (2 fois 225 kV) (C).
Les 3 cancéreux (K) habitaient chacun près du dernier transfo de la ligne de transport enfouie.
Un 1er cancéreux (K1) habitait dans les 50 m du 14e transformateur de la ligne A (A14).
Un 2e cancéreux (K2), se trouvait face à 2 fins de lignes provenant du 9e transformateur de la ligne B (B9).
Un 3e cas (K3), habitait face à 2 fins de lignes enfouies venant du 14e transformateur de ligne déjà cité (A14).
Les maisons de K2 et K3 se trouvent entre fin de distribution enfouie et ligne aérienne de transport (C).

Compte tenu de l'étrangeté de ces constatations (il s'agit de cancers rares), il serait nécessaire d'étudier tous les cas de cancer du voisinage, pour mieux comprendre quel genre de 'hasard' permet d'observer de telles coïncidences.

Est-ce dans le contexte d'un risque important que de tels cas m'ont été fournis, alors qu'on ne savait rien de leur environnement électrique, pas même la proximité de la ligne de transport ? Est-ce que ces cancers rares ont, forcément, ce genre d'environnement ?

Cette observation, du dernier point de distribution par le dernier des transformateurs, dans le contexte de mes recherches, me semble intéressante pour trois raisons :

- Les plans montrent qu'une tumeur cérébrale et un cancer des os se sont produits tout près de fins de 2 lignes enterrées, et un cancer du sang, en début de ligne, près du transformateur, c'est-à-dire très exactement aux mêmes endroits que lorsque la ligne n'est pas enfouie ! Ainsi, l'enfouissement de la ligne masquerait le problème sans le résoudre, dans ces 3 cas au moins.
- Cette observation suggère que le dernier point de la ligne, alimenté par le dernier des transformateurs d'une distribution, serait l'endroit le plus à risque.
- La question de l'habitat des malades entre la (ou les) fin de ligne de distribution et la ligne de transport reste pour moi une énigme, dont les professionnels possèdent certaines clés (les détails connus des seuls techniciens).

Il est clair que mon étude générale pêche par manque de considération pour les effets des lignes de transport.

Observations et mesures

Méthodes et cas divers

Les mesures de champs électromagnétiques (CEM) que j'avais d'abord effectuées ne m'ont révélé ni la cause des cancers près des lignes électriques, ni le moyen de prévention que j'en attendais. Elles semblent donner une idée assez peu correcte de ces champs ; il faudrait une exploration beaucoup plus détaillée et fidèle pour comprendre ce qui se passe aux endroits à risques.

Au contraire, l'étude des courants vagabonds a été extrêmement féconde pour moi, parce qu'elle m'a fait voir. Certes, on me dit que je ne sais pas ce que je mesure, et que rien n'empêche que certaines tensions que j'ai relevées soient dues à des parasites de l'appareil.

Quoi qu'il en soit de ce que je mesure, les phénomènes parasites m'intéressent, et je constate qu'un simple multimètre, coûtant une centaine d'euros chez un quincaillier, m'a montré des effets corrélés avec le passage des trains, dont on ne parle pas souvent, tels que la 'femli' que connaissent les spécialistes du rail.

Il m'a montré, de plus, un effet qui m'a semblé parlant : une tension plus grande en direction de la maison du malade, mais je ne dispose encore que d'un petit nombre de cas.

Les mesures de champs et de tensions seront développées dans la deuxième partie où l'on trouvera un compte rendu plus détaillé, mais voici déjà quelques exemples et images de la méthode d'exploration que j'ai mise au point, après des années de balbutiements et d'hésitations.

1. Je mesure les tensions entre les deux bornes d'un voltmètre écartées au maximum (1,75 m) et fichées dans le sol. Dans mon jardin, j'ai observé des pics avant le passage des trains à traction électrique, entre les bornes du voltmètre piquées parallèlement à la voie ferrée, de la même façon que ce que nous allons voir pour un GAEC (Groupement Agricole d'Exploitation en Commun).
   J'ai également effectué des mesures au pied de poteaux de fin de ligne. Dans les très rares cas où j'ai pu effectuer cette mesure, du fait qu'il y avait de la terre meuble au pied du poteau, et non du goudron, les tensions ont toujours été plus fortes vers la maison du cancéreux. Dans un cas où il y avait 4 maisons aux points cardinaux du poteau, ce détail m'a permis d'indiquer la maison du malade. Un essai de mesure sous le goudron a montré des tensions quasiment nulles.
2. J'ai comparé les mesures notées lorsque je m'allongeais sur un matelas posé dans ma chambre, et au jardin sous la fenêtre : les tensions entre ma bouche et un même piquet de terre au jardin sont beaucoup plus grandes (de l'ordre de la centaine de millivolts) dans la chambre. Les tensions observées au lit sont en relation avec les installations électriques intérieures (compteur, télévision, téléphone, prise de courant). En effet, lorsque je touche un radiateur, ou que je coupe le compteur, ces tensions s'annulent. Elles semblent indépendantes des effets de femli observés dans le jardin, et en particulier, je ne constate pas de modifications de tensions au passage des trains
3. Tout écran métallique posé sur la literie, comme peut-être aussi les lits métalliques des années cinquante, modifient ces tensions. Je constate qu'un grillage de cuivre réduit plus la tension posée sous le matelas et relié à la terre que posé comme une couverture sur le drap. L'interprétation de ces observations n'est pas simple. J'ai exploré ce que j'espérais pouvoir offrir comme moyen de prévention, mais je dois admettre qu'il n'est pas à ma portée de donner une suite fiable à mon idée simple de protection par alèse de métal. Il appartient désormais aux responsables d'étudier ce problème, et aux spécialistes d'envisager de tels dispositifs.

4. Sensibilité humaine : l'absence d'intérêt, presque le rejet, que je perçois parfois lorsque je présente des mesures en millivolts pour localiser le risque de cancer, ressemble à ce qui est malheureusement courant pour les études dites 'de géobiologie', qui correspondent à une approche empirique de l'environnement par des récepteurs biologiques.

Pour mieux comprendre, j'ai essayé d'en prendre connaissance, de façon assez limitée, au cours d'un stage de 3 jours. J'ai appris à manier baguette et pendule, jusqu'à ressentir les effets musculaires décrits, et cela m'a paru une expérience intéressante.

De tels effets ont été largement étudiés par le physicien Y. Rocard, et décrits dans son ouvrage 'La Science et les Sourciers' (Dunod éd., 1989). Très scientifiquement, il a attribué la sensibilité des sourciers à des récepteurs magnétiques, qui réagissent à des variations, dans l'espace, du champ magnétique, lors de déplacements, et sont situés symétriquement à différents niveaux du corps.

Cette étude correspond d'autant plus à mes questions qu'elle fait intervenir une relation avec la présence de courants dans le sol, et qu'il considère que les sensibilités individuelles sont variables et perturbables, expliquant ainsi que les expériences soient délicates. Les mesures physiques qu'il a effectuées s'apparentent à ce qui est maintenant courant dans différents domaines de la détection, en géophysique en particulier.

Malgré l'intérêt de telles études pour l'interprétation de mes observations, je n'ai pas souhaité y consacrer de temps, parce cette physique délicate n'est pas vraiment dans mes compétences.
Il serait cependant probablement utile de mieux connaître ces réactions biologiques pour interpréter le rôle des champs électromagnétiques de notre environnement.

Élevage et train à grande vitesse (TGV)

En mars 1999, sous l'impulsion d'un groupe de députés, un colloque sur les champs électromagnétiques s'est tenu à l'Assemblée Nationale[a], sous la présidence de Madame la Députée Michèle Rivasi.

Un jeune éleveur exposait ses doléances. Depuis 5 ans environ, le passage des TGV à quelques 700 mètres de sa ferme amenait chez ses bêtes à l'étable ce que les vétérinaires appelaient '*un syndrome de stress*': les vaches se dressaient, bousaient, et refusaient de donner le lait, ce qui allongeait le temps de traite de près d'1/3. La présence de 'cellules' dans le lait l'interdisait à la vente et intoxiquait les veaux.

Provocateur, il demandait aux experts de venir corriger ce trouble de jouissance en ne s'engageant à les payer qu'en cas de réussite, plusieurs étant déjà venus, payés sans résultats : sur leurs conseils, il avait foré, en vain, un puits à 285 m de profondeur pour évacuer les courants vagabonds induits, dans la nappe d'eau !
Il ne trouva évidemment pas d'amateur. Je lui exposai ma recherche et lui proposai, s'il me logeait, d'étudier bénévolement les courants vagabonds qu'il incriminait, afin de réfléchir ensemble à une conduite à tenir.

Sur place, en avril, le site solitaire est exceptionnel ! Des vallonnements font que l'on ne voit pas la voie ferrée qui contourne le GAEC : seul le bruit de trains invisibles hante la ferme.
L'inspection montre la situation rare de la ferme, inscrite dans une courbe ascendante de la voie ferrée, voie ancienne utilisée, à vitesse réduite, par le TGV. Le GAEC se trouve au croisement de la corde (4 km) et de la flèche (750 m) de la voie, qui, de plus, présente une rampe de 1,9 à 2,53 % (2,53 % en un endroit dit «Le Pont des Soupirs »).

Ce nom vient de ce que la rampe est si forte qu'au temps des trains à vapeur, les chauffeurs novices qui oubliaient de recharger la chaudière voyaient leur locomotive rendre leur dernier soupir au niveau de ce pont.

La pente de cette rampe fait qu'on l'utilise par ailleurs, pour les essais en charge des prototypes des départements limitrophes. Le régime forcé des motrices induit des courants importants qui balaient toute la surface inscrite dans la courbe au passage des convois ascendants.

Figure 41 – Rupture de pente au Pont des Soupirs
On aperçoit, près du Pont des Soupirs, la rupture de pente que le TGV doit emprunter sur cette voie unique. Le bâtiment n'est pas la ferme, mais un abri d'été pour le cheptel.

L'observation des bêtes montrait une agitation manifeste de certaines d'entre elles au passage des trains. Les unes bousaient dans la salle de traite; les autres, reposant dans l'étable, se levaient en meuglant et 2 avaient emmêlé leurs cornes malgré le rail de séparation.

Le lait, impropre à la consommation, entraînait la mort des veaux sous la mère. Un cadavre de veau, dans la cour gelée, attendait le passage de l'équarrisseur. Certes, il se pouvait qu'une faute, portant sur l'hygiène du foin, expliquât l'importante mortalité (selon les registres de 1998, du 1er février au 25 mai: 15 naissances, 12 morts de veaux), par colibacilles de la mère. Mais l'agitation des bêtes, et ses horaires, suggéraient une autre explication.

La mesure de tensions, au niveau du sol, me permit de prévoir l'approche des TGV avant de les entendre passer à 750 m de là, en utilisant un câble isolé de 20 m de long, posé sur le sol, relié à la terre directement d'un côté, et par l'intermédiaire d'un voltmètre de l'autre.

Après qu'on eut tracté un câble de 150 m de cuivre nu sur le sol, et qu'on l'eut posé entre la ferme et la voie ferrée électrifiée, les tensions diminuèrent, selon le frère de l'éleveur. Pour moi, c'était la première fois que j'observais un effort de prévention par écran de métal contre les courants vagabonds.

De toutes les observations relevées dans cette ferme, je retiens ici celle menée au pied du dernier poteau d'alimentation de ce GAEC familial: la tension, prise entre les bornes d'un voltmètre fichées dans le sol et écartées au maximum, était plus grande vers l'étable, d'une façon analogue à ce que j'avais observé précédemment, près de la maison d'un cas de tumeur cérébrale où j'avais mesuré une tension plus grande en direction de la maison du malade.

Or ce poteau portait réglementairement, comme tout poteau de fin de ligne, une mise à la terre, faite, ici, d'un câble de torons nus de cuivre. Cette mise à la terre était équipée d'un domino et, après son débranchement, les tensions s'égalisèrent au pied du poteau, dans toutes les directions.

Mais, surtout, ce qui nous étonna et cela surprit le père de l'éleveur, ce fut le calme immédiat des vaches à l'étable, dès le débranchement: elles se reposaient comme elles ne le faisaient plus depuis 5 ans au moins. Nous reviendrons sur les observations menées dans cette ferme.

Figure 42 – Photo du domino de fin de ligne d'alimentation
La photo montre sur le poteau de fin de ligne (1), le fil débranché (2), le domino (3) dans le cercle. On aperçoit le toit de l'étable (4), et l'échelle (5) atteignant le domino (hors de portée des enfants).

Au colloque du 26 mars 1999, un vétérinaire, J. Amedeo, avait évoqué ce fait : il avait observé la sédation du stress des vaches par section du fil de mise à la terre du poteau de fin de ligne. On peut comprendre les deux espoirs naïfs que ces observations m'apportèrent :

- Pour le diagnostic du risque, d'abord : si je trouvais suffisamment de terre au pied des poteaux pour mesurer des tensions, je pourrais connaître la maison la plus exposée.
- Pour la prévention, ensuite : s'il est probablement dangereux de couper la mise à la terre, mieux comprendre le problème pourrait fournir une solution pour une prévention éventuelle de tels troubles.

Mais évidemment, ce fil de mise à la terre n'existe pas sans raison : je ne me hasarderai pas à conseiller la suppression du fil pour une protection éventuelle contre un cancer, et risquer ainsi un bien réel foudroiement !

À ce sujet, j'ai appris plus récemment qu'il existe deux décrets, des 14 novembre 1962 et 1988, sur la protection par mise à la terre, en particulier pour les travailleurs. On peut se demander si les conditions prévues dans ces décrets étaient, ou non, satisfaites, et si, pour éviter de tels dommages, il faudrait adapter la législation, ou, simplement, revoir sa mise en œuvre. Il semble qu'il s'agisse essentiellement d'éviter l'électrocution et les dégâts matériels, et non pas des problèmes de santé liés à des expositions relativement faibles mais persistant toute la nuit.

Chapitre VIII

À la recherche des mécanismes de ces maladies liées à l'électricité

Histoire comparée : installations électriques et cancers

Un mot ici de pathogénie, que nous développerons en 2e partie.

La pathogénie, c'est l'étude du mécanisme par lequel apparaît une maladie. Selon une boutade classique des 'carabins', c'est *l'art de patauger*. Pataugeons donc ensemble, et essayons une pathogénie du cancer fondée sur un des principes de base de l'«*épidémiologie de Papa*» : la datation du début de toute épidémie.

Partons de l'hypothèse que l'augmentation du nombre des cancers remonte à une cinquantaine d'années, sans s'appesantir sur les essais nucléaires, dont Reggane en 1960 : si nous devons mettre en cause l'électricité, cherchons donc ce qui a changé, en France, dans notre environnement électromagnétique, au cours des 45 dernières années.

Notons, vers les années 1960 et 1970, le passage de la tension de 110 à 220 volts dans les maisons, l'isolant plastique des lignes de distribution dans les rues et, puisque l'épisode de Varsovie me l'a suggéré, la généralisation de l'usage de la télévision, avec la pose d'antennes sur les toits.

Le réseau ferroviaire a été progressivement électrifié. Localement, de 1974 à 1978, le 3e rail au sol d'alimentation en courant continu de certains trains de banlieue, a été remplacé par la caténaire, câble aérien, en courant continu ou alternatif. Depuis les années 1980, le TGV s'est généralisé, et aujourd'hui, en ville, l'installation du tramway se développe.

L'augmentation de la consommation électrique est liée à certaines innovations, domestiques ou industrielles : électroménager, chauffage électrique, développement technique et emploi croissant des moteurs ; les modalités de distribution ont encore évolué, dans le sens d'une élévation des tensions, qui réduit les pertes d'énergie en ligne (vers 1983, de 380 V à 400 V pour les lignes de distribution (220 V passant à 230 V pour les utilisateurs), lignes de très haute tension parcourant le pays, en réseau, en rapport avec les différentes sources d'énergie utilisées, dont l'énergie hydroélectrique, puis le nucléaire ; enfin, l'enfouissement de la distribution commence vers 1995-1998.

Ce n'est qu'en 2000 que se multiplient les téléphones portables et les antennes relais, donc après le début de l'épidémie des cancers.

Y a-t-il effets coopératifs des pollutions dues à l'usage de l'électricité, avec les ondes dont l'utilisation augmente également, ou avec les dérives alimentaires et autres pollutions de nos sociétés industrialisées ?

Si donc l'électricité est en cause, les dates qui concordent le mieux sont, en France, celles du passage en 220 V, de la généralisation de la télévision et de ses antennes, pour les utilisateurs, et, pour le secteur public, de l'isolation plastique des lignes de distribution, à laquelle je m'intéresse tout particulièrement. Peut-être le décret de 1962 concernant les mises à la terre, rendu nécessaire par l'évolution de la consommation, représente-t-il une étape intéressante.

Mieux connaître la localisation des accidents liés à l'électricité est maintenant un atout pour des études techniques approfondies. On aura à rechercher les mécanismes tant physiques que biologiques à mettre en cause, sachant que les champs électromagnétiques ont des effets, et sur les particules chargées dans l'atmosphère, et dans les cellules, et sur les systèmes nerveux et musculaires.

Communication

- Ce n'est pas tout d'explorer en détail des phénomènes que personne n'a remarqués. Une partie importante des devoirs du chercheur institutionnel concerne les efforts de présentation aux communautés concernées, afin de discuter de la validité et des perspectives des recherches effectuées. Cela fait partie des démarches et est inclus dans l'organisation de l'institution.
- Mais comment se faire connaître lorsque l'on travaille hors de sa discipline d'origine ? J'ai commencé par publier dans les Cahiers de Stomatologie, où, au moins, on savait me faire confiance. Cela ne m'a pas apporté beaucoup de contacts, mais il était important que ce que j'avais trouvé soit rédigé et rendu accessible.

Le colloque de l'Association pour la Promotion des Micros, ASPROM, des 24 et 25 juin 1998, a été très important : c'était l'occasion, non seulement d'entendre des spécialistes parler de sujets difficiles pour moi, et que je ne devais pas ignorer, mais aussi de présenter assez longuement (45 minutes) les détails de mes recherches et de leur singulière méthode.

Les moments conviviaux de cette rencontre m'ont permis de discuter d'hypothèses nouvelles qui m'ont paru très utiles. J'espérais être adopté par cette communauté, et obtenir une aide institutionnelle qui mettrait mes découvertes au service de recherches prioritaires pour la santé...

Hélas, la Conférence de Consensus de Brooklyn Park, dans le Minnesota, mettait, justement ce 24 juin 1998, un coup de frein brutal au déploiement des efforts de compréhension des dangers liés à l'usage de l'électricité. Par un vote de 19 voix sur 27, les champs électromagnétiques étaient classés parmi les «*cancérigènes possibles* » seulement. Et l'on renonçait à prolonger des recherches coûteuses.

C'était la veille de mon exposé ; la situation était donc particulièrement défavorable, mais il faut avouer aussi que mes recherches n'avaient pas le style de l'ensemble de celles des autres conférenciers.

À défaut d'être adopté par une équipe disposant de moyens de recherche et d'un statut dans la spécialité, j'ai tout de même trouvé un écho : une physicienne, enseignante universitaire venue se mettre au courant des problèmes, estimait important que mes recherches puissent être épaulées, parce qu'elle en comprenait la méthode. C'était Annie Ginibre...

J'avais vraiment besoin d'aide, à ce moment-là, pour communiquer en anglais avec des spécialistes américains que j'avais contactés, et auxquels j'avais du mal à répondre. C'est ainsi qu'elle a commencé à collaborer à la diffusion de mon travail, et à la discussion de mes points de vue, en apportant les compétences de sa spécialité et de sa formation générale, hors de tout projet reconnu.

- La présentation des travaux en cours est un exercice laborieux pour quelqu'un qui n'a appris, ni à s'exprimer en public, ni à communiquer par écrit selon des critères propres à une discipline qu'il connaît mal, ni à gérer les détails matériels de ce genre d'activités. Le métier entre petit à petit, mais il est clair que, ni le sujet, par les craintes qu'il amène, ni les méthodes, peu conventionnelles, n'incitent au démarrage de collaborations officielles.
- Le présent ouvrage est une tentative de plus pour faire connaître ces recherches personnelles. Il est plus facile de faire comprendre un travail de ce genre en le décrivant par le détail qu'en essayant d'en tirer des articles scientifiques, forcément plus concis, et pour lesquels il faut respecter des conventions.
- Écrire un livre est, apparemment, une démarche courante lorsque le sujet tarde à être inclus dans les programmes de recherches. Comme ici, c'est souvent le cas pour des problèmes où l'intelligence des lecteurs peut être plus facilement sollicitée que celle des scientifiques, parce que l'on s'adresse directement aux bases d'apprentissage habituelles : observer et comprendre, à partir de cas particuliers accessibles, dont on accepte ensuite la généralisation.

Sur le plan pratique, c'est un passage direct de l'information vers l'utilisateur, et l'on pourrait retenir que, lorsqu'apparaît un cancer, il peut être utile de se demander s'il n'y a pas un problème semblable chez l'habitant voisin. Le cas échéant, si l'on subodore un problème environnemental, il conviendrait alors de penser à alerter les agences chargées de la santé publique.

Conclusion de la 1re partie

L'essentiel de mes observations a porté sur la localisation des problèmes au voisinage de certaines structures électriques, que je considère comme dangereuses. Les coïncidences que l'on retrouve de façon quasi-systématique, aussi bien pour les cancers que pour la présence des insectes ou des perforations de tuyaux, sont des pistes suffisamment précises pour permettre dès maintenant des vérifications approfondies sans que cela nécessite des investissements considérables.

Lorsque l'on prend connaissance de ces recherches, il peut paraître angoissant d'imaginer qu'une partie des cancers, et surtout ceux que l'on côtoie, puisse être une conséquence de l'usage de l'électricité, tout comme il l'est d'évoquer les accidents de la route, qui font partie des risques courants et graves.

Cette analogie nous permet d'avancer : il faut craindre d'autres accidents aux mêmes endroits, si l'on ne fait rien pour supprimer les circonstances néfastes, sans autant en voir partout. Tout comme on se sensibilise aux réflexes de sécurité routière, on a besoin d'apprendre ce qui est vraiment dangereux, afin d'en aménager l'utilisation et le voisinage, pour l'électricité comme pour le reste. Pour construire ces savoirs, il est indispensable de disposer d'exemples déjà vécus.

Il sera tentant, parfois, d'envisager des causes électriques à tous les accidents de santé que l'on ne sait pas expliquer, et de s'inquiéter de toutes les structures électriques décrites ici comme suspectes, mais, pour l'instant, on ne connaît pas l'étendue du risque, même si certaines localisations possibles ont été précisées.

C'est la réflexion collective, nourrie d'informations détaillées, qui permettra d'avancer. Pour cette raison, tout lecteur qui rencontrera des cas dont l'accumulation paraît suspecte, ou des coïncidences troublantes, est invité à les faire connaître aux agences chargées de tels problèmes, avec la même vigilance que pour les autres dangers, qui doivent habituellement être signalés lorsqu'on en prend conscience.

Rappelons, à ce propos, quelques adresses d'organismes et d'une association :

L'AFSSET
Agence Française de Sécurité Sanitaire Environnementale et du Travail
253 Av du général Leclerc
94701 Maisons-Alfort CEDEX
Tél. : 01 56 29 19 30.
Sous la direction générale de Madame le docteur Michelle Froment-Védrine.

L'INVS
Institut de Veille Sanitaire, sous la direction générale du professeur Gilles Brücker
12 rue du Val d'Osne
94415 Saint Maurice CEDEX

Le CRIIREM
Centre de Recherche et d'Informations Indépendantes sur les Rayonnements Électron Magnétiques, créé en novembre 2005 sous la présidence de madame Michèle Rivasi
11 rue Édith Piaf
72000 Le Mans

Selon la brochure d'une rencontre parlementaire le 8 décembre 2005 à l'Assemblée Nationale, madame Rivasi est ancienne élève de l'ENS ; professeur agrégée de Biologie ; fondatrice de la CRIIRAD en 1986, après l'accident de Tchernobyl ; député de la Drôme de 1997 à 2002 ; membre de l'Office parlementaire des choix scientifiques et technologiques ; directrice générale de Greenpeace France de 2003 à 2004 ; fondatrice d'Ovale (Observatoire de vigilance et d'alerte écologique), avec Corinne Lepage.

2de partie : Domaines d'exploration Mesures et mécanismes

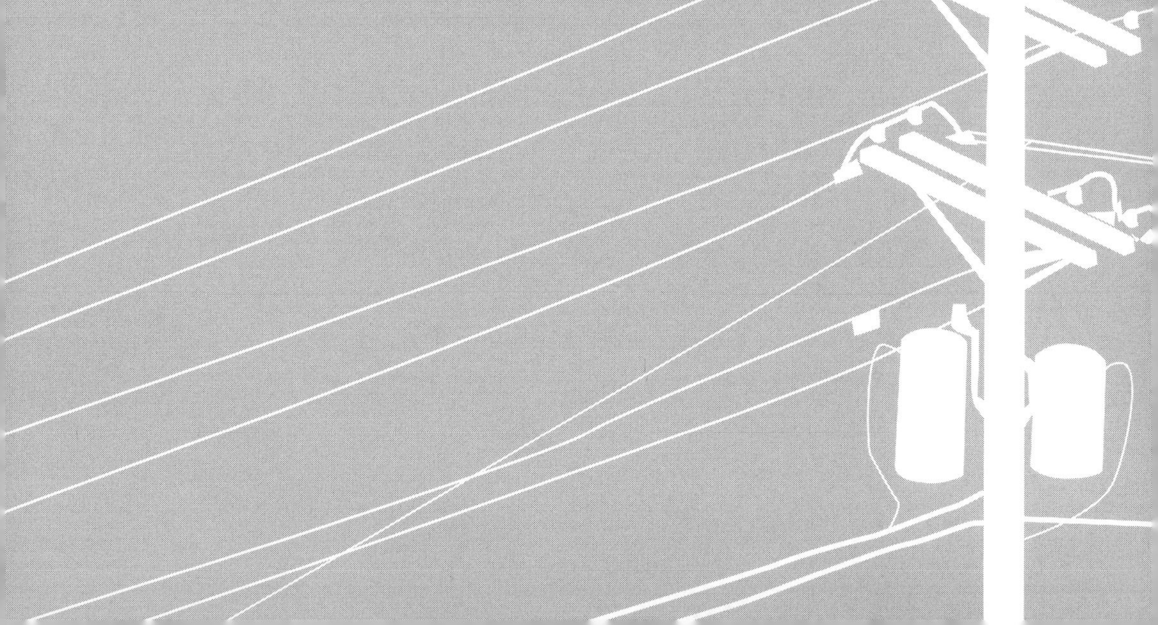

Introduction de la 2de partie

Au cours de la première partie, j'ai exposé, le plus simplement possible, les lignes directrices de ma recherche, et mes observations principales. Mais, en fait, le problème est beaucoup plus complexe, et l'analyse plus délicate. J'ai effectué, noté et interprété beaucoup d'observations et de mesures qui justifient mon propos.

Pour compléter la description des lignes électriques et des techniques qui en limitent l'impact électromagnétique, j'ai fait moi-même des mesures de champs dans leur voisinage, mais aussi dans les habitations, en particulier en proximité de voies ferrées. Ces observations relativement simples donnent un modèle de ce que chacun peut faire pour voir certains aspects de la pollution électromagnétique, et sont ainsi mises ici à la portée de tous

J'ai traité d'un type de cancer rare, la LMC, à côté duquel je rencontre certains types de poteaux et des transformateurs, puis d'autres cancers du sang près desquels on retrouve souvent et surtout ces mêmes types. Pour ces poteaux, la notion de variation spatiale électromagnétique (VASEM) offre un point commun, même s'il est encore hypothétique que ce soit la cause des maladies.

Ces structures se trouvent par ailleurs associées à d'autres effets que les cancers, dans un rayon de 50 m ou sur place, ce qui confirme qu'il se passe bien quelque chose à ces endroits-là. Peut-on tirer avantage de l'observation et de la description de ces perturbations, et en particulier cerner des facteurs actifs sur la biologie animale ou végétale, pour comprendre des actions chez l'homme ?

J'ai utilisé les pourcentages des types de structures électriques mises en cause pour décrire deux phénomènes faciles à observer : l'attraction des insectes et insectivores autour des poteaux formant VASEM, et les perforations des canalisations d'eau de la voirie, trouvées essentiellement dans un voisinage de 50 m de ces structures.

La description des effets associés, et la comparaison des pourcentages, sont des points importants, mais délicats, qu'il convient de mieux détailler maintenant.

Je montre ainsi par quelles observations, dans l'environnement des malades, on pourra trouver des confirmations sur d'autres cas que ceux qui sont exposés ici. Le détail d'effets biologiques observés, et surtout d'effets physiques apparaissant dans les zones suspectées, fournit des coïncidences inattendues, et des pistes de compréhension.

Le décompte des phénomènes observés est regroupé dans l'annexe, complété, en particulier, par quelques explications générales.

Ces développements plutôt techniques pourront servir à ceux qui voudront discuter ma démarche ou continuer dans cette voie. Ceux qui n'auront pas le goût ou les compétences pour en suivre les détails, sont cependant invités à les survoler pour se faire une idée de l'ensemble du problème.

Chapitre I

Lignes électriques

Description des lignes

Beaucoup des personnes interrogées pensent que, s'il existe un risque de cancer dû à des effets électromagnétiques, ce sont les lignes de Haute Tension, ou, depuis 1995, les antennes relais et les téléphones portables qui en sont la cause. Mais nous avons vu, en première partie, que certaines des structures électriques (lignes en 380 V et 400 V et transformateurs), situées dans les 50 m des habitations, pourraient avoir un rôle déterminant dans certains cas de cancers.

Dans le présent chapitre, il s'agira de préciser la description de l'ensemble des lignes et, en particulier, des lignes de distribution de 380 V que nous côtoyons.

Parfois, en France, on définit les lignes électriques en distinguant les "*lignes de transport*" (d'électricité de façon générale) et les "*lignes de traction (électrique)*. Les premières sont toujours alimentées en courant alternatif (AC, Alternating Current), de fréquence 50 Hz, et conduisent l'électricité entre les centrales et le compteur. Les autres, destinées à la traction des trains, tramways, RER et métro, sont parfois alimentées en courant continu (DC, Direct Current).

Le plus souvent, cependant, on appelle *'lignes de transport'*, celles qui font les liaisons sur de grandes distances, sous haute tension, reliant centrales, sous-stations, et transformateurs, et *'lignes de distribution'*, en 380 volts, les lignes installées au-delà du transformateur, jusqu'auprès des habitations, d'où partent les 2 fils branchés au compteur qui fournissent la tension d'utilisation de 220 volts. Ce sont ces dénominations que nous utiliserons par la suite.

Transport 3 fils	Alimentation 4 fils ou plus	Traction 1 fil et son porteur

Figure 43 – Les 3 types de lignes électriques
À gauche, le pylône de ligne de transport se reconnaît à ses chevrons métalliques et aux 3 fils ou multiples de 3 fils qu'il porte. Au centre, la ligne d'alimentation ou distribution, repose sur poteau, ici de ciment; elle comporte 4 fils nus, ou plus, comme ici ou, un câble torsadé et isolé. À droite, la ligne de traction ferroviaire repose sur des supports métalliques et comporte toujours au moins 2 fils: le câble porteur et la caténaire.

Pour connaître le rôle d'une ligne qui passe dans la rue devant une maison, il convient d'observer les supports et le nombre des fils. Même sans disposer d'un plan de l'équipement électrique, on peut souvent repérer le transformateur, comme indiquant le passage d'une ligne de transport à une ligne de distribution, ou la sous-station, moins fréquente et plus grosse, qui modifie la tension de transport, voire la centrale d'où part le transport de l'énergie électrique.

- Une ligne de transport comporte des pylônes de formes souvent caractéristiques, alors qu'une ligne de distribution utilise des poteaux plus modestes.
- Une ligne de transport a toujours 3 fils équivalents, ou des multiples de 3 fils, associés, éventuellement, à des fils annexes de protection anti-foudre par exemple.
- Une ligne de distribution, dans les rues, comporte toujours au moins 4 fils, parfois plus, le 4e fil étant le neutre. Les fils peuvent être nus et écartés, ou isolés à l'aide d'une protection isolante, et dans ce cas, ils sont souvent torsadés en un gros câble noir. Il existe parfois des lignes de distribution de 2 ou 3 fils, visiblement de moindre importance, tout comme les lignes qui arrivent aux maisons.

Nous savons que certaines lignes sont enterrées, et que la tendance actuelle est à un effort en ce sens : depuis les années 1990, les fournisseurs d'électricité de nombreux pays généralisent l'enfouissement des lignes, en particulier dans les villes nouvelles.

Il est étonnant de constater que les raisons de santé publique ne font pas partie des considérations qui sous-tendent cette politique, alors même que certains chercheurs mettent en garde contre ce rapprochement des lignes plus près des gens. Cette pratique empêche en outre de connaître facilement le schéma de distribution et gène la compréhension du problème.

Parce que mes observations sont essentiellement visuelles, ce sont surtout les lignes aériennes qui vont être décrites en détail ici.

Lignes de transport

Généralités
On les appelle aussi "*lignes primaires*". Elles amènent l'électricité au transformateur depuis la centrale électrique ou le groupe électrogène, en passant par des sous-stations qui abaissent les très hautes tensions. Elles se caractérisent par leur grandeur, l'agencement régulier de leurs fils, mais surtout par le nombre de leurs fils, 3 en général, mais aussi multiple de 3.

Quel que soit le nombre de multiples, il existe assez souvent, en plus, un fil au sommet des pylônes - le câble anti-foudre relié à la terre - et parfois un second - le câble écran - sous les trois gros fils, destinés à diminuer les phénomènes électriques induits. D'après deux décrets régissant les mises à terre, les tensions se répartissent en 5 classes : j'en ai établi un tableau.

Tableau 2 - Domaine de tensions d'après le décret du 14 novembre 1988

Domaines	Courant alternatif (AC)	Courant continu lisse (DC)
Très Basse Tension (TBT)	- de 50 V	- de 120 V
Basse Tension A (BTA)	50 à 500 V	120 à 750 V
Basse Tension B (BTB)	500 à 1000 V	750 à 1 500 V
Haute Tension A (HTA)	1 000 à 50 000 V	1 500 à 75 000 V
Haute Tension B (HTB)	+ de 50 000 V	+ de 75 000 V

La gamme des tensions de ces lignes, en France[1], s'étale de 10 à 400 kV (1 kV = 1 kilovolt = 1 000 V). Les termes de Haute, Moyenne et Basse Tension (HT, MT, BT) varient selon les spécialistes et sont donc imprécis : pour EDF, 225 kV est une HT ; pour un électronicien ou un ingénieur des télécoms, 600 V est de la HT ! Mieux vaut donc utiliser les volts et les kilovolts.

Précisons que plus les pays sont grands, plus la tension des lignes doit être élevée, afin de réduire les pertes d'énergie : aux EU, au Canada et en Russie on rencontre des tensions de 800 kV. Il existe même des lignes de 1 200 kV en Sibérie.

On réserve le nom de pylône aux supports de ces lignes, le nom de poteau étant attribué aux lignes de distribution. Ils sont espacés le plus souvent de 100 m – moins en ville, plus à la campagne – et presque toujours faits de chevrons métalliques caractéristiques. Les pylônes des lignes de 10 à 30 kV peuvent être en béton ou en bois.

Certains, alimentés en 10 ou 20 kV, portent leurs trois fils presque à la même hauteur ; EDF les appelle 'poteaux dômes', et ils vont, en général, des sous-stations aux transformateurs. Sur ce dernier figure une plaque où apparaît la mention "Remontée Aéro-Souterraine", ainsi que le nom du transformateur qu'il alimente et que l'on doit chercher dans les 50 mètres.

Agencement des fils sur les lignes électriques

L'agencement des fils n'est pas dû aux seules contraintes mécaniques ou au hasard ! Il sert, en particulier, à diriger et diminuer les courants et les champs induits dans l'environnement (deux notions rappelées dans l'encart) à un minimum inévitable.

1. Sur la carte Michelin, n° 101, Banlieue de Paris, 1985, figurent les lignes de très Haute Tensions de 400 kV en rouge -225 kV en vert -150 kV en bleu -90, 63, 45, 30, en mauve. D'après un rapport officiel, à propos des 5 cas de neuropathies, l'augmentation serait de 45,5 % à St Cyr, pour 23 % en Lorraine, 20 % dans le Val de Marne, 20 % en PACA.

Encart 1 – Courant et champ électromagnétique (CEM) induits

Le champ électromagnétique est composé des champs électrique et magnétique induits (ou créés) par les fils. Par référence à l'exemple simple d'un fil seul, on parle parfois de deux composantes électrique et magnétique identifiées par leurs directions.

Ainsi, **pour** l'élément fictif de circuit qu'est **un fil rectiligne simple, la composante électrique est perpendiculaire au fil (verticale pour un fil horizontal), alors que la composante magnétique s'enroule autour.**

Dans la réalité, lorsqu'il y a plusieurs fils, c'est plus compliqué, mais il semble pourtant que certains appareils proposent la mesure des deux champs selon cette simplification.
- **L'une existe en permanence, lorsque la ligne est en tension, c'est la composante électrique**
- **L'autre, la composante magnétique, n'apparaît que lorsque la ligne est en débit (lampe allumée, train entrant dans le circuit ferroviaire, etc.).**

L'étude de ces deux composantes n'a pas permis d'affirmer, à ce jour, si l'une, ou l'autre, ou les deux à la fois, sont actives en cancérogenèse : les Russes, dans les années 60, penchaient pour la composante électrique, les Anglo-Saxons, un peu plus tard, plutôt pour la composante magnétique.

On peut mettre en évidence leurs effets physiques différents :
- Ainsi le champ magnétique apparaît près du câble de soudure à l'arc dans les serrureries où la limaille de fer jonche le sol : on peut voir un serpent de limaille accompagner par terre les mouvements du câble sur ses 2 côtés quand le soudeur travaille ; mais, dès qu'il s'arrête, l'appareil encore branché est sans effet sur le serpent.

Ces effets dissociés s'observent de même près de l'écran cathodique d'un ordinateur ou d'un téléviseur.
- Ainsi, le branchement ou débranchement de l'appareil crée un véritable ressac de la fumée de cigarette ou de la poussière d'un rideau que l'on agite : la composante électrique est en jeu. Elle explique que pendant une période transitoire très courte, la poussière se dépose sur les écrans de visualisation ! Ces pics de champs très brefs sont des champs pulsés (PEMFs des Anglo-Saxons) ou transitoires.

- Sur une boussole posée devant l'écran, il ne se produit rien lors du branchement de l'appareil ; mais lorsque l'on allume l'appareil et selon sa position devant l'écran, l'aiguille peut tourner d'un demi-tour, voire d'un tour complet et une déviation de l'aiguille persiste pendant toute la durée d'utilisation. L'aiguille reprend doucement son axe normal à l'extinction de l'appareil ; la composante magnétique du champ est en cause.

Courant induit : toute ligne électrique crée un champ électromagnétique (CEM). En courant alternatif, lorsque deux lignes sont parallèles, même si une seule est active (incluse dans un circuit) il se crée, par induction dans la ligne passive, reliée par points à la terre, un courant de sens inverse au premier. Cette ligne passive sert à limiter le champ créé qui induit aussi des effets dans l'environnement. Mais, entre les mises à la terre, il se crée des courants dans le sol, fermant le circuit. Les courants hors ligne s'appellent courants vagabonds ou induits.

Dans la zone industrielle du port de Gennevilliers où existaient de telles lignes dans les années 90, un spécialiste affirmait relever des tensions de 6 kV dans la ligne passive, pour une ligne active de 225 kV.

Lignes de distribution aériennes ou enfouies

Ces lignes 'secondaires' sont au centre de notre étude, et surtout celles qui sont visibles, donc directement accessibles à l'enquête. Elles amènent, dans les agglomérations, l'électricité du transformateur jusque près des maisons, avec des tensions qui ont évolué, en France, de 220 V à 380 V, puis à 400 V, changements correspondant aux passages de 110 V à 220 V, puis 230 V, dans les installations domestiques.

Au début des années 1950, en France, la tension des installations domestiques était nettement plus faible qu'actuellement, et moins dangereuse d'ailleurs, 110 V correspondant à 220 V dans les rues ; l'élévation de cette tension à 220 V, puis 230 V, réalisée progressivement au fil des années, permet des économies sur les pertes d'énergie en lignes ; de petits transformateurs ont été distribués aux utilisateurs pour adapter leurs appareils, dans les années 80.

Description des lignes de distribution (basse tension)

Autrefois, les lignes étaient toujours constituées de **4 fils conducteurs nus** et portés sur les poteaux par des **isolateurs en verre** : 3 '*phases*', un fil neutre comportant une mise à la terre au niveau du transformateur et d'autres mises à la terre, réglementaires au dire des installateurs, sur le trajet de distribution, tous les 200 m environ, ainsi qu'en fin de ligne.

Depuis les années 60, avec la généralisation de l'isolation plastique, la ligne est souvent faite des **4 fils** isolés avec du plastique noir et réunis en un seul **câble torsadé**. Elle est ainsi moins coûteuse à la pose et à l'entretien. Mais il existe un frein à sa généralisation : une éthique esthétique (sic !) des lignes fait que, dans certaines villes, en cas de remise en état, la Commission des Sites exige le statu quo ante en 4 fils, ou l'enfouissement.

La ligne peut parfois comporter **5 ou 6 fils**, voire plus, **incluant l'alimentation des lampadaires**. Partant de la ligne de distribution dans la rue, des lignes de raccordement, pour une seule maison, se réduisent parfois à deux fils nus ou isolés, qui arrivent au compteur.

Les poteaux, espacés de 50 m en moyenne, sont en béton, en bois, ou parfois en métal, selon les pays ou les régions. Une minorité d'entre eux porte une asymétrie des fils de part et d'autre ou des irrégularités de leur agencement comme nous l'avons déjà vu.

Contrairement aux lignes de transport, les fils de ces lignes sont, en général, répartis dans un plan vertical, pour concentrer les champs sur le trottoir. Cette répartition est, cependant, parfois horizontale, comme en Hongrie (j'ignore pour quelle raison), et projette, alors, plus loin les champs, à hauteur des chambres : j'ai vu ce type de ligne en banlieue de Budapest, devant la maison des 4 sœurs atteintes de cancers, (cf. 1re partie).

Typologie des poteaux

Comme cela a été vu, et illustré d'exemples, en première partie, l'observation systématique des structures électriques (SE) dans certains quartiers (villes et villages) m'a permis d'établir une typologie de base. Y sont incluses les observations d'insectes et d'oiseaux faites simultanément.

Une première typologie, en 1998, concernait 2 080 structures électriques (SE : 1967 poteaux et 113 transformateurs) dont 38 % portaient des configurations spécifiques de lignes (CS) que j'étiquette VASEM. Aujourd'hui, c'est 2 562 SE (2 422 poteaux, 140 transformateurs) que j'ai étudiés, dont 36 %, portent ces CS.

Ce nombre est assez stable, mais indique cependant qu'il y en a une proportion légèrement plus faible (28 %) dans mon étude complémentaire. Peut-on espérer que les structures suspectes sont en voie d'élimination ?

La typologie des poteaux, illustrée d'exemples dans chaque type, a déjà été présentée, et l'on en a vu la diversité dans le détail, pour le type 5 de fin de ligne.

Les observations des perforations de voirie, tout comme celles des cancers, faites dans leur voisinage, seront détaillées dans les chapitres suivants. Ce sont des études séparées, qui ne concernent pas les mêmes ensembles de cas.
L'ensemble des pourcentages obtenus forme le tableau de référence, en annexe.

Variation Spatiale de champ Electro Magnétique (VASEM)

Un champ électromagnétique s'établit autour des fils d'une ligne électrique. Si les fils sont parallèles et disposés régulièrement (type 0 de ma typologie), les variations du champ sont assez régulières : il y a une décroissance par éloignement, ou des changements progressifs de directions, donc facilement représentables, tout comme les variations selon l'intensité ou la tension. C'est une variation quantitative de champ, classique, connue de tous.

Mais lorsqu'il existe des irrégularités dans la position des fils ou une asymétrie des fils de part et d'autre du poteau, les variations des composantes électrique et magnétique peuvent être beaucoup plus désordonnées ; le champ subit une variation de distribution et de direction dans l'espace que les instruments actuels ne prennent pas en compte et que j'appelle une variation qualitative du champ, peu étudiée.

Alors que je cherchais à contacter le professeur Rocard, j'appris qu'il était en train de mourir. J'eus la chance de rencontrer, par un heureux hasard, le Professeur Pierre Mechler, géophysicien, son élève et successeur au Département de Géophysique Appliquée.

Sans doute faut-il rappeler ici que le Professeur Rocard était connu pour avoir étudié la grande sensibilité de détecteurs biologiques présents en différentes localisations chez l'humain et chez le chien, à des variations de champs magnétiques extrêmement faibles, tout comme il l'avait étudiée sur les pigeons voyageurs.

Je demandais au Professeur Mechler si le champ électromagnétique (CEM) s'arrêtait au poteau de type 1, ou le débordait : ce spécialiste ignorait, a priori, la distribution des deux composantes électrique et magnétique du champ autour de cette configuration de fils, et aurait eu besoin de calculs complexes pour savoir en dessiner la forme. Il m'exposa qu'il y avait là une variation spatiale particulière du champ électromagnétique. J'ai adopté le terme 'variation spatiale électromagnétique', et l'ai abrégé en VASEM, pour en faire un large usage.

Ainsi, autour d'un poteau de type 1, pris en référence pour la démonstration (photo en couverture), il existe un double phénomène de 'gradient de champ' correspondant à une diminution normale selon l'éloignement et de 'variation spatiale de champ électromagnétique' anormale, non mesurée avec les appareils actuels. J'ai tenté de schématiser ceci, sous la forme d'un point d'interrogation au niveau de ce premier type de poteau observé, la partie courbe évoquant le champ magnétique qui s'enroule autour du fil qui le crée, et la partie verticale le champ électrique.

À gauche de la figure, du côté des fils nus séparés, le champ magnétique a une valeur maximum ; du côté de la torsade des fils réunis à droite, il s'annule ou presque, parce que les fils sont très proches, avec une intensité totale quasiment nulle. Cette image constitue, en réalité, plus un symbole qu'une représentation exacte, du fait de la composition des champs créés par chacun des fils.

Je me suis intéressé essentiellement aux lignes de distribution, mais il semble normal de penser que des irrégularités sur les lignes de transport, ou sur les caténaires, donnent des zones de VASEM dans leur voisinage. De même, près des transformateurs, il devrait aussi y avoir une variation spatiale anormale, du fait, en particulier, de l'agencement des fils, en spires, autour d'un noyau de matériau magnétique essentiel pour le fonctionnement par effets d'induction. On devrait donc parler soit de poteaux (ou pylônes) créant une zone de VASEM, soit de zones de VASEM liées aux transformateurs.

Sans doute faut-il remarquer, de plus, que des fils isolés par ce matériau noir qui les recouvre, et torsadés en un câble, sont loin de former une structure régulière simple dont les champs seraient identiques tout au long de la ligne ; on doit s'attendre à les voir se modifier sur des distances de quelques mètres, ou moins, en correspondance avec le pas de la torsade ; il faut par ailleurs, s'attendre à des champs électriques intenses au niveau de la ligne torsadée, puisque les tensions correspondent à des distances très faibles entre les fils ; de plus, il est probable aussi que surviennent des modifications, selon la torsade, du champ électrique créé entre les fils et le sol.

L'observation des 'accidents' dus au courant électrique me les fait comparer à ceux que l'on observe près d'un courant d'eau : ils se produisent aux mêmes genres d'endroits. On sait que les phénomènes d'érosion sont rares sur les bords d'une rivière en régime régulier ou laminaire ; ils sont nombreux, au contraire, dans les gorges, les méandres, les confluents, les barrages, soit parce que la vitesse y est plus grande, soit parce que des variations de vitesse ébranlent plus facilement les sols.

De même, **je ne trouve que peu de cancéreux près de lignes électriques dont les fils sont rectilignes et réguliers.** Il en existe, au contraire, beaucoup près des lignes qui présentent un 'défilé' de 4 fils à un seul câble, un coude, un branchement, une fin de ligne, ou, pour reprendre les termes d'écoulement de fluide, en régimes turbulent ou tourbillonnaire. Dès mars 1995, je notais qu'il y avait un plus grand nombre de cancers dans les zones de 'turbulence'.

Cette analogie, qui est l'une des deux plus frappantes de mon observation initiale, est résumée dans l'encart qui suit.

Encart 2 – Champ et variation spatiale de champ électromagnétique (VASEM)

Autour des fils d'une ligne électrique apparaît un champ électromagnétique (CEM). Quand la ligne est régulière (le plus souvent) et les fils symétriques de part et d'autre du poteau (type 0), le champ électromagnétique (CEM) induit est régulier.

Trois types de phénomènes sont à considérer :

1. Lorsque le sens ou l'intensité du courant varie, le champ varie aussi, et cette variation quantitative de champ peut être mesurée, dessinée, et mise en graphique, de façon relativement simple.
2. Lorsque les variations du champ sont ordonnées par la disposition régulière (verticale ou horizontale) des fils, le champ subit une variation dans l'espace : EDF l'appelle 'variation géographique' de champ ; cette variation ordonnée, peut être, elle aussi, mesurée et dessinée de façon relativement simple.
3. Mais lorsque les fils de la ligne perdent leur régularité, leur parallélisme au niveau d'un poteau, ou leur symétrie de part et d'autre du poteau, et, éventuellement, lorsque des portions verticales de fils sont présentes, le champ subit une variation compliquée dans l'espace : c'est ce qui se produit sur les 5 types de poteaux décrits. J'abrège en «VASEM» le terme, utilisé par le Professeur Pierre Mechler, de "Variation Spatiale du champ Electro Magnétique" pour décrire cette variation anormale du champ liée aux irrégularités des fils. La direction et la distribution de cette VASEM sont compliquées et ne sont actuellement pas prises en compte, ni par des mesures, ni par des modélisations : c'est ce que je symbolise, sur un poteau de type 1, par le point d'interrogation, la composante magnétique étant évoquée par la partie courbe, la composante électrique, par la partie verticale.

Les observations répétées que j'ai faites concernent la présence de poteaux irréguliers au voisinage des habitations des cancéreux, et l'identification comme 'zone de VASEM'. Je considère que cette VASEM, due à l'agencement irrégulier des fils sur les poteaux, représente un facteur associé à la fois aux valeurs du champ électromagnétique et aux cancers, élément envisagé et recherché en vain par la communauté scientifique internationale depuis 1979.

Recensement des structures électriques

Pour établir la typologie présentée dans la figure 16, j'ai observé, noté et classé les 2562 structures électriques (pylônes, transformateurs, poteaux) visibles dans 4 villages et 2 villes résidentielles, en observant et en notant certains détails dans leur voisinage, y compris la fréquentation par des insectes et des oiseaux. Nous y reviendrons.

Il existe une différence selon la taille des localités :

- Dans les villages, on trouve les transformateurs plus facilement que dans les villes, où certains sont invisibles, enterrés, sur fonds privés, entreposés en caves d'immeubles ou dans les garages : il est donc difficile de les repérer sans carte EDF de la distribution électrique, et le nombre compté est inférieur au nombre réel.
- J'ai évité les zones industrielles où peuvent exister un ou plusieurs transformateurs par usine (en zone industrielle - ZAC -, on en compte parfois un tous les 30 m).
- Au cours de cette enquête, je n'ai vu de lignes aériennes de 10 kV alimentant un transformateur que dans deux des 4 villages ; les fils sur les pylônes étaient réguliers.
- Dans les villes nouvelles, on enterre les lignes de distribution.

Le tableau suivant, extrait du tableau de référence de l'annexe, présente les résultats du recensement des structures électriques (poteaux et transformateurs) observés selon la typologie que j'ai définie.
Certains poteaux, comme ceux de début de ligne avec boîtier (type 4), ne se trouvent qu'en certains quartiers de ville et semblent être des convenances d'installateurs.
Aux colonnes D et E, il existe une majorité de structures sans VASEM, les poteaux de type 0 et quelques pylônes de 10 kV, 57 % dans les villes et 65 % dans les villages. Ainsi, au total, seulement 36 % des structures sont des poteaux irréguliers (formant VASEM).

Tableau 3 - Répartition de 2 562 structures électriques (SE)

		Pas vu de 380V		Toujours vu 380 V et parfois 10 kV						380V et 10kV	Total C à K
A	B	C	D	E	F	G	H	I	J	K	
1			10 kV	Type 0	Type 1	Type 2	Type3	Type 4	Type 5	Transfo	C à K
2	2 villes		0	1119	55	254	238	14	188	109	1977
3	% en ville		0 %	57 %	3 %	13 %	12 %	1%	10 %	6 %	
4	4 villages		9	379	17	46	40	0	63	31	585
5	% en village		2 %	65 %	3 %	8 %	7 %	0 %	11 %	5 %	
6	ensemble		9	1498	72	300	278	14	251	140	2562
7	% ensemble		0,4%	59 %	3 %	12 %	11 %	0,5 %	10 %	6 %	

La colonne C est vide car elle correspond aux cas (malades, perforations) du tableau de référence, où les structures électriques ne sont pas visibles.

Lignes intérieures aux maisons

À l'intérieur des maisons, les lignes sont comprises entre le compteur et l'appareil électroménager. Autrefois, elles comportaient 2 fils (la phase et le neutre) et étaient alimentées en tension de 110 V. Dans les années soixante eut lieu le passage en 220 V, étalé dans le temps et selon les endroits. Cette tension plus forte limite les pertes dans les fils, mais elle est plus dangereuse, quant aux risques d'électrocution. Le fil de terre est une protection, devenue réglementaire en France, dans les années 80.

J'ai observé en 1991, ce que d'autres savaient déjà, que le champ électrique (E) est plus grand près du fil de phase d'une lampe éteinte qu'allumée, lorsque le montage fait que ce fil est laissé en tension entre interrupteur et lampe.

Lignes de traction

Généralités

Ces lignes, comme leur nom l'indique, servent à la traction des trains, du métro du RER, et aussi des tramways et des trolleys. Elles remplacèrent la traction à vapeur du début du XXe siècle et en 1950, le '3e rail au sol' électrifié avait déjà envahi la moitié des voies de la gare Saint Lazare. (C'est pour les besoins d'un film tiré d'un roman de Zola, que Jean Gabin chauffait sa loco sur le quai n° 1, autrefois peint par Caillebotte et d'autres impressionnistes, et réservé à la traction électrique).

Les moteurs des tractrices ne fonctionnent pas en courant alternatif ; on les alimente, soit en courant continu, soit en courant “redressé” où le sens ne change pas mais l’intensité varie. On obtient ces courants à partir du courant alternatif, en éliminant ou en changeant de sens ce qui doit l’être au cours de chaque période (et en filtrant, ou non, certains harmoniques).

L’alimentation du train en courant continu, moins dangereux à côtoyer parce que ne créant pas d’effets ‘d’induction’, permettait l’usage d’un 3e rail au sol, non isolé. Pour les trois impératifs de poids, de vitesse et de distance des trains, qui demandent de limiter les pertes, la caténaire va remplacer ce 3e rail, en continu, et surtout en courant alternatif jusqu’à 25 kV, la transformation du courant s’effectuant, alors, dans la locomotive.

L’action éventuelle de ces circuits électriques sur notre environnement ne semble inquiéter personne. Ainsi, en 1978, le réseau Paris St Lazare était déjà équipé de caténaires alimentées en tension de 25 kV, 50 Hz.

Fils électriques des trains, tramways, trolleys

1- La caténaire est un câble aérien par lequel les trains sont alimentés en électricité (voir détails en annexe). Les tramways utilisaient la caténaire en courant continu de 1 500 V. L’emploi de la caténaire alimentée en courant alternatif de 25 kV s’est généralisé pour les trains, soit pesants (transport des minerais de charbon et de fer dans les gares du Nord ou de l’Est, à Paris), soit rapides, ou pour les grandes distances (certains trains de banlieue ou métros sont toujours alimentés en 1500 V, par un 3e rail au sol).

Le circuit électrique ferroviaire comprend les rails et la caténaire coupée tous les 30 km environ (section de caténaire). Cette caténaire ainsi coupée est alimentée par des stations électriques (ou sous stations), qui délimitent cette section et que l’on voit défiler toutes les 6 minutes environ, par la fenêtre d’un TGV lancé à 300 km/h.

La caténaire est toujours en tension et ne se met à débiter du courant qu’à l’entrée d’un train dans le circuit. Le champ magnétique ne s’exerce donc sur l’environnement que pendant le passage des trains dans chaque circuit.

De plus, il se crée des effets transitoires à chaque passage dans une nouvelle portion de caténaire. J'ai mesuré des champs particulièrement importants aux changements de tension d'alimentation dans 3 gares, à une vingtaine de kilomètres de Paris. Le train y change à la fois de circuit électrique et de tension d'alimentation (gares de Massy-Palaiseau, Plaisir-Grignon, Lieusaint-Moissy, où les TGV passent du 1 500 V continu parisien, au 25 kV, alternatif provincial). Pendant la moitié de la nuit donc (arrêt des trains de 1 à 5 heures), seul le champ électrique s'exerce sur les dormeurs du voisinage.

On admet que la portée d'un champ s'étend à 20 fois la distance entre les phases les plus éloignées : la distance entre la caténaire et les 2 rails étant de 6,50 m maximum (hauteur atteinte aux passages à niveaux) on évalue des couloirs d'emprise à 130 m de part et d'autre des voies. Cette notion de portée dépend, bien sûr, de ce que l'on considère comme négligeable comme champ ; cela devrait aussi dépendre de l'intensité, donc de la puissance consommée.

2- Les rails de roulement peuvent être considérés comme une ligne électrique d'un type particulier qui conduit le courant de retour. Ordinairement, le rail était sectionné tous les 50 m, mais un câble reliait les sections isolées. Le rail de TGV est plus long (500 m), et le gabarit en est très légèrement différent.

3- Le câble de protection aérien, CDPA, se voit sur les poteaux bordant la voie ferrée. Il collecte et évacue à la terre la foudre et les courants induits. Le poteau de mise à la terre du CDPA se reconnaît par un disque isolant de verre sur le câble porteur, tous les 3 km environ[2] (voir fig 68).

Au pied d'un tel poteau, les tensions mesurées entre les bornes d'un voltmètre fichées dans le sol ont été trouvées plus grandes du côté de la sous-station d'alimentation ; l'étude des pathologies dans un rayon de 50 mètres serait intéressante.

4- Le feeder est un gros câble isolé et torsadé qui suit parfois la voie ferrée ; il alimente le circuit ferroviaire voisin, lorsque celui-ci n'a pas de station d'alimentation propre.

2. Soit 55 poteaux en moyenne.

5- Trains de banlieue et métro, circulant sur courtes distances, utilisent encore parfois une alimentation en courant continu, qui a l'avantage de correspondre directement à ce qu'utilisent les moteurs. Il peut s'agir de caténaire ou de 3e rail au sol. Pour ce qui est du troisième rail, il forme, avec les rails de roulement, le circuit d'alimentation, sous 1 500 V lorsque le métro n'est pas sur pneus ; une tension élevée, continue, est donc présente sur ces voies, sans protection, mais, alors qu'en alternatif, une tension de 230 V est facilement mortelle, on peut côtoyer des tensions continues de cet ordre avec un minimum de précautions acceptables ; ainsi les cheminots enjambent-ils le troisième rail équipés de pantalons en velours côtelé et de chaussures isolantes. Ce système de 3e rail est l'alimentation de choix pour les petites distances (villes et banlieues), mais le danger d'électrocution pour le personnel et la perte de charge par la proximité du rail avec le sol, favorisent l'alimentation par caténaire.

Une mention spéciale doit être attribuée au trolley qui, monté sur pneus, doit s'alimenter par deux gaules aux fils de phase et de retour.

Encart 3 – Conducteurs électriques des voies ferrées

La plupart des trains à traction électrique sont alimentés par des câbles aériens appelés caténaires, selon des circuits dont le retour se fait par les rails (Rappelons qu'un train ne pourrait circuler en l'absence de rail, même en contact avec la caténaire).
L'alimentation est souvent en 25 kV, 50 Hz.

Les circuits correspondent à environ 30 km de voies, et sont indépendants les uns des autres, alimentés, chacun, par une 'sous-station', ou, parfois, par un 'feeder', câble provenant d'une sous-station voisine. Un circuit ne débite du courant que lorsque le train y est présent, mais demeure toujours en tension. Au passage du train d'un circuit à un autre, les brusques variations d'intensité des courants provoquent des effets transitoires, et des phénomènes d'induction. Le courant circule aussi dans les rails de roulement, qui ne sont pas portés à une haute tension, et ne sont pas vraiment isolés du sol.

Un câble de protection aérien (CDPA), relié à la terre, collecte et évacue certains effets parasites, foudre et tensions induites. En cas d'alimentation en courant continu, un 3e rail au sol, électrifié (1 500 V) et non isolé, est parfois utilisé plutôt que la caténaire (métro, certains RER).

Figure 44 – Troisième rail de métro à gauche ; à droite, passage à niveau.
A gauche, le 3° rail d'alimentation électrique se trouve entre les 2 rails brillants de roulement. A droite, passage à niveau ancien : on voit les planches sous lesquelles on enfouissait le câble d'alimentation du 3e rail, pour passer sans s'électrocuter.

Courant vagabond (de femli) près des caténaires

Le schéma visualise le trajet d'un courant, vagabond comme ceux dont les pétroliers me parlaient, en 1963, sous le nom de courant vagabond de retour, et ce que j'appelle courant de femli d'après l'expression "*force électromotrice longitudinale induite*" des spécialistes de la SNCF. Pour effectuer des mesures, la SNCF capte de tels courants par l'équivalent du câble écran d'EDF, le CDPA parallèle à la voie (encart ci-dessus).

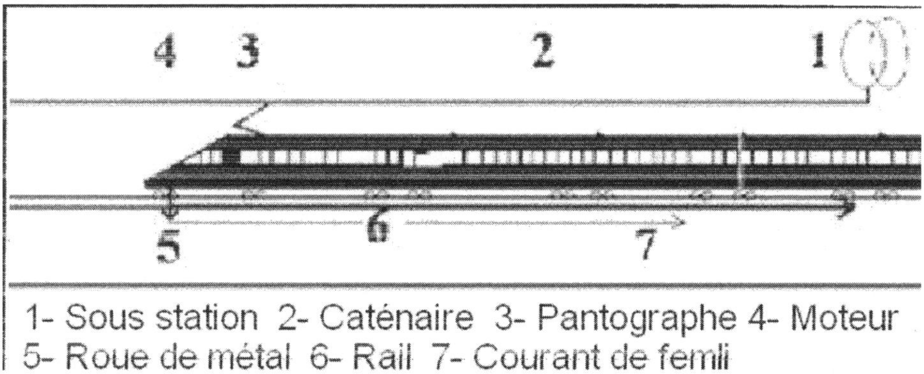

Figure 45 – Courants vagabonds de retour et de femli.
La sous-station (1) alimente la caténaire[3] (2), en courant alternatif 25 kV - 50 Hz, ou 1 500 V continu. Le courant entre par le pantographe (3) dans le moteur (4), ressort par la roue (métallique) (5), et sa quasi-totalité revient par le rail (6, courant de retour) à la sous-station (1). Mais une petite quantité du courant quitte le rail, passe dans le sol, tendant à revenir à la sous-station (7, courant vagabond de retour) par tout conducteur moins mauvais que la terre sèche ; de plus, des courants induits circulent parallèlement à la voie dans les conducteurs ainsi orientés (courants de femli).

3. Voir l'annexe : précisions sur la caténaire.

La majeure partie du courant de retour passe dans le rail, le reste se perdant en courants de fuite. En 2004, un technicien de la SNCF m'a expliqué que c'est au niveau des traverses de bois que se produiraient 80 % des fuites du courant. Ce serait une des raisons pour lesquelles les rails de 500 m du TGV sont montés sur traverses de béton, plus isolantes.

Champs électromagnétiques des lignes électriques

Le champ magnétique n'est qu'une des composantes à prendre en compte dans le champ électromagnétique. Le champ électrique en dépend par des relations assez complexes, qui font intervenir ses variations dans le temps et la disposition de tous les conducteurs en présence. À l'origine, dans les années 50, des équipes, russes en particulier, incriminaient la composante électrique des champs. Actuellement, sous l'influence anglo-saxonne, le champ magnétique est la composante couramment mesurée, souvent (trop souvent) prise seule en considération.

Dans l'encart suivant, nous résumerons les données générales sur le courant électrique et les champs magnétiques. Puis nous verrons les moyens de réduire les champs au niveau des lignes électriques. L'essentiel est tiré de notes prises lors de l'exposé d'un spécialiste d'EDF, que j'espère ne pas trahir (JP Urbain[4], 24 juin 1993[b]).

Encart 4 - Courant et champ magnétique

Le champ magnétique induit en un point M près d'une ligne électrique dépend de 5 facteurs :

- De la distance de M à la ligne.
- De l'écartement des fils (dits 'fils de phases' ou 'phases' du fait des décalages dans les oscillations qu'ils transportent).
- De l'intensité du courant qui passe dans les fils.
- De la réduction par un éventuel câble écran.
- De la disposition des phases sur les pylônes, lorsque 2 circuits sont parallèles sur une même ligne.

4. URBAIN JP, ex-élève de l'École Polytechnique et ingénieur de l'École Supérieure d'Électricité était alors, chef adjoint du RTE, Réseau de Transport Électrique.

On mesure le champ magnétique en microteslas[5] (quelle que soit sa fréquence). Pour comparaison, le champ terrestre est en France, d'environ 50 microteslas, mais il a des effets très différents parce qu'il varie lentement, et non pas aux fréquences du courant ou des parasites.
Le champ magnétique induit par les lignes dans les maisons est généralement inférieur à celui que les appareils électroménagers peuvent créer : près de lignes aériennes de 63 à 400 kV, au sol, le champ magnétique est, au plus, de quelques dizaines de microteslas près de lignes de 380 V à 20 kV le champ est, au plus, de quelques microteslas.

- Dans la maison, le champ moyen est inférieur à 0,3 microtesla, mais avec des pointes de plusieurs centaines de microteslas lors de l'emploi de certains appareils électroménagers.
- Sur le lieu de travail, on peut rencontrer des champs importants de quelques milliteslas.
- NB : en 50 Hz, aujourd'hui, la norme internationale est de 0,4 microteslas en exposition résidentielle (depuis 1998).

Détaillons les méthodes de réduction du champ électromagnétique employées par EDF sur ses lignes de transport.

La disposition des fils modifie les champs induits et peut les réduire.
La réduction d'induction magnétique, pour le voisinage, s'obtient à 3 niveaux :

1) en rapprochant les uns des autres les fils 'de phase' dans les lignes, tant aériennes qu'enfouies.
2) en adoptant une disposition des fils, relative au sol et entre eux, qui, par la répartition des champs, protège plus certaines zones.
3) en ajoutant des câbles supplémentaires qui, soumis aux champs électromagnétiques, font écran en créant des courants d'effet inverse.

5. Du nom de N. Tesla, ingénieur croate.

Réduction de l'écart entre les conducteurs des lignes de transport
Il y a de plus en plus de lignes de transport souterraines invisibles et on ne peut alors rien observer, si ce n'est la mesure des champs dans leur voisinage. Pour ce qui est des lignes aériennes, la disposition des fils en delta (triangle équilatéral, à la coupe des 3 fils de la ligne) permet de réduire toutes les distances et diminue plus le champ magnétique que la disposition 'en dôme', plus aplatie.

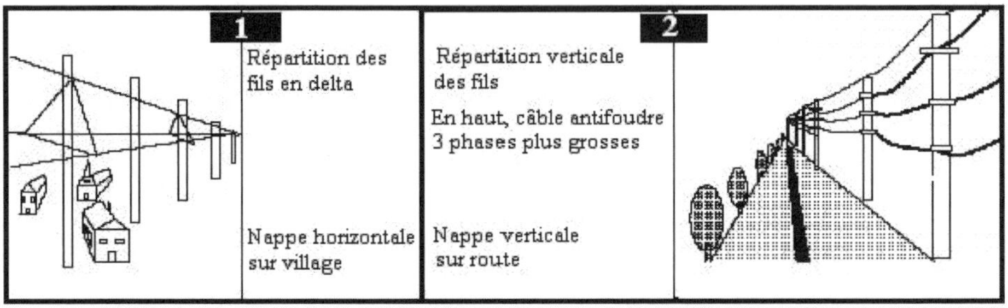

Figure 46 – Répartition des fils en delta, et nappage vertical.
Schéma de deux dispositions de fils fréquentes au bord des routes, pour les lignes de transport. (1) La disposition des fils en delta (triangle équilatéral, à la coupe des 3 fils de la ligne) diminue plus le champ que (2) la disposition en nappage vertical.

La diminution d'écart entre les fils peut réduire le champ induit, mais il faut garder un écart suffisant pour éviter le court-circuit par contact des fils nus entre eux (poids du givre, déplacements par le vent, tornade, etc.).

On peut séparer les fils, tout en les solidarisant entre eux, par des séparateurs isolants appelés "espaceurs". On peut enfin les rendre moins mobiles en rapprochant les ancrages sur pylônes ou en rapprochant les pylônes eux-mêmes. Mais ces 2 techniques augmentent le coût de la ligne. L'écart minimum à respecter est donc fixé par des impératifs contraires, à la fois techniques (arc électrique), de protection (électrocution) et économiques (coût).

Dans la réserve africaine de Sigean, en France, où je voulais observer le comportement des guêpiers[6] sur les fils, j'appris que les lignes aériennes avaient été enfouies, car les cigognes s'électrocutaient lorsqu'elles déployaient leurs ailes !

Les fils isolés peuvent être beaucoup plus rapprochés que les fils nus. Le rapprochement permis par l'isolant diminue le champ magnétique, mais augmente le champ électrique, en particulier au niveau de

6. Oiseaux insectivores d'Afrique qui seraient les seuls à oser attaquer les insectes piqueurs tels que la guêpe, le frelon ou le redoutable xylocope

l'isolant. Aujourd'hui, l'enfouissement est entrepris en France sur une grande échelle. Cela protège les lignes contre les intempéries donc diminue, finalement, le coût d'entretien et limite les coupures de courant. Il entre aussi en considération des questions d'esthétique, et d'environnement y compris les incendies de forêt.

En date du 30 janvier 2002, un accord a été passé, sur ce sujet, entre l'État (Ministère de l'Aménagement, du Territoire et de l'Environnement, et Ministère de l'Économie, des Finances et de l'Industrie) et le groupe EDF (incluant le réseau de transport électrique, RTE), pour la période 2001-2003.

Bien qu'une «démarche vigilante concernant les champs électromagnétiques» y soit explicitement mentionnée, l'exposition des riverains n'y est pas encore considérée comme un problème de santé publique, s'appuyant pour cela sur l'expertise collective du National Radiological Protection Board (NRPB, Angleterre) publiée le 6 mars 2001, qui, est-il noté, «conclut à l'absence de preuve valable que les champs électromagnétiques créés par les lignes électriques soient impliqués dans l'apparition du cancer en général, en particulier chez les adultes».

En l'absence d'effet carcinogène chez les adultes et d'explications plausibles à partir d'expériences sur les animaux et les cellules en laboratoire, elle relève que les corrélations statistiques ne sont pas suffisamment probantes pour conclure à l'existence d'un lien entre les champs magnétiques et le risque d'apparition de leucémie chez l'enfant.

On peut noter, sur ce point, que l'absence de lien considérée concerne champs et cancers, et non pas lignes et cancers, et ne tient pas compte de ce qui a été trouvé sur les cancers de tous types, de jeunes, puis d'adultes, en fonction des lignes, dès 1979 et 1982.

En fait, cette position pourrait désormais évoluer: les journaux ont fait état immédiatement, le jour de sa parution, le 4 juin 2005, d'un article scientifique de l'équipe anglaise de G. Draper[c] ; elle observe un risque accru de 69 % de leucémies d'enfants habitant depuis leur naissance dans les 200 m des lignes de haute tension, et encore de 23 % entre 200 et 600 m, ce que n'explique pas la diminution du champ magnétique.

La couverture médiatique est cependant ambiguë: les enfants seraient nés, ou habiteraient, dans ces 200 m, ce qui n'est vraiment pas la même chose.

Disposition des fils

La répartition horizontale des fils de lignes survole parfois les quartiers habités (schéma ci-après). Nous avons vu, précédemment, des cas de cancers dans le voisinage d'une double ligne de 225 kV où la répartition horizontale des fils sur des poteaux de 20 m de haut n'empêchait pas la construction d'une zone pavillonnaire presque en dessous et de part et d'autre.

J'ai pu mesurer des champs électriques jusqu'à 250 m de chaque côté de lignes de 400 kV. En effet, ce type de nappage horizontal diminue les champs sous la ligne mais les projette plus loin sur le côté : il augmente la largeur du couloir de nuisance, en en diminuant les effets les plus intenses.

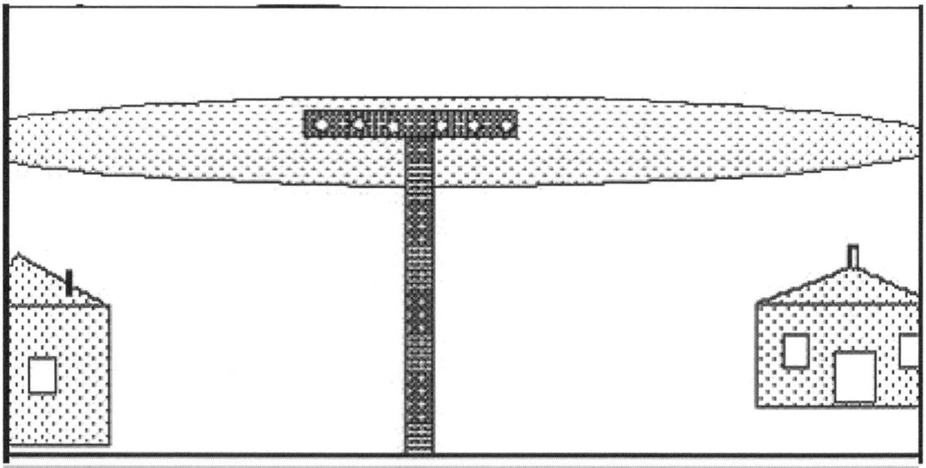

Figure 47 – Nappage horizontal des fils
Nappage horizontal.
La répartition horizontale des fils de lignes à très haute tension survole les quartiers habités. À 250 m d'une telle ligne, j'ai trouvé des cancers en des endroits relativement spécifiques des lignes de distribution : 2 en double fin de ligne, 1 vers le transformateur. Plus tard j'y ai trouvé aussi une tumeur cérébrale chez un enfant habitant à 10 m d'un branchement de ligne.

Opposition des phases sur les lignes à plusieurs circuits

Lorsque les pylônes portent plusieurs lignes (de 3 fils), on peut réduire le champ en rapprochant les phases de nom contraire et en plaçant les phases de même nom le plus loin possible les unes des autres.

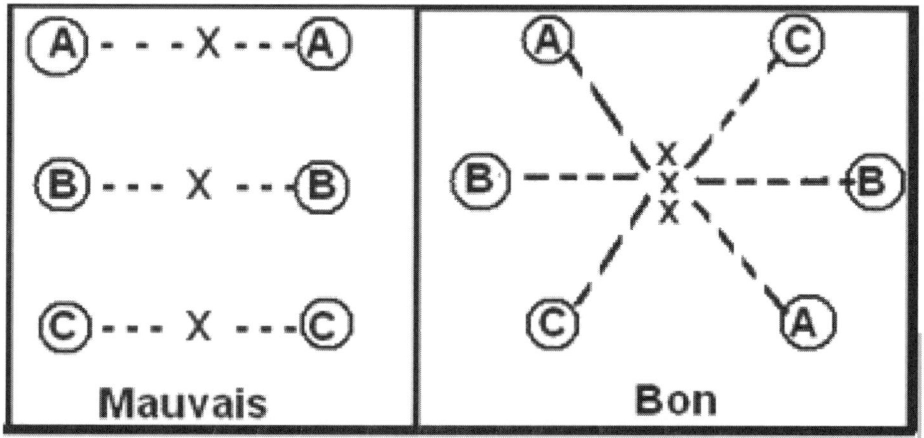

Figure 48 – Opposition des phases des lignes de transport sur un même pylône. Les 2 figures montrent la disposition, vue en coupe des câbles sur un pylône : à droite, bonne disposition ; les câbles B du milieu des 2 lignes sont éloignés au maximum par une déviation sur le côté. À gauche mauvaise disposition car les phases de même nom des 2 lignes sont proches.

Utilisation de câble écran

Le principe du câble écran se fonde sur la propriété physique de deux lignes parallèles évoquée précédemment : si la ligne active est alimentée, la ligne passive non alimentée est parcourue par un courant de sens contraire au premier dont le champ amène une diminution du champ total. On installe donc, sous le fil le plus bas d'une ligne électrique, un câble écran que l'on met à la terre à chaque pylône. Ce dispositif réduit les champs induits, mais de 25 % au mieux, notait JP Urbain, sans évoquer la question des courants vagabonds ainsi créés dans le sol.

Moyens de réduction des CEM des lignes de transport : avantages et inconvénients

1) La disposition en delta des fils (Figure 46) est le moyen le plus simple et le plus fiable de réduire les champs ;
2) Viennent ensuite les dispositions géométriques adaptées, au cas par cas, à la zone à surplomber (fils en nappe verticale ou horizontale).
3) J.-P. Urbain note que les espaceurs sont cause d'incidents.
4) La technique du câble écran a le défaut d'alourdir le poids (pylônes plus hauts ou plus nombreux et câble supplémentaire) et donc, le coût des installations.

Une dernière remarque concernant les lignes de transport : mes observations me suggèrent que l'intérieur d'un coude de ligne, ou le passage d'une répartition horizontale à une répartition verticale des fils entre 2 poteaux, entraînent une modification du champ, mesurable et éventuellement pathogène, mais je n'en ai toujours pas confirmation.

Chapitre II

Mesures

Alors que les électroencéphalogrammes et électrocardiogrammes mesurent depuis longtemps des champs électriques liés au fonctionnement des organes, ce n'est que plus récemment qu'on a pu étudier leurs champs magnétiques, car cela nécessite des appareils très sensibles. On utilise en particulier des magnétomètres équipés de SQUID (Super conducting Quantum Interference Device) malheureusement très encombrants, et une nouvelle génération d'appareils de mesure promet des explorations plus aisées.

Ces appareils permettent d'étudier le fonctionnement du cœur, du cerveau (magnéto cardiographie, magnéto encéphalographie), et font intervenir de larges gammes de fréquences. L'énergie qui permet ou accompagne le fonctionnement du corps humain peut être perturbée par les champs électromagnétiques dits de très basse fréquence (ELF, extrêmement basse fréquence), en particulier par ceux du courant électrique à 50 Hz, fourni par les lignes.

D'autres fréquences plus élevées (comme les radiofréquences utilisées en particulier par la téléphonie mobile), ont des effets nocifs connus depuis longtemps dans l'utilisation des radars. La question des doses admissibles reste un problème difficile, d'autant plus qu'il y a mélange - coopération - d'effets différents.

Que peut-on mesurer, pour approcher les effets des lignes électriques près des cancéreux ? et comment ? J'ai utilisé des moyens simples, qui montrent déjà quelque chose.

Les unités de mesures employées

Encart 5 - Champs électromagnétiques de très basse fréquence

Les lignes de transport, les lignes de distribution, et celles à l'intérieur des maisons, sont alimentées à la fréquence de 50 périodes par seconde, soit 50 Hz (Hertz) en Europe, et à 60 Hz en Amérique du Nord. Tout comme les transformateurs et les appareils domestiques ou industriels, elles produisent un champ électromagnétique, à la même fréquence, augmenté parfois de parasites à des fréquences différentes.

La composante électrique s'exprime en volts par mètre (V/m) : dans des situations simples, entre deux conducteurs séparés de 1 m, entre lesquels existe une tension de 1 V, le champ est de 1 V/m.

La composante magnétique est exprimée soit en teslas (T) ou en gauss (G), soit en ampères par mètre (A/m) selon que l'on tient compte, ou non, de l'influence des propriétés magnétiques de la matière. La dénomination 'ampère par mètre' rappelle les rôles de l'intensité du courant et de la distance : un champ de 6,3 A/m correspond au champ magnétique créé par un courant d'intensité 1 A parcourant un fil rectiligne très long, placé à 1 m. Des unités plus petites (sous-multiples) telles que le milligauss (mG) ou le microtesla (µT) sont utilisées, en particulier en biologie, selon l'équivalence suivante :

1 A/m correspond à 12,5 mG = 0,0125 G = 1,25 µT (microtesla) = 0,00000125 T, en l'absence de matière ayant des propriétés magnétiques ; mais là où il y a du fer, par exemple, la valeur en tesla est beaucoup plus élevée. La présence de tels matériaux influe sur les effets d'induction.

Pour comparaison, rappelons la valeur du champ magnétique terrestre d'environ 0,5 G (soit 50 microtesla), mais c'est un champ continu, dont les effets biologiques sont très différents.

Mes mesures de Champ Electro Magnétique (CEM)

J'ai mesuré à partir de 1991, des champs électromagnétiques (CEM), pendant 18 mois, avec un appareil créé par EDF, pour les endroits exigus tels que les trains. Je l'ai utilisé également chez un seul malade, donc sans comparaison avec d'autres cas.

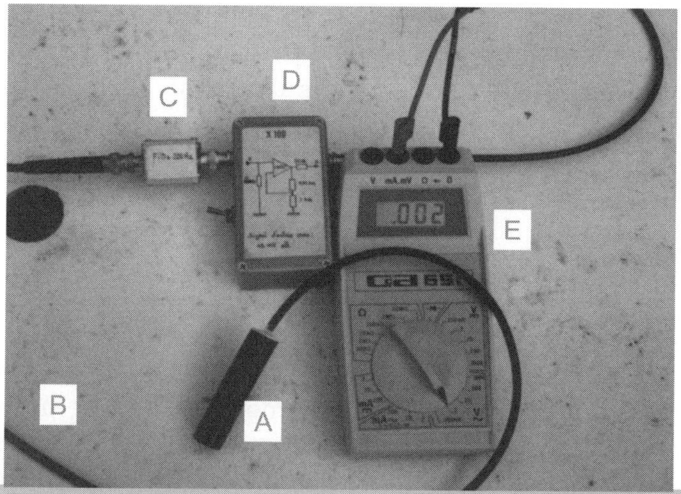

Figure 49 – Prototype de mesure EDF des années 60.
Partant de la sonde de mesure, noire, en forme de cartouche (A), en suivant le fil (B), on trouve le filtre de fréquences (C), l'amplificateur (D), et un voltmètre numérique (E) qui peut être réglé pour mesures de champs électriques, ou magnétiques, par un commutateur donnant un simple effet de proportionnalité, 1990.

J'ai fait des mesures pour évaluer les 2 composantes du champ, électrique et magnétique, avec cet appareil muni d'une sonde, dite de prélèvement: ce prototype ancien d'EDF, créé pour contrôler des trains en exploitation commerciale ou des maisons habitées, présente l'avantage de sa maniabilité.

Il comporte une sonde ayant la forme et la taille d'une cartouche de fusil, un filtre des radiofréquences, un amplificateur, et un multimètre numérique permettant une mesure des tensions en continu ou alternatif. La consigne était «*La position de la sonde sous la ligne doit être ajustée à la mesure de la composante souhaitée :*

- *Cartouche verticale, pour la composante électrique.*
- *Cartouche horizontale, à 90° de la ligne, pour la composante magnétique*».
- «*Le résultat se lit sur le cadran en millivolts et donne directement une mesure en millivolts par mètre (mV/m) pour la composante électrique. Il doit être converti en microteslas pour la composante magnétique, selon une équivalence du constructeur (1 mV correspond à 0,02 microteslas)*».

Les résultats sont fonction de l'exiguïté de la sonde et de la proximité du corps de l'opérateur qui, en modifiant l'environnement électromagnétique, modifie ainsi les mesures.

J'ai aussi utilisé, ensuite, un autre appareil (Holaday) construit sur le même principe mais dont la sonde a la forme et la grandeur d'une raquette de tennis. Il est muni de 2 multimètres, l'un sur le manche de la raquette, l'autre au bout d'une fibre optique de 5 mètres de longueur pour la lecture à distance. Un trépied permet de fixer la raquette sous la ligne, soit sur le côté, dans un plan vertical, pour la composante magnétique, soit à plat, dans un plan horizontal, pour la composante électrique, à la même hauteur et dans la même position par rapport à la ligne électrique.

La grande surface de la raquette donne plus de sensibilité ; la lecture des résultats se fait directement grâce à un inverseur, en millivolts par mètre, ou en microteslas.

Avec ces deux appareils, il n'y a qu'un mode de mesure pour les deux champs, ce qui exclut l'exploration de géométries complexes : c'est une hypothèse simpliste de considérer que la direction est caractéristique de la composante mesurée lorsqu'il ne s'agit pas d'un fil rectiligne et unique, je ne l'ai appris que beaucoup plus tard.

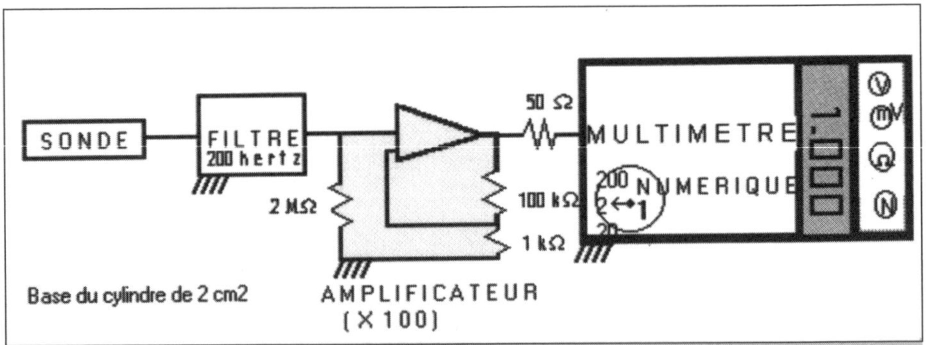

Figure 50 – Matériel de mesure des champs électromagnétiques. Schéma électrique.
Schéma du circuit amplificateur tel qu'imprimé sur l'appareil.
Le champ subi par la sonde correspond à une valeur lue sur le multimètre en mV. Pour avoir les vraies valeurs, en mV/m ou en microteslas, il faut utiliser des coefficients spécifiques de l'instrument. Le filtre élimine les fréquences supérieures à 200 Hz.

Le contrôle, pendant 2 mois, avec un appareil Holaday, m'a montré des résultats comparables à ceux de ma première étude. J'ai consigné le résultat des mesures dans un article intitulé 'Hygiène des ELFs[d]'. J'en reporte, ci-après, les valeurs les plus curieuses.

Près des voies ferrées

Près des caténaires

Une augmentation (pic) des champs mesurés en alternatif se produit avant le passage du train ; le retour à la normale s'effectue dès le passage du train.

La composante électrique des champs électromagnétiques (CEM) mesurée augmente près des irrégularités de caténaires (Fig. 2) ; elle diminue derrière les grilles métalliques (anti-électrocution, sur supports trop près de maisons ; anti-suicide, sur les ponts). Notons à ce propos que je trouvais une inversion de formule sanguine chez un riverain, à 10 m de la caténaire, mais pas chez le voisin, derrière une grille anti-électrocution.

Curieusement, la position de la voie ferrée, sur talus, sur sol, à niveau ou en tranchée, donne des champs du même ordre, mais les conditions de mesure n'étant pas les mêmes, je ne peux rien en conclure.

Dans les gares parisiennes

J'ai commencé mes mesures à la Gare St Lazare : 25 caténaires parallèles sont soutenues par un câble transversal reposant sur un poteau métallique, au niveau de chaque quai, en dehors du hall à environ 100 m du début du quai. J'ai étudié les champs sur le quai n° 1 : sous le hall, au pied des piliers, ils sont quasi nuls (j'ai lu 6 mV), mais en dehors du hall, ils sont beaucoup plus grands, avec un maximum d'environ 2 V au pied de ce poteau, lors du départ de chaque train, de quelque voie qu'il parte.

J'ai trouvé des résultats similaires en Gare du Nord et en Gare de l'Est, mais des champs non mesurables dans les gares Montparnasse, d'Austerlitz et de Lyon, que l'appareil soit réglé en continu ou en alternatif. Les premières, destinées au transport de minerais ou aux trains rapides, étaient alimentées en courant alternatif de 25 kV, et les secondes, en 1 500 V continu.

Pour ces 3 dernières gares, le changement de courant (de 1500 V, DC, en 25 kV, AC) pour long trajet ou train rapide se fait dans les trois gares de Lieusaint, Massy et Plaisir, déjà citées. Sur le quai de la gare de Lieusaint, où les trains arrivent pantographes baissés, je notais de très fortes augmentations de champs (et parfois un éclair) lorsque le mécanicien les relève et qu'ils entrent en contact avec la nouvelle alimentation.

Cette gare se trouvait alors dans la campagne, sans habitation autre qu'un camp de nomades et trois immeubles de grande hauteur (IGH), dans les 100 m. J'ai fait part de mes constatations aux autorités, mais n'ai pas obtenu de réponse ; ces 3 immeubles ont été détruits depuis, pour raison de vétusté.

Les champs sont plus grands sur un quai de gare butoir (St Lazare, Gare du Nord) que sur un quai de gare couloir (La Garenne Colombes), ou mixte, couloir et butoir à la fois (Cergy-Pontoise), mais ceci est probablement dû à l'importance de la gare.

Dans les trains

Les champs sont très faibles, pratiquement nuls à l'échelle de sensibilité de l'appareil. Ils sont cependant moins faibles, d'après l'appareil, sous le toit et au sol des wagons, de sorte que, sur long trajet de nuit, il vaudrait mieux occuper la couchette du milieu, dans l'hypothèse où ils représenteraient un risque possible. Par ailleurs, je n'ai, hélas, pas effectué de mesures sous le pantographe, là où les champs pourraient être plus forts.

Sous les lignes de 225 et 400 kV

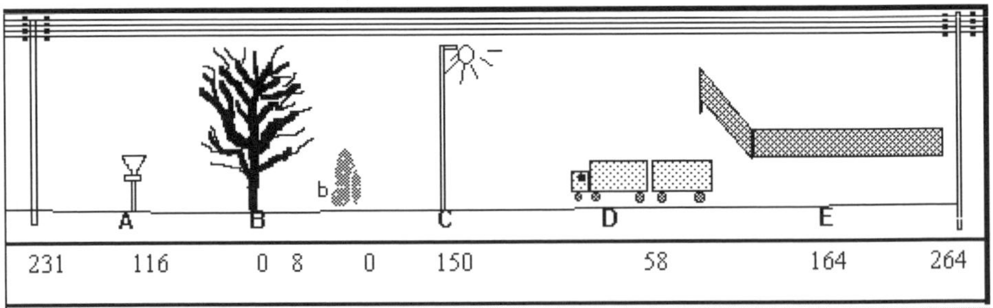

Figure 51 – Résultats de mesure du champ électrique sous ligne de 225 kV.
Le schéma représente un paysage réel sous une ligne de 225 kV, et les valeurs en mV, lues sur le cadran du voltmètre du prototype, ont été reportées sous chacun des conducteurs électriques. Les valeurs lues (en mV) sont, en ordre décroissant, 264 près du pylône de droite et 231, près de celui de gauche ; elles diminuent selon le voisinage : près d'une grille de clôture en métal (E : 164), d'un réverbère (C : 150), d'un poteau de métal de signalisation routière (A : 116), d'un semi-remorque avec chaîne (dispositif d'équilibrage électrostatique, (D : 58), d'un buisson (B : 0), d'un sycomore de 15 m de haut (B : 8, mais 0 au tronc).

Les valeurs de la composante électrique ont été lues en mV sur le voltmètre, la sonde se trouvant à environ 70 cm au-dessus du sol, près des différents conducteurs mentionnés dans l'encadré.

La valeur plus forte sous le pylône de droite (de 264 mV) que sur celui de gauche (231 mV), pourrait s'expliquer par la proximité de la clôture.

D'autres mesures me permettent de compléter l'exposé magistral succinct (10 minutes), de J-P. Urbain au colloque de 1993 évoqué plus haut :

Les champs sont plus grands sous deux lignes de 400 kV qui se connectent que sous deux lignes qui se croisent. La mesure fut pratiquée lors des travaux de mise au même niveau de 7 lignes ; la *zone de diffusion*' était cernée d'un calicot rouge et blanc (dans un champ de maïs).

Les champs sont plus grands sous le ventre, ou à l'intérieur d'un coude pour une ligne de 225 kV.

Les champs sont encore mesurables à 160 m d'une ligne de 225 kV à fils disposés horizontalement sur les pylônes.

Les champs mesurés au sol, sous deux lignes parallèles, peuvent être deux fois plus grands entre les deux lignes que sous chacune de ces lignes.

Le passage d'une répartition verticale des fils à une répartition horizontale[1], entre deux pylônes contigus, peut doubler la grandeur des champs.

NB : Les antennes de gendarmerie, de la DDE, de l'armée et d'autres, étaient inaccessibles à la mesure, du fait du filtre de fréquences, de même que les antennes relais, peu répandues à l'époque. Je n'ai pas pensé à faire des mesures sous lignes de 380 V.

JP Urbain notait également que la pose d'un câble écran sur les lignes de transport pourrait réduire les champs au mieux de 25 % mais que le coût des lignes augmenterait alors de 60 %. Il enseignait, à ce propos, le principe anglo-saxon d'ALARA (As Low As Reasonably Achievable : aussi faible qu'il est raisonnablement possible de le réaliser), principe qui consiste à établir un équilibre entre le coût de la suppression d'un risque et celui du risque lui-même, mais que signifie 'raisonnablement', surtout quand il s'agit de vies humaines ?

1. Que j'appelle décussation des fils.

Devant les écrans (minitel, ordinateur, télévision,...)
Lorsque je pratiquais ces mesures (1991), il s'agissait d'écrans cathodiques d'appareils de télévision ou d'ordinateur ; on dit que les champs sont moins puissants avec les nouveaux écrans, les écrans plats en particulier. Mes mesures éliminaient les fréquences supérieures à 200 Hz.

Encart 6 – Ordinateurs et télévisions, mesures (1991)

- Les champs sont plus grands à l'arrière de l'appareil que devant son écran cathodique.
- Ils sont nuls à 3 diagonales d'un écran de 30 cm de diagonale (couleur ou noir et blanc).
- Ils sont décuplés au contact de l'écran des petites télévisions gadget (diagonale d'écran de 13 cm).
- Ils sont 3 fois plus grands contre l'écran couleur que contre l'écran noir et blanc (trois canons d'électrons).
- Plus grands dans les grandes surfaces de vente, ainsi qu'entre deux appareils voisins fonctionnant en même temps.
- Ils diminuent avec un cactus de 15 cm de haut placé au coin de l'écran, lorsque la terre du pot est reliée par un fil conducteur à la terre du jardin. J'aurais dû tenter cette mesure avec le même dispositif, mais avec une simple tige de métal !

Courants vagabonds de retour (CVR) près des voies ferrées

Caractéristiques des CVR
Les courants vagabonds, naturels ou créés par les activités humaines, existent partout dans la nature : foudre, phénomènes d'aigrette, courants de polarisation, telluriques, de perte, de fuite, de Foucault, etc., par opposition aux courants qui parcourent les lignes et conducteurs électriques prévus à cet effet.

On oppose parfois le courant vagabond continu (DC), essentiellement naturel, et lié au champ électrique statique qui règne dans l'atmosphère du fait des rayons cosmiques et de l'ionosphère, aux courants alternatifs, dus aux activités humaines ; c'est une approximation, car, en particulier, les orages entraînent des courants naturels, rapidement variables, qui n'ont rien d'un courant continu.

Parmi les courants alternatifs (AC), ceux dont la fréquence est de 50/60 Hz, liés à l'utilisation de matériel électrique, sont particulièrement répandus. Il en est un type qui est couramment étudié, c'est le 'courant vagabond de retour' (CVR), retour signifiant que ce courant, qui emprunte d'autres conducteurs que la ligne prévue à cet effet, rejoint le transformateur en début de la ligne.

Près des rails, qui constituent des conducteurs mal isolés parcourus par le courant utile, on le trouve tout particulièrement dans des lignes parallèles aux rails où il se structure dans son retour à la sous-station, avec un choix de parcours vagabond assez limité.

J'en ai entendu parler depuis plus de 30 ans, mais ce n'est qu'en janvier 2000 que j'ai lu, dans le rapport d'un spécialiste de la SNCF, le terme de 'courant de femli (force électromotrice longitudinale induite)', guère connu ailleurs, me semble-t-il. C'est la précision de "*longitudinale*" qui me semble intéressante, car elle implique la possibilité d'action de ce courant sur le sujet au lit. L'encart résume quelques notions acquises sur ce courant.

Encart 7 – Courants Vagabonds

Il existe, à côté des voies ferrées, des courants vagabonds induits par les 2 courants de la caténaire et du rail. Ils sont dit « vagabonds » car ils quittent le rail, et « de retour », car ils retournent, eux aussi, à la sous-station d'origine. Mais ce ne sont pas les seuls exemples de courants vagabonds: ainsi, jusque dans les années 50, on utilisait couramment les plomberies comme prise de terre, d'où l'importance des courants vagabonds dans les installations intérieures. Pour passer, les courants vagabonds utilisent tout milieu conducteur (tuyau de métal, par exemple) moins mauvais conducteur que la terre sèche.

1. Ce sont parfois les pipelines sur lesquels ils provoquent des corrosions électrolytiques de la paroi, à l'endroit où ce conducteur improvisé est en contact avec d'autres éléments de conduction. Ces perforations se produisent plus souvent près de la sous-station.

Cherchant à trouver le facteur inconnu qui détermine cet 'ailleurs', je me suis posé 2 questions :

- Peut-on vraiment continuer à dire de ce courant longeant la voie ferrée (ou parfois suivant la corde d'un arc de courbe de la voie), dans un axe horizontal, qu'il est vagabond ? La notion de 'vagabond' semble inclure la possibilité de se diriger, au mieux de la conduction possible, dans n'importe quel axe (ce qui n'est pas vraiment le cas ici) ; il faudrait, en fait, considérer comme vagabond le courant qui n'est pas à l'endroit prévu.
- Même s'il est induit par un courant alternatif, ne se redresse-t-il pas en produisant une électrolyse ? On dit souvent qu'il est alternatif ou continu selon son origine humaine ou naturelle (effet de champs électriques atmosphériques) ; cette opposition primaire est, en fait, en cours d'évolution, et l'on admet de plus en plus, en particulier chez les spécialistes de la corrosion de Gaz de France à Compiègne (1997) qu'un courant alternatif peut induire un CVR redressé.

2. Ce sont parfois les tuyaux d'eau de voirie qui se perforent : près des voies ferrées, les employés des Eaux, pour changer un tuyau vétuste et pour éviter les chocs électriques, doivent auparavant passer des bottes isolantes et fixer 2 fils de dérivation (shunt) en amont et en aval du tronçon à sectionner.

3. Une revue[e] a montré ce que l'auteur considère comme l'effet d'un CVR violent, l'arc dû à la rupture d'une ligne de 63000 V à la SNPE (Société Nationale des Produits Explosifs), jouxtant l'usine AZF - Toulouse : on voit une ligne de brûlis depuis le fond du cratère d'explosion jusqu'au transformateur Lafourguette, à 450 m.

4. J'ai observé l'exemple, dans un site assez particulier, d'une étable située à 750 m d'une caténaire, dont les vaches présentaient, au passage des trains TGV, ce que les vétérinaires appellent un syndrome de stress : le relevé des tensions entre terre de prise électrique et piquet fiché en terre dans le pré à 50 m, montre alors une augmentation, partant de 6 mV, valeur de base, et pouvant atteindre 180 mV. Nous reverrons ces différents points.

5. Je me demande si des courants vagabonds, de retour ou non, ne perturbent pas le conducteur improvisé qu'est le corps d'un dormeur allongé dans leur axe de retour au générateur, et, le cas échéant, s'ils n'ont pas une action pathogène, voire cancérigène.

Mesure de tensions près d'une voie rectiligne

Faute de pouvoir étudier les courants vagabonds dans la nature, car ils vont dans toutes les directions, je me suis donc intéressé à ce qui circule le long des voies ferrées, et que je suppose retourner à la sous-station d'origine.

J'habite à 70 m de la ligne Paris Cherbourg. Pour faire des mesures, j'ai installé deux câbles dans le jardin et j'ai relevé les tensions entre 2 piquets plantés dans le sol. À l'origine, en 1998, je voulais savoir s'il passait, près des voies ferrées, des courants dans le sol, et, surtout, dans le corps d'un sujet allongé.

Selon mon hypothèse, le site pouvait être à risque, trois de mes voisins étant morts de cancer, dont le plus proche, mort à 48 ans de tumeur cérébrale (TC), avait sa chambre mitoyenne de mon bureau. Je me suis félicité plus tard d'avoir choisi cette occasion pour m'initier aux mesures : c'était avant le colloque à l'Assemblée Nationale de mars 1999[2] où un participant, éleveur, exposait le cas du stress de ses vaches perturbées par le passage de TGV. Mes mesures m'ont autorisé à prendre contact avec lui.

Méthode de mesure

Pour étudier un courant, on peut faire des mesures entre 2 points à l'aide d'un multimètre (volt, ampère, ohm). Cependant un courant vagabond ne circule pas de façon aussi simple qu'un courant ordinaire dans un fil. Je n'ai compris que plus tard que ce que je mesurais n'était pas le courant vagabond, même s'il existe, tout de même, un tel courant. J'ai cependant pu détecter des variations de tension qui avaient une signification, puisqu'elles étaient corrélées avec le passage des trains.

L'appareil comporte 2 électrodes, appelées aussi bornes ou fiches, alors que les appareils de mesure du champ comportaient une sonde unique pour le recueil des données.

2. Mouthon G. Effets biologiques et médicaux des installations de courants électriques à Haute Tension. Compte rendu de Colloque de l'Assemblée Nationale, 26 mars 1999.

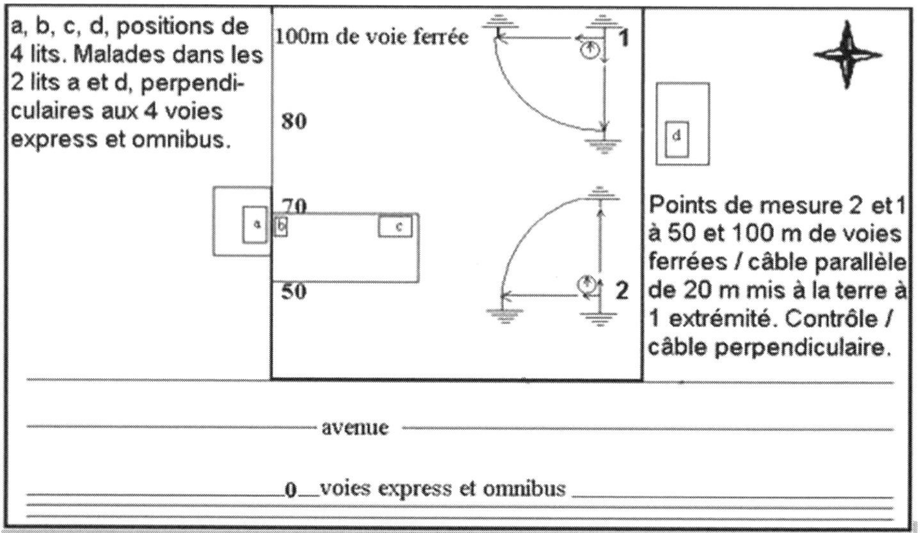

Figure 52 – Détails de mes expériences de mesure au sol près d'une voie rectiligne
Le schéma décrit l'environnement dans lequel j'ai effectué des mesures, chez moi, dans la maison et dans le jardin, près d'une voie ferrée électrifiée.

- Ayant posé sur le sol, à 50 m de la voie (point de mesure 2 sur la fig.) un câble de 20 m isolé, parallèle à la caténaire et mis à la terre à une extrémité, je relevais entre l'autre extrémité libre et un piquet de terre les valeurs d'un multimètre que je notais sur un carnet. Le seul paramètre appréciable 'de ce courant' est la tension, le commutateur étant sur DC, ou sur AC (continu, ou alternatif). L'intensité affichée en microampère devient nulle en quelques centièmes de seconde ; la résistance affichée ne varie pas.
- J'ai installé le même dispositif à 100 m (point 1 de la fig. 52), et effectué les mêmes opérations.
- Pour comparer, j'ai utilisé le même piquet de terre et le même câble, mais posés à 90°, au droit de la caténaire et des rails ; j'ai trouvé qu'on n'y voyait pas d'effets de courant vagabond.
- Les deux points de mesure (à 50 m ou à 100 m) ne sont pas tout à fait équivalents, parce que j'ai dû recouvrir d'une faible épaisseur de terre celui situé à 50 m, dans lequel on risquait de se prendre les pieds.
- J'ai mesuré les tensions pendant 16 mois, avec un voltmètre numérique banal (environ, 30 relevés à la minute, 600 pages de carnets de relevés) et en utilisant le calibre le plus bas, pour des valeurs rarement supérieures à 200 mV.

- J'ai cherché à évaluer l'action de quelques facteurs susceptibles de modifier le courant vagabond de retour : passage de trains, pluie, foudre, gel, etc. Selon le responsable de la gare, il passerait sur cette ligne quelques 650 trains par semaine, ce qui me semble beaucoup. Les relevés montrent des variations de tension avant le passage de certains trains, bien mesurables lorsque le sol est humide mais non délavé par d'abondantes pluies.

Résultats portés sur 3 graphiques

Parallèlement à la voie, les variations des tensions AC et DC de femli sont différentes, comme le montrent les 3 graphiques suivants ; de nouvelles mesures, à près de 10 ans d'écart, retrouvent le même type de résultats (malgré le changement de rails courts en rails longs de 500 m, en 1997) :

- Les tensions AC peuvent atteindre de 15 à 50 mV, plus de 60 secondes avant le passage du train (soit à plus d'1,5 km devant celui-ci, pour des convois lancés à environ 90 km/h). Elles sont comme poussées devant le train et diminuent pendant et après son passage devant le lieu de mesure. Pour les omnibus qui partent de la gare située à 350 m, et passent à environ 40 km/h, il se pourrait bien que le pic commence avant même leur départ.

Ceci doit être rapproché d'une mesure des champs électriques prise à 10 m de la caténaire et que j'ai filmée avec un caméscope en 1991 : les valeurs de 700 mV/m, 1 minute avant le passage du train, s'abaissaient à moins de 100 mV/m. pendant son passage, revenant ensuite à des valeurs de base de 2 à 4 mV/m. (inférieures à 10 mV/m).

Les variations sont plus fortes avec les trains omnibus qui démarrent de la gare. Le passage de trains diesel n'entraîne pas de variation. La circulation des trains s'arrête de 1 à 5 heures du matin ; il n'y a pas, alors, de modification des valeurs, qui sont quasi-nulles (2 mV).

Perpendiculairement à la voie, rien de caractéristique n'est à signaler au passage des trains.

- Les tensions DC croissent et décroissent sans à coup, sans régularité évidente pendant la journée et ne sont pas modifiées lors du passage des trains.

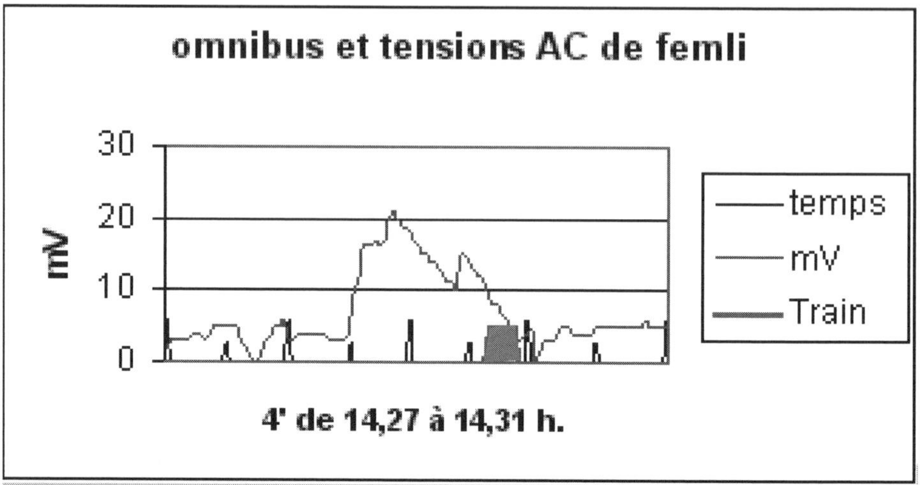

Figure 53 – Trois graphiques : tensions de femli à 50 m de la voie ferrée (Colombes).
On peut observer l'avance des pics de tension au passage des trains ; les variations ne sont pas toutes interprétables.

- Sur le 1er graphique, on voit qu'un pic de tension AC à 20 mV apparaît environ une minute 30 avant le passage de l'omnibus devant le lieu des mesures. La tension de base ne dépasse pas 6 mV.

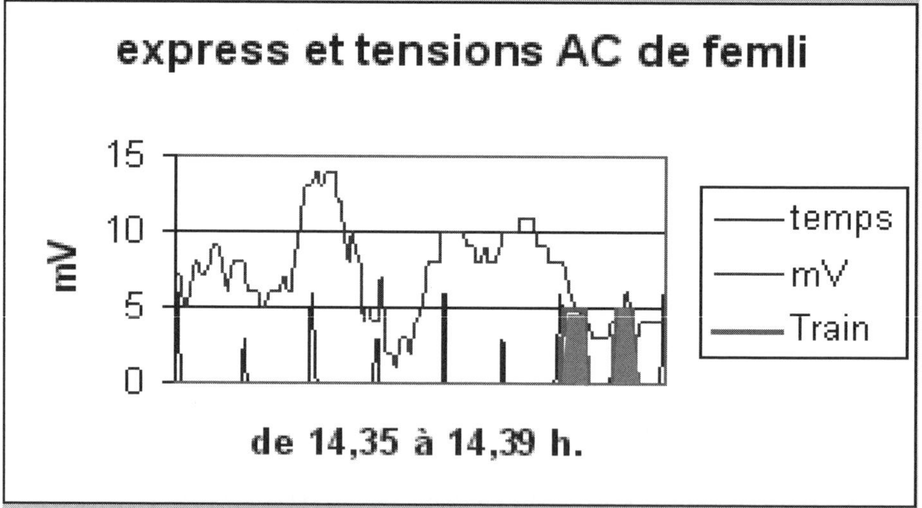

- Sur le 2e graphique, le passage des express, à droite, fait monter les tensions AC moins que précédemment pour l'omnibus ; le délai jusqu'au passage du train n'est que d'une minute.

Les pics de gauche sont inexpliqués : y a-t-il des trains que je n'ai pas entendus ?

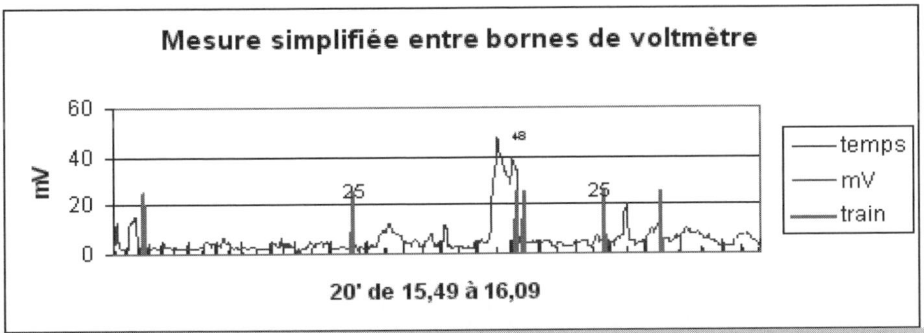

- Sur le 3e graphique, entre les bornes d'un voltmètre simplement écartées au maximum (1,75 m) et fichées dans le sol humide, on trouve des valeurs du même ordre (48 mV AC, avant le passage groupé de 2 omnibus) que sur câble de 20 m.

Pour une étude de 20 minutes (702 relevés), le graphique montre que sur 6 trains, seuls 2 trains (marqués 25) ne sont pas annoncés par un pic environ 1 minute avant ; peut-être s'agissait-il d'express tractés par diesel ? Je n'ai aucune visibilité depuis mon point d'observation.

Ainsi, il semble que l'utilisation d'un long câble apporte une certaine précision aux mesures, mais que l'on obtient une approche acceptable du problème en n'utilisant que les seuls fils d'un voltmètre, plus commodes dans les endroits peu accessibles.

Commentaires

1. Les relevés d'une même après-midi (à 50 m, même humidité du sol) montrent que :

1) les tensions AC sont plus grandes avant un omnibus (21 mV) qu'avant les express (14 mV) lancés à environ 100 km/h.
2) le pic de tension précède l'omnibus d'1' et 15" environ. Si le train passe à 40 km/h, après s'être arrêté à la gare, le signal a sans doute été émis à l'arrêt, ou à l'arrachage de l'arrêt.
3) pour les express, le délai est d'une minute, et correspond donc à un signal émis lorsque le train est encore à 1,5 km environ. Je n'ai pas cherché à savoir plus exactement l'origine et les mécanismes des pics de tension.
4) par d'autres données, il se confirme que par temps sec, les tensions mesurées dans le câble de cuivre entre 2 points du sol écartés de 20 m, sont globalement plus fortes que lorsque le sol est délavé.

2. Existe-t-il un gradient de ces tensions par éloignement de la caténaire ? C'est difficile à dire puisque les points de mesure ne sont pas strictement équivalents.

Rien n'est bien visible en AC : j'ai ainsi relevé, à 50 m, des valeurs variant entre 4 et 28 mV, alors qu'à 100 m elles variaient entre 8 et 30 mV.

En DC, tout est tellement variable que je ne peux conclure : une diminution de près du 1/4, entre 50 et 100 m, est nette lorsque des valeurs de 400 mV à 50 m, sont associées à 300 mV à 100 m ; mais, selon l'humidité du sol, j'observe aussi des valeurs DC d'environ 50 mV à 50 m, alors qu'à 100 m, les valeurs sont négatives d'environ – 10 mV. J'ai pu observer, par ailleurs, des variations des tensions DC lors d'une opération de changement de rail (de 50 à 500 m de longueur), le 3 septembre 2000, sans pouvoir dire s'il s'agissait d'une influence des installations ferroviaires ou d'une variation diurne (et en particulier si le pic de tension observé était dû à la remise en tension de la caténaire ou à une bourrasque de vent humide pendant mon relevé). De façon générale, ces études font dire à des physiciens que, sans contrôle par oscilloscope, je ne sais pas ce que je mesure.

3. Nous pouvons retenir deux points de cette observation, à savoir que les mesures sont accessibles à n'importe qui, mais pas l'interprétation, et qu'un pic de tension (femli) annonce ici le train lorsqu'il est encore à 1 ou 2 km. Sur le plan médical, un voisin septuagénaire au courant de ma recherche me signalait qu'il s'était réveillé à plusieurs reprises avec une crampe de mollet très forte, au passage du premier train du matin ; suggestion, coïncidence, corrélation ? Mais il ne pouvait me préciser si ceci se produisait avant ou pendant le passage du train ; de plus, son lit était perpendiculaire à la voie.

Mesures de tensions près d'une voie courbe

J'ai effectué en avril 1999 des mesures dans le GAEC déjà évoqué. Plus tard, en juillet 1999, à ma demande et à celle de l'éleveur, des techniciens de la SNCF ont réalisé une étude selon leurs propres méthodes, ce qui a confirmé l'intérêt des miennes, et m'a aidé dans leur interprétation ainsi que dans la réalisation de nouvelles mesures en août 1999.

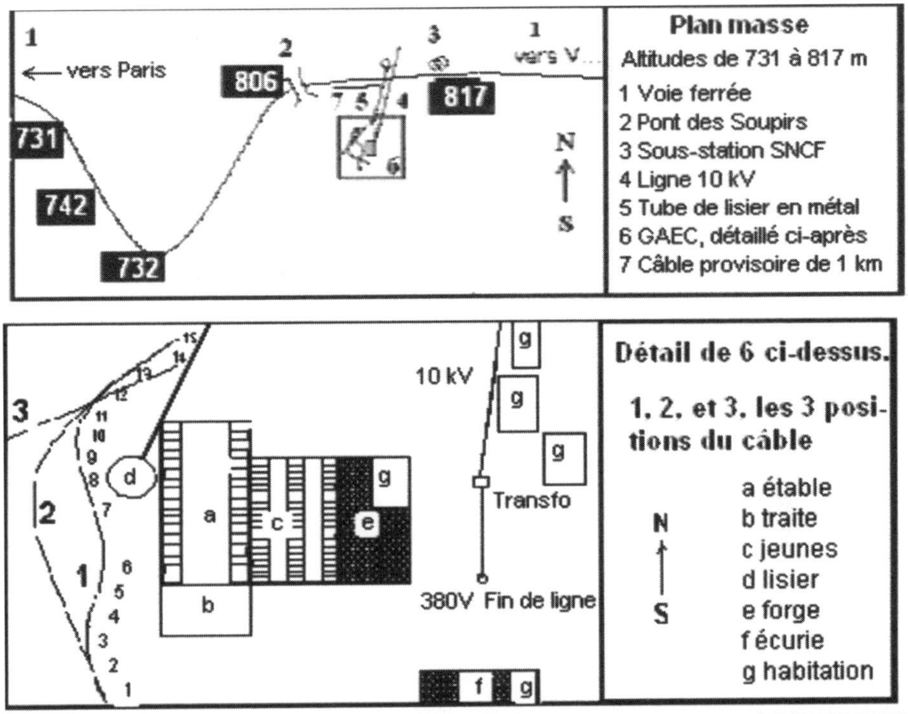

Figure 54 – Ensemble et détail du GAEC dans une courbe de voie ferrée.
Le GAEC est implanté à la croisée de la corde et de la flèche de l'arc de courbe décrit par la voie ferrée (longueur de l'arc : 4,6 km ; flèche : 750 m ; station électrique d'alimentation la plus proche à 7 km ; cette distance à la station d'alimentation SNCF (3) n'est pas à l'échelle sur le schéma). On voit sur le plan-masse, la situation générale et des détails importants, comme la ligne de 10 kV (4) et le tube métallique (5) venant d'une fosse à lisier (entre 2 et 3 du schéma) parallèle à la ligne (venant d'une fosse à lisier), qui traversent la voie ferrée (l'une dessus, l'autre dessous).

La fosse à lisier est visible, de l'autre côté de la voie. L'encadré, 6, de la zone des bâtiments, est détaillé ci-dessous. On voit les 3 positions du câble de cuivre nu de 150 m destiné à offrir une meilleure protection des bâtiments du GAEC contre les courants de femli. À cet endroit, le câble est, grossièrement, parallèle à la voie passant à l'ouest, et à la ligne de 10 kV, dont il n'est pas censé amener une protection. On voit également la position des 15 piquets de terre entre lesquels sont mesurées les tensions.

Lieu de mesure

L'endroit est exceptionnel pour 4 raisons :

1. Le TGV n'y dépasse pas 100 km/h car il roule sur l'ancienne voie ferrée qui comporte une forte rampe en courbe (les prototypes des trains y essayaient la puissance de leurs moteurs).
2. La déclivité est de plus de 2 % sur 4 km (2,53 % au Pont des Soupirs, 2 du schéma).
3. La voie est unique et oblige à une circulation alternée ;
4. Une douzaine de convois par jour, au plus, empruntent cette voie de montagne.

En clair, les champs induits sont particulièrement intenses dans la zone de balayage par les courants vagabonds lorsque :

1. Le convoi monte la rampe et appelle le courant (sur le plan-masse, de la gauche vers la droite, de 732 à 806 m d'altitude, d'après les repères proches de la voie).
2. À la descente lorsqu'il 'renvoie' du courant dans la caténaire en utilisant le frein moteur, mais je ne l'ai pas observé.
   Cela peut-il expliquer que dans un tel site un courant de femli puisse être détecté à 750 m de la voie ferrée ?

Méthode et résultats

J'exposerai ici tout d'abord mes premières mesures électriques au GAEC, d'avril 1999, réalisées principalement en 3 endroits de l'exploitation (voir fig. précédente).

On peut se demander ce qui se passe dans les fils du fait des effets de femli, et ce que l'on mesure vraiment. Seules les mesures de tensions alternatives semblent interprétables, les tensions continues évoluant au cours de la journée, sans rapport évident avec le passage des trains.

Ces mesures, réalisées par une personne seule, lors des quelques 6 passages par jour pendant une semaine, sont très insuffisantes, mais ont, néanmoins, montré quelques détails importants :

1. Entre la prise de terre de la salle de traite (b) et un piquet de terre planté à 50 m dans un pré (non indiqué sur le plan), il y a une élévation de la tension AC au passage des trains et je retrouve les valeurs indiquées par l'éleveur.
2. Près d'un câble de cuivre nu, de 150 m de long, déposé sur le sol, comme protection, par l'agriculteur à l'aide d'un tracteur, 3 positions différentes du câble ont été testées entre la courbe de la voie ferrée et le GAEC (1, 2, 3, en gros caractères sur la figure). J'ai mesuré des tensions en faisant contact avec une des fiches du voltmètre sur l'un des 15 piquets de terre plantés dans la prairie (1 à 15, en petits caractères sur la figure), dans le voisinage du câble, et, avec l'autre fiche du voltmètre, sur un fil de 10 m isolé, placé en direction de la ferme et connecté à son autre extrémité à un piquet fiché en terre : j'espérais par là, une diminution des pics de tension au passage des trains, par protection par le câble nu de 150 m, sauf en 13, 14, 15, non protégés de la voie située à l'ouest.

Résultats : des valeurs AC plus élevées sont observées lors des passages des trains, sans variation claire selon les points de mesures, ce qui correspond effectivement à une absence d'amélioration significative par la pose du câble observée par l'agriculteur.

Les tensions mesurées en utilisant plusieurs des 15 piquets de terre, devant l'étable (a) (position du câble, n° 1 sur la figure), révèlent une différence entre alternatif et continu.

Un exemple en est donné dans le tableau ci-dessous : la composante AC montre, après passage du train, un pic de 42 mV qui redescend, en 4 minutes environ, à sa valeur de base de 6 mV ; pendant le même temps, la composante DC augmente de 660 à 705 mV puis à d'autres moments de la journée, diminue aussi régulièrement qu'elle avait augmenté, comme un récipient qui se vide, jusqu'à atteindre des valeurs négatives. C'est en général, au passage d'un train montant que j'ai constaté des variations caractéristiques.

Compte tenu de l'éloignement de la voie, et de la courbe, l'heure de passage des trains est imprécise, puisqu'on l'entend, mais ne le voit pas.

Tableau 4 – Tensions au passage d'un TGV à 750 m (fil de 10 m, contact sur un des 15 piquets de terre)

heures données en mV	15,26	15,30 Passage TGV		15,32		15,33	15,34
DC	722	660	703	706			705
AC	5	42	39	32	23	7	6

J'ai perdu beaucoup de temps avec les mesures des tensions en DC qui correspondent probablement (et en particulier, au lever du soleil sur la gelée blanche de la nuit) à des courants dits de polarisation et de dépolarisation, d'origines naturelles.

3. Entre un piquet de terre fiché au pied du poteau de fin de ligne de 380 V et, sur l'autre borne, un fil électrique isolé de 10 m planté en différents endroits, j'ai trouvé une tension plus forte en direction

des bâtiments, indépendante du passage des trains, ce que j'interprète comme l'existence d'un courant vagabond lié à l'utilisation locale. Ceci correspond bien au fait que la seule amélioration manifeste, de courte durée cependant, obtenue par l'éleveur a été due à la déconnexion de la mise à la terre de la ligne 380 V. À la réflexion (tardive), je me demande si la ligne de transport (10 kV) qui traverse la voie ferrée, pourrait apporter ces perturbations ?

En octobre 2005, l'éleveur me précisa qu'il avait abandonné le câble, mais laissé le domino débranché, ses bêtes se stressant à nouveau dès qu'il tentait de le rebrancher.

4. J'ai effectué une 4e série de mesures, en différents endroits de la propriété, sur un câble isolé de 20 m (que j'avais apporté) avec une mise à la terre à une extrémité : je testais les tensions entre l'autre extrémité libre et un piquet de terre, par l'intermédiaire d'un voltmètre.

   La figure suivante donne un exemple, à 750 m de la voie : je constate, pour une tension de base de 6 mV en AC, des pics de tensions de 95 et 76 mV précédant d'1 minute à 1 minute et demi, environ, le passage de deux TGV (train doublé, horaires d'été). Les valeurs sont négatives pour la composante DC de tension (résultats d'interprétation délicate).

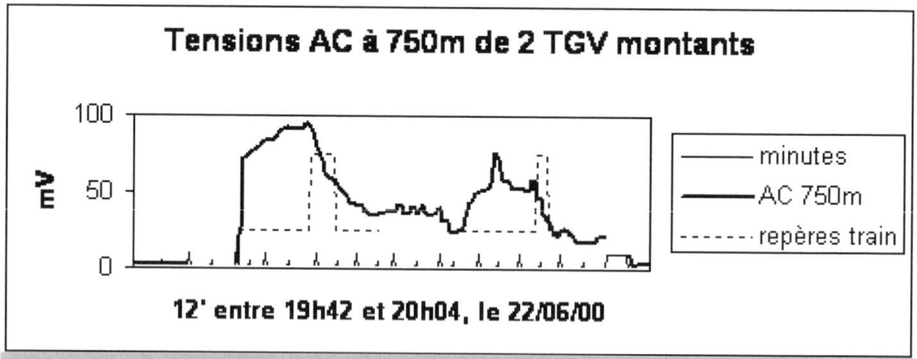

Figure 55 – Tensions AC en mV, à 750 m du TGV, au passage de 2 trains (câble isolé de 20 m).
Tensions relevées par l'auteur sur un voltmètre avec un câble de 20 m, à 750 m d'une voie ferrée : élévation des tensions AC avant le passage de deux trains.

Ce graphique montre l'augmentation des tensions de femli précédant le passage des 2 TGV, ce que nous savions déjà, et qui est connu des spécialistes. Mais ce qui est nouveau, pour moi du moins, c'est l'existence de variations de tensions relevées à une distance aussi importante de la caténaire. Serait-ce, finalement, la ligne de 10 kV qui les amène ?

5. Une autre mesure opérée au sol, hors passage de train, entre les bornes du voltmètre fichées en terre à 10 m de la caténaire, montre des valeurs DC lentement progressives puis dégressives (de 338 à 354 mV en 90 secondes), et des valeurs AC stables à 5 mV.
6. J'ai effectué une autre série de mesures, le 3 août 1999, sur le câble de 1 km de long, posé le long du rail, à 2 m, et laissé en place par les techniciens de la SNCF. Le déclic du sémaphore voisin prévenant de l'arrivée d'un train encore ni visible, ni audible, j'ai obtenu, à son passage, des valeurs si fortes que je ne peux les publier, pensant aujourd'hui à une erreur.

Commentaires

Les mesures des tensions en courant alternatif sont les seules parlantes et montrent bien que le passage des trains provoque, à des distances importantes, des effets électriques tout à fait mesurables, et d'un ordre de grandeur correspondant à la sensibilité des êtres vivants.

Cependant, le problème des tensions continues m'intéresse aussi, parce que ce sont elles qui correspondent, a priori, aux effets de corrosion par électrolyse, points de repère importants dans ma recherche.

Cette composante DC, ici aussi, m'a semblé être accentuée, comme à Colombes, par le passage des trains, ce qui me fait penser que la caténaire, alimentée en courant alternatif, pourrait induire, à la longue, quelque chose qui est mesuré comme une faible composante de tension continue (DC), alors que l'explication classique repose sur la présence d'un courant naturel de dépolarisation polarisation.

Dans la courbe de cette voie ferrée et sur les hypothétiques trajets de courants de femli, la tension AC, mesurée avec le même câble de 20 m, est plus grande à 750 m de la caténaire (76 et 95 mV), mais du même ordre de grandeur qu'à Colombes, à 50 m d'une voie ferrée rectiligne, où les valeurs des effets de femli ne dépassaient pas les 50 mV. Sans doute la puissance appelée de la motrice, liée à la pente, pourrait être en cause.

Bien que les conditions de mesure soient différentes, ceci me parait confirmer ce qui a été dit, par les techniciens de la SNCF à défaut des physiciens que je n'ai pu rencontrer, que le courant des voies ferrées va au plus droit dans les courbes.

Dans l'hypothèse où il serait nuisible, mieux vaudrait peut-être ne pas s'exposer dans cet axe, même si l'on habite à 750 m. Je n'ai pas disposé d'assez d'occasions de mesures (passages de trains) pour étudier cette question de direction privilégiée, qui m'intéresse cependant.

J'avais envisagé que ces tensions pouvaient être modifiées et diminuées en fonction des positions d'un câble écran de cuivre de 150 m posé devant l'étable, mais les résultats paraissent, pour l'essentiel, négatifs.

Conclusions tirées de mes études de CVR liés à la femli

D'après l'ensemble de ces observations, la femli créée par la voie ferrée (caténaire - rail, alimentée en 25 kV, 50 Hz) peut être considérée comme systématique à côté des voies, rectilignes ou courbes. Ces tensions au niveau du sol, je les associe à des courants vagabonds entre motrice et sous-station d'alimentation, sans bien comprendre toute la complexité qui intervient dans ces phénomènes.

Outre l'absence de simultanéité des mesures, mentionnons une fois de plus, le reproche des physiciens, qui est d'ignorer, sans oscilloscope, bien des caractéristiques utiles de ce que je mesure, qu'il s'agisse de courants continus, alternatifs, redressés, de fréquences et de phases variées... Et la réponse d'un voltmètre en continu, DC, n'est pas forcément simple à interpréter. Ainsi, je trouve parfois des valeurs qui de positives deviennent négatives ou vice-versa : il pourrait s'agir, on l'a vu, de courants dits 'de polarisation - dépolarisation – repolarisation', dont j'ignore quasiment tout...

Mais, quelle que soit la nature de cette composante continue des tensions 'de femli' que je mesure au niveau du sol, je la trouve modifiée entre autres par le gel et le vent, par l'humidité du sol, par la longueur du câble (câbles de la SNCF de plusieurs centaines de mètres de long, et le mien, de 20 m), la distance à la caténaire, et aussi par le nombre de trains passés récemment dans le circuit électrique ferroviaire local...

Curieusement, elle n'a pas été modifiée par un gros orage, ni par la chute de foudre dans les 100 m ; mais sous le parasol qui m'abritait, les baleines et le pied fiché dans le sol, métalliques, pouvaient, peut-être, fausser la mesure et shunter mon voltmètre.

J'admets, par analogie, que d'autres courants vagabonds de retour aient un comportement similaire, depuis la fin de la ligne d'alimentation des maisons jusqu'au transformateur d'origine (380 V, 50 Hz). Mais les trajets des courants vagabonds dans les rues sont probablement plus compliqués que ceux des courants 'de femli' ferroviaires : coude, croisement, bifurcation de lignes électriques doivent les influencer ; les *failles* dans le sol interviendraient, d'après les géobiologues.

Ce problème des *failles* peut sembler *sulfureux*. Pourtant, en septembre 2005, l'éleveur me signalait que le stress de ses vaches réapparaissait après de gros orages qui ravinaient le sol et qui ouvraient des *failles* entre la voie ferrée et sa ferme ; la pose d'un câble nu, en travers de la *faille* et parallèle à la voie, mettait fin aux troubles.

Ces courants sont d'origines multiples (courant tellurique naturel, de polarisation, de foudre, cosmique) et modifiés par de nombreux facteurs : humidité du sol, chimie des terrains qui, en ville, comportent souvent des terres rapportées, collecte par des lignes de grandes dimensions...

Les terrains secs, mauvais conducteurs, favoriseraient le passage de courant dans tout conducteur un peu meilleur ; c'est hors de portée de mes mesures, mais l'exemple qui suit constitue peut-être une illustration de ce principe. Ainsi, une des 181 perforations de canalisation d'eau que j'ai examinées se trouvait, à Villeneuve la Garenne (92390), dans une boucle de la Seine, rue du Haut de la Noue et non rue du Fond de la Noue, pourtant à égale distance d'un transformateur, mais, peut-être plus humide ?

Cette recherche m'a appris qu'en vieux français, une 'noue' est la zone inondable par les crues d'un fleuve. Hélas, une ligne de haute tension, plus proche du haut que du bas de cette noue, vient atténuer l'intérêt de cette jolie observation, et montre, une fois de plus, l'importance d'une bonne observation !

Par 3 fois cependant, pour des lignes électriques circulant à flanc de coteau, la maison du malade (tumeur cérébrale) était située en aval, entre ligne et cours d'eau ; cette coïncidence serait-elle plus qu'un simple hasard ?

Je n'ai pas trouvé de publications suffisamment nombreuses sur ce sujet qui me paraît important. Est-ce dû à la complexité du problème des courants vagabonds, ou à ses implications possibles dans des questions difficiles et sensibles, ou à la spécificité du sujet ? Les courants et tensions de femli sont bien connus des spécialistes des milieux ferroviaires, mais ils feraient, me semble-t-il, l'objet de rapports internes.

Compte tenu de mes mesures de femli, et à partir de 9 exemples (seulement) où le sol était accessible auprès de poteaux voisins de malades, je pense actuellement qu'un simple multimètre pourrait suffire à évaluer certains types de risque électrique en mesurant des tensions au niveau du sol, qu'il s'agisse, selon les cas, de tensions relativement stables ou de pics.

Comprendre et multiplier ces observations me semble une piste utile, voire urgente, dans un but de prévention.

Que les mises à la terre présentent des dangers lorsqu'il y a pollution électromagnétique, est une idée qui commence à être assez répandue, et pourtant le risque électromagnétique continue à être souvent présenté comme négligeable, y compris (surtout ?) dans des textes officiels.

En fait, de telles conclusions, optimistes, découlent de mesures de champ magnétique moyen, pour lequel un exemple de corrélations avec les cancers, au-dessus d'un certain seuil effectivement significatif, a été publié il y a 25 ans ; nous y reviendrons. Il s'agissait, tout d'abord, de cancers rares (cancers d'enfants), rares comme ceux que j'ai étudiés, et, pour la même raison, plus significatifs ; il est alors trop tentant de dire que cela ne concerne qu'un nombre restreint de malades, alors qu'en fait c'est l'existence même du problème qui a ainsi été mise en évidence, sans préjuger de son ampleur... Mais ensuite des cancers d'adultes, de toutes sortes, ont aussi été étudiés de façon significative, et c'est la question de l'interprétation et des causes qui gène la prise en compte des résultats.

Les mesures que j'étiquette 'étude des courants vagabonds', et que j'ai collectées avec beaucoup de soin, ont comme défaut de ne pas représenter quelque chose de bien défini, et je dois avouer qu'il m'est arrivé pendant longtemps de dire que je mesurais un courant vagabond en mV.

Mes mesures montrent néanmoins des effets qualitatifs et apportent ainsi des informations qui semblent peu connues dans les milieux de l'épidémiologie des problèmes liés à l'électricité. L'utilisation du voltmètre met à la portée de chacun de telles observations, au risque, certes, d'en tirer des déductions trop hâtives. Il conviendrait donc que les spécialistes se décident à mettre au point des études mieux définies, avec des appareils mieux adaptés, qui montreraient de façon plus crédible les effets et la complexité des phénomènes en jeu.

Mesures de tension entre sol et sujet au lit

On connaît l'importance souvent allouée à la position du lit par de nombreux auteurs ; j'ai, par observation, à partir d'autres points de vue, acquis quelques idées personnelles sur ce sujet.

Il m'est arrivé, dans un cas, d'examiner la maison d'un cancéreux dont la femme était morte de cancer. Me fiant à mes mesures et à la position de la ligne électrique, je lui disais qu'à sa place, je tournerai mon lit de 90°. Or, un géobiologue avait déjà donné le même avis d'après ce qu'il détectait comme des failles du sous-sol.

Puisque la position des dormeurs me semblait avoir une importance, et parce que j'avais en tête l'idée d'une protection par un conducteur qui agirait comme un paratonnerre horizontal ou une cage de Faraday, j'entrepris, à partir de 1998, des mesures d'exploration des tensions dans la maison, et non plus à l'extérieur. La documentation sur ce sujet était à l'époque moins accessible qu'elle ne l'est aujourd'hui, et ce fut une prise de contact direct avec le réel, qui m'a étonné.

J'ai mesuré les tensions sur un sujet (moi-même) au lit, exposé, en ville, au courant induit par la femli de la caténaire, puis dans un chalet en bois sans pollution électromagnétique autre que celle de la ligne d'alimentation.

Sujet en pavillon près de caténaire

Je me suis d'abord demandé si j'observerais, comme je le faisais avec un câble, les mêmes différences de tension entre un sujet au lit et le sol, selon sa position perpendiculaire ou parallèle à la caténaire. On a vu que les tensions AC prises entre 2 points du sol à 20 m, sont plus grandes lorsque le câble est parallèle. Le plan-masse situant la maison, avec la position du lit, et celles de voisins décédés de cancer, a été présenté en figure 52.

Mise au point de la méthode

Les tensions lues sur un voltmètre entre 2 extrémités du corps (orteils humidifiés d'eau salée et bouche) étant quasi nulle, c'est finalement, entre bouche et sol que j'ai pratiqué ces mesures, dans une position analogue à celle 'd'une antenne horizontale'.

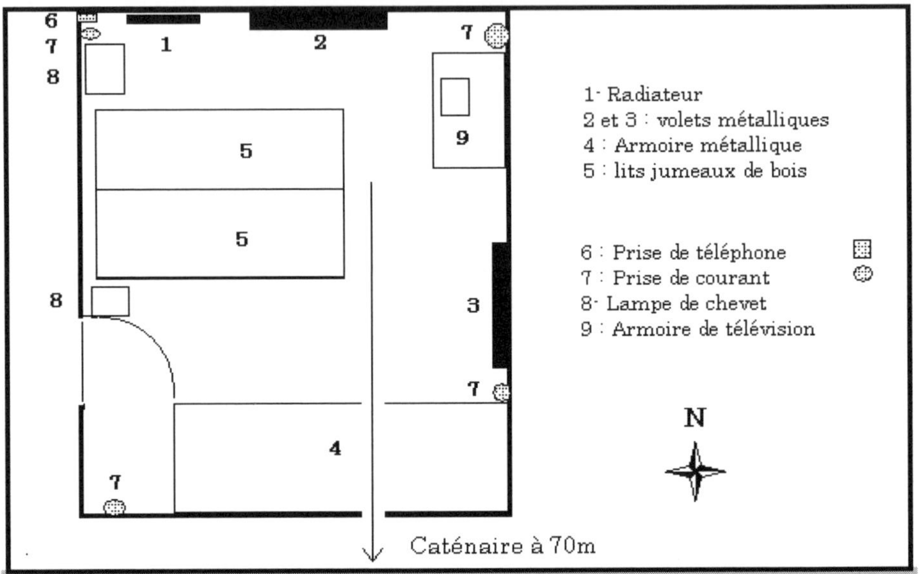

Figure 56. Lit en pavillon près de caténaire. Détail.
Plan et détails d'intérêt électrique de la chambre du pavillon où j'ai effectué des mesures.

J'ai laissé la fiche dans ma bouche mais j'ai relié l'autre à la terre du jardin, à 5 m environ, et noté alors des tensions AC lues sur mon voltmètre entre ces 2 fiches. Je m'allongeais en position parallèle à la caténaire, et contrôlais en position perpendiculaire.

Les surfaces métalliques verticales (n° 1, 2, 3, 4 sur la figure) étaient importantes, et en particulier, (4), une armoire interposée entre caténaire et lit.

Ce montage de mesure n'est pas analogue à celui que j'utilisais au jardin avec un câble, puisqu'il n'y a au sol qu'un seul point ; je ne l'ai compris que plus tard.

Résultats

Dans la maison, sur sujet allongé sur le lit (5 de la figure), à 70 m de la caténaire, les tensions étaient plus grandes en position parallèle à la caténaire (416 mV) qu'en position perpendiculaire (214 mV) ; elles ne variaient pas au passage des trains.

Les tensions diminuaient par connexion de l'armoire métallique (4 de la figure) à la terre du jardin.

Les variations étaient plus complexes avec la présence d'un écran métallique :

- Elles augmentaient quand j'introduisais une couverture métallique dans la chambre (788 mV).
- Cette augmentation était plus ou moins forte selon que je mettais sur ou sous moi, la couverture métallique : moins forte, si j'utilisais la couverture en alèse, loin du corps, sous le matelas, à 15 cm du corps environ (556 mV) ; moins forte encore si l'alèse était reliée à la terre (467 mV).

Les tensions, dans la meilleure position de la couverture (467 mV), étaient plus fortes avec que sans couverture (416 mV), ce qui était contraire à mon espoir de prévention par ce moyen, dans l'hypothèse où ce sont ces tensions qui posent problème !

Dans le jardin, sur un matelas au sol, à environ 72 m de la caténaire, sous la fenêtre, les tensions étaient quasi nulles, quelle que fut la position du corps, aussi bien en AC (4 à 5 mV) qu'en DC (0 mV), même au passage des trains.

Par ailleurs, je constatai que les tensions diminuaient par mise à la terre de l'armoire (schéma précédent).

En fait, les tensions lues augmentaient lorsque j'éteignais la télévision (9 de la figure) et diminuaient lorsque je débranchais la fiche de la prise de courant (7 sur la figure).

Surpris par ces résultats, je saisis le radiateur, et m'aperçus que les tensions s'annulaient. Il en était de même quand je coupais le compteur électrique.

Conclusion

Je découvrais par cette expérience que les tensions électriques mesurées par ce nouveau montage entre le corps et le sol, ne sont pas dues aux courants de femli mais aux courants de nos appareils électriques.

Mais, je vérifiais surtout que s'il est indéniable qu'un écran de métal sur la literie est susceptible de modifier notre environnement électromagnétique, il est indispensable de confier aux spécialistes l'étude de la meilleure position à lui donner et de ses conditions d'utilisation.

Sujet en chalet en bois (montagne)

L'influence d'un écran métallique sur les tensions étant manifeste, j'ai repris le même type de mesure dans un chalet en bois, à la montagne, loin de toute pollution électromagnétique (EM) extérieure autre que la ligne de distribution, avec pollution intérieure minimum (sans télévision, ni radio, ni ordinateur, ni téléphone...).

Contrairement à toute attente, dans ce milieu particulièrement protégé contre la pollution EM, j'ai trouvé les plus fortes tensions jamais enregistrées depuis que je pratique ces mesures.

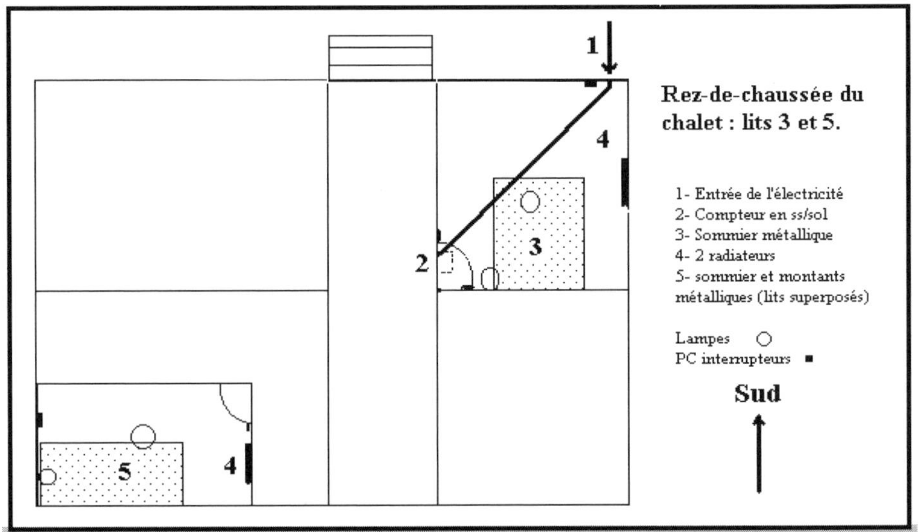

Figure 57 – Chalet de bois : vue d'ensemble.
Vue d'ensemble, et détails des deux chambres où j'ai effectué des mesures.

Les tensions AC entre le sujet allongé sur le lit double (3 de la figure) et le sol de la prairie sont, le jour, les plus fortes relevées en 6 mois de mesures : 23 V au sol, à 80 cm environ au-dessus du compteur électrique de la cave, et 21 V sur le lit, à 1,60 m du compteur.

La nuit, le sujet se trouvant au même endroit, les tensions sont de 21 V sur le plancher et de 12 V sur le lit[3] ; la nuit toujours, mais sur le sujet perpendiculaire à l'axe du lit, les valeurs sont, au plancher de 10,6 V, et de 4,8 V sur le lit. Nuit et jour, les tensions s'abaissent à 6 mV si le sujet saisit le radiateur[4] avec les mains humides pour une meilleure conduction : de 21 V au plancher, elles passent à 23 V si le sujet touche l'interrupteur gainé de plastique de la lampe allumée.

3. Beaucoup plus important que ce que je relevais en plaine près d'une voie ferrée rectiligne !
4. 1er août, entre 3 h 00 et 3 h 39. Les DC sont quasi nulles : 0,03 mV ; 0,13 mV en empoignant le radiateur.

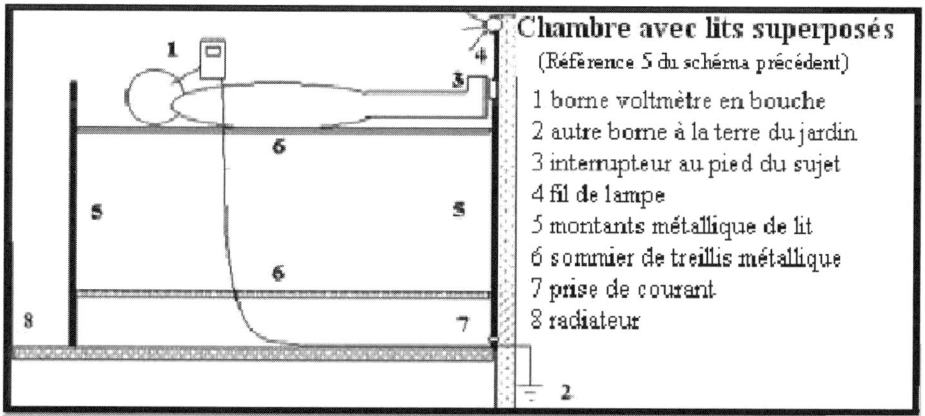

Figure 58 – Détail du chalet de bois : les deux lits superposés.

Détails électriques de la mesure sur les lits superposés.
Dans l'autre chambre, sur les lits superposés (5 de la figure), à 6 m environ du compteur, les tensions sont plus faibles. Le contact avec le fil isolé d'une lampe en tension, puis en débit, modifie la valeur des tensions entre le sujet et le sol. Le résultat des mesures effectuées au sol, sur lit du bas et sur lit du haut est pour plus de clarté, consigné dans un tableau.

On constate (tableau suivant), que :

- Les tensions au sol, sans fil accessible de lampe, sont minimes (163 mV).
- Ces valeurs augmentent sur la couchette du bas, avec fil mural de lampe (918 mV), et qu'elles sont encore plus grandes sur la couchette du haut (1 098 mV) où le sujet est plus proche de la lampe. Elles augmentent par le rapprochement du pied vers le fil mural de la lampe. Le contact du pied avec le fil de la lampe éteinte (fil en tension) porte les tensions à 1 180 mV en bas et 1 600 mV en haut. Le contact avec le fil de la lampe allumée (fil en débit) augmente moins ces tensions (1 070 et 1 300 mV).

Tableau 5 - Tensions entre terre du jardin et sujet alité. Proximité du fil d'alimentation d'une lampe

Sujet allongé :	Au sol	Sommier du bas	Sommier du haut
Sujet allongé ne touchant pas de fil électrique	163 mV	918 mV	1098 mV
Idem mais pied touchant le fil de la lampe allumé	Fil hors portée	1070 mV	1300 mV
Idem mais pied touchant le fil de la lampe éteinte	Fil hors portée	1180 mV	1600 mV

En clair, ces mesures montrent que les tensions entre corps et terre du jardin augmentent lorsque l'on est près d'un fil électrique, près de la fin de l'installation électrique et que l'appareil est éteint, ce qui fut pour moi une surprise, mais n'étonne pas les physiciens.

Mesures au pied des poteaux de basse tension

Comme dans toute installation, le dernier poteau de ligne de la ferme déjà vu (GAEC) comportait sa mise à la terre réglementaire, induisant un courant vagabond de retour au générateur. Cette "terre" se présentait comme un fil nu, fait de torons de cuivre torsadés portant un domino qui a permis de le débrancher. Après avoir fiché en terre, au pied de ce poteau, l'extrémité d'un câble de 10 m, j'ai mesuré entre l'extrémité libre du câble et la terre, les tensions aux 4 points cardinaux.

Je pratique aujourd'hui, cette mesure sans m'embarrasser d'un câble et pique dans le sol les bornes du voltmètre écartées au maximum (soit 1,75 m). (Voir tableau ci-après, tension sur "poteau de fin de ligne").

Mais le sol n'est pas toujours accessible : la quasi-totalité des poteaux est implantée dans le goudron des trottoirs. Pour 9 cancéreux cependant, (dont 4 cas de tumeur cérébrale), 2 m de terre environ au pied du poteau permettaient la mesure. Ainsi, en incluant le cas de cette étable où les vaches étaient stressées, j'ai vu que :

- Les tensions sont plus grandes en direction du malade. On devrait dire moins faibles, car ces tensions sont de l'ordre de la dizaine de millivolts. Dans le cas 3, 4 maisons entouraient le poteau de fin de ligne, et j'ai pu ainsi désigner la maison du malade.
- Lorsque le poteau porte deux fins de ligne (cas 1, 44 mV), les tensions sont plus grandes que lorsqu'il n'en porte qu'une seule (cas 2, 3, 4, les tensions sont inférieures à 25 mV).
- Pour le cas 4 (tensions de 4 et 9 mV), il y avait du goudron au pied du poteau, mais, connaissant le malade, j'ai pu mesurer dans son jardin, à 15 m du poteau, ce qui explique peut-être une moyenne aussi basse de tensions.
- En ce qui concerne la ferme (6), je trouve 85 mV, en direction de l'étable : les tensions sont dans ce cas plus grandes, entre 2 points du sol écartés de 10 m que dans les 4 cas de TC où les deux points de mesures n'étaient écartés que de 1,75 m.
- Pour la ferme (6b), les ddp[5], s'annulent dans toutes les directions si le domino de mise à la terre est débranché (tableau : 'sans mise à la terre'). Précisons que les vaches se sont calmées immédiatement dans l'étable et semblaient, selon l'éleveur, mieux qu'elles n'avaient été depuis 5 ans : elles restaient ainsi allongées, même au passage d'un train. Cette observation consolide celle d'un vétérinaire[6] breton qui note que les troubles du cheptel cessent après section de la mise à la terre du poteau de fin de ligne.
- Sur le poteau, entre le domino et le bout de fil libre de la mise à la terre, j'ai mesuré une tension de 275 mV en AC, et en tournant le bouton du multimètre j'ai lu une intensité d'un peu plus de 1 milli ampère : c'est la seule fois où j'ai pu avoir la preuve qu'il existe bien un débit de courant dans la mise à la terre.

5. Différences de potentiel.
6. Dr Amédéo, Colloque sur les champs électromagnétiques, à l'Assemblée Nationale, en 1999.

Tableau 6 – Mesure des tensions AC au pied du poteau de fin de ligne

Cas	1	2	3	4	5	6 Cheptel stressé	6b, même cheptel non stressé
Détail	TC	TC	TC *	TC **	TC ***	Poteau avec mise à la terre	Sans mise à la terre
vers malade: maxi (mV)	44	12,4	25	9	0,1	85	0,6
mini (mV)	6	5	16	4	0,0	17	0,4

TC : tumeur cérébrale
TC* : oligodendrogliome
TC** : gliome, mesures à 11 m du poteau
TC*** : guérie, mesure sous goudron

Je n'ai pu contrôler les tensions sous le goudron que dans un cas seulement, avec l'aide du malade lui-même, guéri, 5 ans après, de sa tumeur cérébrale (il existe des guérisons et il convient de le rappeler).

Il perça le goudron et piqua dans les trous 5 tiges de fer, à 50 cm de profondeur, une au pied du poteau et une aux 4 points cardinaux, à 1,75 du poteau : les tensions que je mesurais entre tige au pied du poteau et les autres tiges étaient nulles, de 0,0 à 0,1 mV.

Il aurait été intéressant de refaire au pied des poteaux, une mesure que j'avais exécutée près d'une voie ferrée : les tensions prises dans la terre d'un cache-pot de ciment (donc isolé du sol), de 1 m de long, étaient nulles, qu'il soit perpendiculaire ou parallèle à la voie ferrée. Ce serait dans la terre, et non dans l'air, qu'il existerait des différences de potentiel variant avec le passage des trains.

Chapitre III

Recherches sur l'environnement partant de 413 cas de cancers rares

Mon étude a porté essentiellement sur deux types de cancers rares. Comme il a été vu précédemment, il s'agissait au départ, de cancers du sang en Île de France. Je me suis intéressé ensuite aussi à des tumeurs du cerveau, cancers rares également. J'ai noté et comptabilisé les détails observés, en France et en Europe, jusqu'à atteindre le chiffre de 413 cancers.

J'ai pu observer, de plus en plus, des cas de tumeurs cérébrales où les lignes électriques et antennes relais pouvaient avoir un effet coopératif.

J'ai aussi eu l'occasion d'explorer d'autres cas, et de me demander si des cancers du sein, des maladies dégénératives telles que la sclérose en plaque (SEP), la sclérose latérale amyotrophique (SLA), la légionellose ou la pneumopathie à virus, voire certains décès par ralentissement extrême du rythme cardiaque, et des décès imputés aux antennes relais et même à la dioxine, ne survenaient pas plus souvent dans les zones à risque que j'ai définies.

Je trouve très vraisemblable que la plupart de ces pathologies soient effectivement potentialisées, à la base, par des facteurs électriques communs, mais il faudra encore beaucoup d'études pour montrer à quel point.

Le phénomène que je découvre ne formerait donc qu'une petite partie de l'iceberg, alors que les deux premiers types de cancers étudiés me permettent d'être concis et cohérent dans l'argumentation .

Méthode

Je me suis tout particulièrement attaché à répertorier l'environnement électrique, mais j'y ai ajouté des détails que j'ai fréquemment retrouvés.

Un effet de loupe

J'ai adopté une méthode qui m'a paru naturelle; c'était une simplification en rapport avec mes hypothèses, qui rendait la comptabilité assez parlante, mais qui représente, apparemment, une erreur pour ce qui est de la crédibilité immédiate; j'expliquerai plus loin comment c'est par des comparaisons que j'ai pu en tirer quelque chose.

J'ai ainsi choisi de noter la structure électrique (SE) qui me semblait en cause, lorsqu'il y en avait plus d'une dans les 50 mètres, considérant la structure associée à une variation spatiale électromagnétique anormale (VASEM) la plus proche, en priorité sur les structures les plus simples (type 0, bien symétriques).

En France, la distance entre deux poteaux est souvent de 50 m; il y a donc, en général, dans les 50 m, des SE qui ne sont pas comptabilisées, sauf pour les fins de lignes. Lorsqu'il y avait; deux SE suspectes dans les 50m, je notais ces cas dans une colonne particulière. De même, par sa fonction, tout transformateur est associé à une ligne de transport (10 kV minimum), éventuellement enterrée, qui l'alimente, et à un début de ligne qui en sort, ces éléments n'étant pas forcément situés dans les 50 m de l'habitat.

Dans ces cas, en général, je considérais le 1er poteau de ligne dans les 50m comme prioritaire, et j'omettais les autres structures. Tout cela a, dans la pratique, donné une certaine lisibilité, un effet de loupe, et il faut bien se garder de considérer les chiffres globauxcomme des preuves, car c'est l'ensemble des cas particuliers qui est le plus important.

Une comptabilité plus rationnelle me paraît impensable sans efforts disproportionnés, du fait de la diversité des situations et de certaines complications locales. De même, le nombre d'habitants exposés, qu'il paraîtrait logique d'étudier, est bien trop difficile à évaluer. Il n'est peut-être pas nécessaire que l'effort de recherche s'attarde sur de telles étapes, si d'autres preuves sont plus accessibles, car, pour l'instant, il ne s'agit pas de comptabiliser l'importance des effets mais de détecter des mécanismes.

C'est, finalement, un avantage que d'avoir pu concevoir quelque chose de simple qui m'a permis de me représenter ces situations et leurs aspects répétitifs anormaux.

Décompte des observations

L'étude des données recueillies pour les adresses de malades est assez étonnante, car il suffit d'un petit nombre de cas pour observer, assez régulièrement, des répartitions caractéristiques de la maladie considérée. Ainsi, pour les malades du sang, même séparés en trois groupes selon l'information dont on disposait (homme, femme, ou non indiqué), on retrouvait des pourcentages voisins, bien différents de ceux qu'on trouvait pour les tumeurs cérébrales (TC).

De même, pour ces TC, on voyait presque toujours des habitats peu élevés, même dans des régions où les données de l'INSEE laissaient attendre beaucoup plus d'habitants en étages. Ainsi, dans une ville de plus de 300 000 habitants, c'est effectivement dans un pavillon, près d'un stade, que logeait un des 4 malades atteints de tumeur cérébrale, ce qui me poussa à poursuivre ma recherche.

Les différences mises en évidence entre les deux types de cancers étudiés, même lorsque l'on ne conserve que les caractéristiques électriques, amènent à considérer que ce ne sont vraiment pas des effets de hasard que l'on observe. Tout comme le type de structures, la nature des lignes, 4 fils nus parallèles ou fils isolés torsadés, montre aussi des proportions anormales.

Il est clair qu'il existe une grande diversité dans l'organisation des réseaux électriques des quartiers, et ce serait vraiment un casse-tête que d'essayer de comparer les personnes exposées à celles qui ne le sont pas. Mais cette diversité est finalement un gros avantage, une fois que l'on a renoncé à espérer une comptabilité crédible des observations.

Il existe en effet, des cas particuliers spectaculaires qui montrent la valeur prédictive de ces études, si intuitives soient-elles: dans des cas où il y a peu de SE suspectes, les adresses des malades sont repérables par observation de ces SE. Dans 4 rues de 2 km environ, j'ai ainsi pu trouver les maisons de 4 malades, parce qu'elles étaient situées près de structures caractéristiques ; 3 TC près de fin, ou de double fin de ligne torsadée, et un cancer du sang, près du poteau de début de ligne avec transformateur.

Des observations à étendre

Il s'agit donc de preuves d'une toute autre nature que probabiliste qui ont à voir avec les mécanismes à incriminer, et qui indiquent les endroits où il faudrait essayer d'apercevoir quelque chose.

Compte tenu des modes d'emploi que je donne, il est possible à chacun de retrouver des résultats analogues à partir d'un petit nombre de cas nouveaux dont il pourra disposer. Il devient urgent de rendre disponibles ces observations pour que la piste devienne un sujet officiel de recherches, sur des mécanismes compatibles avec de telles observations.

Les résultats globaux sont rapidement lisibles, mais présentent de réelles difficultés d'interprétation et il est indispensable de les compléter par l'étude détaillée des cas particuliers rencontrés, en les groupant par catégories, comme on va le voir dans les exemples suivants.

Leucémie myéloïde chronique

On a vu, dans la première partie, que j'ai réalisé mes premières observations par l'étude de 16 cas d'un type de cancer rare, la Leucémie Myéloïde Chronique (LMC) dont l'incidence serait de l'ordre de 1/100 000 habitants par an, pendant 17 ans.

Parmi les 8 cas près desquels une structure aérienne était visible, j'en ai trouvé 4 à moins de 400 m de caténaires de 25 kV, qui, tous, habitaient dans les 50 m d'un même type de structure électrique (SE) rare, 'Configuration Spécifique' rare de la ligne de 380 V qui comportait, sur un même poteau, de part et d'autre, du câble torsadé (4 fils isolés) et 4 fils nus. Il s'agissait soit de fins de lignes, soit de débuts, soit du passage entre une ligne isolée torsadée et une ligne à 4 fils nus.

Les 4 autres cas habitaient près de configurations diverses comportant ces mêmes éléments que j'ai pu, ultérieurement, classer comme suspects.

En 1996, en m'efforçant de lire la bibliographie sur le sujet, j'appris qu'on recherchait depuis 1979 un 3e facteur ('*third factor*') responsable de la corrélation entre lignes électriques et cancer.

Thériault avait souligné, en 1993, lors du colloque EDF, que c'était peut-être une propriété du champ électromagnétique encore inconnue non prise en compte par les appareils de mesure qui était à rechercher ; j'en conclus que j'étais, avec l'agencement spécial des fils sur les poteaux, probablement sur la piste de ce 3e facteur.

En résumé, la coïncidence observée de 4 structures rares d'aspect caractéristique près de 4 cas extrêmement rares m'a alerté. Y avait-il d'autres types de cancers près de tels poteaux ?

Autres cancers

Pour pouvoir tirer quelque chose de l'observation de telles coïncidences, je me suis intéressé à des cancers rares auxquels on ne connaît pas de cause précise. La notion de cancer du dictionnaire Larousse, "augmentation du nombre de certaines cellules", n'est pas celle des médecins qui préfèrent parfois classer les maladies en bénignes et malignes, selon le pronostic.

Le vocabulaire n'est pas toujours clair : la maladie de Hodgkin[7] est un cancer (dont on ne meurt quasiment plus[8]) alors qu'une leucopénie[9] (dont on meurt parfois) n'est pas un cancer selon cette définition. Je n'ai pas vraiment tenu compte du cancer du sein, qui est le type même de cancer que l'on trouve 'à tous les coins de rue', et qui compte trop de causes possibles.

Examen des rues avec plusieurs malades : doublons

J'ai visité les 507 adresses de tous les malades (cancéreux ou non) soignés dans un service d'hématologie et décédés entre 1984 et 1994. J'ai commencé cette longue enquête de plus d'un an par l'examen des rues où il y avait plus d'un malade (malade que j'appelle alors "doublon").

Cela m'a permis d'éliminer les biais les plus évidents comme celui d'une maison de soins palliatifs que deux patients avaient donné comme adresse !

7. Prolifération des cellules ganglionnaires.
8. Grâce à une modification de terminologie et surtout à l'efficacité des traitements (moins de 500 décès par an, en France, selon l'INSERM du Vésinet qui collige les causes de décès).
9. Leucopénie : diminution du nombre de certaines cellules du sang.

L'augmentation du nombre de cancers dans une rue peut varier en fonction de sa longueur ou de la densité de population due à la hauteur de l'habitat. Ceci m'a permis, enfin, de contrôler la présence d'autres causes d'hémopathie, telles que la proximité d'ateliers classés à risque et néanmoins implantés en zone résidentielle.

Ainsi, dans une rue de 350 mètres, la plus peuplée en malades (celle où avaient vécu 7 des 507 malades) je découvrais 5 IGH[10] abritant près de 10 000 personnes. En outre, pour créer du logement social, on avait modifié le POS[11] et permis ainsi la construction en zone jusqu'alors interdite.

Il existait de plus, dans les 300 m du site d'implantation, une autoroute et, surtout, une ligne de 225 kV, ce qui exposait l'habitant au gaz des voitures et aux champs de cette ligne. Cela dit, l'un des 3 transformateurs de la rue se trouvait dans l'immeuble où vivaient deux des sept malades[12].

Dans une autre rue, de 200 m de longueur, habitaient 4 malades. La rue, sans ligne électrique visible, était résidentielle, faite de pavillons, avec un seul petit immeuble de 5 étages. Mais dans 3 des 7 rues qui la croisaient, je relevais le départ de lignes de câble torsadé sur poteau portant un boîtier de branchement, et notais que les 4 malades habitaient dans les 50 m, devant ces 3 poteaux de départ de ligne, mais aucun, devant les 4 rues sans ligne !

Dans une troisième rue, de 600 m, je relevais 4 maisons[13] autour de poteaux à risque ce qui aurait confirmé mon hypothèse si 3 de leurs habitants ne s'étaient trouvés sous le vent de deux carrossiers, dont l'un n'avait pas de filtre aux évents de son atelier. Le dernier des 4 malades était atteint de LMNH[14] et se trouvait à l'ouest, hors des vents dominants, à plus de 100 m du carrossier le plus proche, mais... à 10 m du transformateur ! Pour ce malade, le risque environnemental dominant était électrique !

Puisqu'il a été décidé d'amplifier la lutte contre le cancer, souhaitons

10. IGH Immeuble de Grande Hauteur.
11. POS, Plan d'Occupation des Sols.
12. Cancers du sang tous les deux.
13. Malades atteints de lymphome, myélome, anémie et de granulopénie. L'anémie et le manque d'éléments granuleux (granulopénie) dans le sang peuvent être provoqués par les émanations de certaines peintures.
14. LMNH : Lymphome Malin Non Hodgkinien

qu'il devienne possible de disposer de registres de cancers dans tous les départements, et que les 13 cancéropoles en cours de création puissent se charger d'effectuer ce genre de vérifications précises sur le terrain, en visitant toute rue ou quartier où les cancers paraîtront se multiplier.

Doublons par rapport aux structures électriques

Je n'ai rencontré que 4 rues avec plus de 4 cas : 3 se trouvaient parallèles à une voie ferrée, et à moins de 350 m de cette voie ; celle où habitaient 7 malades était parallèle, on l'a vu, à une ligne de 225 kV. L'hypothèse[15] d'un parallélisme entre la ligne électrique de 380 V et les lignes de 25 kV ou 225 kV renforçant les courants induits me semblait plausible mais difficile à soutenir.

En effet, les rues étaient courtes (moins de 350 m) et la seule de 750 mètres n'avait de structures aériennes que dans les 50 mètres de 3 sur 4 des maisons de malades. (Un poteau de fin de ligne pour le 1er, le même transformateur pour les 2 autres). Je ne trouve pas plus de doublons dans les rues parallèles que dans les rues perpendiculaires à la voie.

Dans certains cas, l'hypothèse des lignes parallèles ne tient pas, ou ne peut être tout au plus envisagée, que comme simple facteur adjuvant. Il faut donc évoquer une cause ponctuelle plutôt que globale à cette prolifération d'hémopathies dans certaines rues, surtout lorsque les malades habitent à la même adresse et ne sont pas consanguins : le cancer frappe ainsi un couple et parfois même son animal de compagnie (voir plus loin pour les chats). Il peut frapper aussi une même fratrie, mais d'hémopathies différentes : bénigne, maligne, et même d'autres cancers. La structure électrique la plus fréquemment rencontrée est alors le transformateur, bien qu'il ne représente que 5 % des 2 562 structures électriques examinées.

15. Proposée par certains spécialistes.

Sur le tableau suivant, sur 473 hémopathies, 103 sont situées à 50 m d'un transformateur, dont 23 dans l'immeuble même où il est implanté.

Tableau 7 - Hémopathies et doublons près des structures électriques (SE)

Structures électriques	SE visibles dans les 50 m				SE vues	Pas vu de SE	
	VASEM	Non VASEM	Transfo	Caté-naire	Sous-total		Total
Hémopathies	132	31	103 (23)	8	274	199	473
Doublons	43	8	29 (6)	3	80	50	130

Sur la quatrième ligne du tableau, 29 des 130 doublons habitent à 50 m du transformateur et 6 dans l'immeuble où il est entreposé. La présence de la ligne électrique aérienne, pour 80 des 130 doublons, permet de constater que 43 des malades se trouvent en zone de VASEM.

Enfin, on ne relève que 3 des 130 doublons dans les 50 m d'une caténaire seule, sans autre fil visible ; aucun n'habite dans les 50 m d'une ligne de transport électrique.

D'autre part, sur 103 malades résidant dans les 50 m d'un transformateur, 36 habitent aussi en zone de VASEM ; ce facteur VASEM semble en cause et il est intéressant de filtrer les hémopathies selon leur sensibilité à son égard. Ce filtrage montre bien la prédominance de certaines hémopathies autour des poteaux électriques formant VASEM. 31 des hémopathies et 8 des doublons se situent en zone de non VASEM, pour respectivement 274 et 80 qui ont des structures électriques visibles dans les 50 m.

En clair, la zone VASEM semble un facteur de risque supérieur par le nombre au facteur de risque que représente la proximité d'un transformateur, et l'association des deux renforce le risque d'hémopathie.

Cancers du sang, du cerveau, et autres pathologies

À la fin de mon étude, je n'ai finalement pris en compte que 413 cas de cancers : 275 cancers du sang et 138 tumeurs cérébrales (TC). Sur les 507 cas d'hémopathies examinés, j'ai éliminé les symptômes mal étiquetés ou bénins[16]. La collecte des 138 cas de TC a été particulièrement ardue, les praticiens hospitaliers ne me les donnant pas, même si, en plus de l'anonymat de rigueur, je demandais le mélange des adresses avec celles de sujets bien portants.

Grâce aux médias, à la famille, aux amis, aux associations, aux paramédicaux et aux malades eux-mêmes, j'obtins finalement mes adresses. Pour certains des cas je ne possédais que le diagnostic de TC, sans savoir s'il s'agissait d'une tumeur secondaire, ou non, à un autre cancer ; pour une bonne moitié, j'avais pu avoir connaissance du diagnostic.

Tumeur cérébrale bénigne

Ainsi, je dispose d'une observation qui date de presque 50 ans. Il s'agit en fait d'une TC bénigne, la seule parmi les 138 de mon observation, un pinéalome, affection non cancéreuse de la glande pinéale qui produit la mélatonine, hormone impliquée dans l'étude des cancers. Je note aujourd'hui, dans cette rue qui compte 13 poteaux, qu'il n'y en a que 3 à risques, dont un devant la maison du malade. Ce poteau est un début de ligne avec boîtier se branchant sur distribution enfouie (type 4).

Sous réserve qu'il n'y ait pas eu modification de la ligne, cette observation suggère :

- Qu'une tumeur de la glande pinéale survenait il y a 50 ans au même endroit que ceux où je trouve les tumeurs malignes du cerveau aujourd'hui.
- Qu'en l'absence de transformateur, ou d'antenne relais, ce poteau est la seule structure électrique, dans mon hypothèse d'un rayon d'action de 50 m, à pouvoir être mise en cause.
- Que le délai du démarrage des troubles correspondrait aux 6 années où le sujet vécut dans cette maison.

Pourrait-on connaître le plan des lignes de l'époque ? Il s'agit d'un cas extrême, à une époque où l'environnement était différent, qui est intéressant par les questions qu'il pose.

16. Tels que les affections relevant d'intoxication (ainsi la thrombocytopénie de l'alcoolique), mais pas de la pathologie cancéreuse.

Écoliers

Dans les écoles où se déclarent des tumeurs cérébrales, l'examen autour du domicile des malades serait primordial :

- À Vincennes, deux enfants habitaient sur le même pallier, et il n'y a pas eu là d'enquête à domicile.
- À St Cyr l'École, par contre, j'ai pu voir ce à quoi je m'attendais, sur les lignes de distribution au domicile de deux des malades.

La presse nous apprenait, un an après, qu'une fillette était atteinte du même type de tumeur dans une ville de province : le Minitel donnait son adresse. L'examen de son domicile comme pour les deux enfants de Saint Cyr, m'a montré dans les 30 m de la chambre, le même type de poteau : un branchement ou un coude de la ligne de 4 fils. Pourquoi tel enfant plutôt que ses frères et sœurs ? Y a-t-il un effet de l'axe des lits ? Que se passe-t-il au niveau des coudes ?

La recherche de l'adresse d'enfants atteints de TC en province (1° et 7 décembre 2005) m'a amené sur une piste qui complète mes observations antérieures.
La ligne électrique de basse tension (50 Hz) transporterait des ondes hyperfréquence depuis l'antenne de téléphonie mobile, même au-delà de plusieurs centaines de mètres en ligne droite, jusqu'en fin de ligne ou jusqu'à des coudes.

Cancers dans une même famille : génétique ou environnement ?

L'existence de cancers multiples dans des familles a déjà été évoquée dans la première partie. Elle est particulièrement intéressante pour la compréhension du problème. Lorsqu'un enfant commence le même type de cancer que l'un de ses parents, on pense, le plus souvent, à une cause génétique. Certes, si la maison était adossée à une centrale atomique, on s'interrogerait sur l'environnement.

Mais, mis à part quelques chercheurs curieux sensibilisés à cette question, ou quelques homéopathes qui savent tenir compte d'indices, peu de personnes s'inquiètent du transformateur voisin, et encore moins de la ligne électrique !

Cancer du sein : père et fille

Ce doute sur la priorité accordée à la génétique m'a effleuré pour la première fois lorsque je cherchais et découvrais, dans une rue de près de 3 km (2,6 km) de long, la maison d'une femme atteinte de cancer du sein près de la fin d'une ligne torsadée.

Elle m'assurait que son cancer était héréditaire, alors que la présence du même type de poteau de fin de ligne me faisait penser que dans le cas de son père, l'origine électrique pouvait être justement mise en cause. Ce cas a été amplement relaté en première partie.

Cancers des 4 sœurs
On aurait pu encore incriminer l'hérédité pour l'un des 4 cas de l'observation de Budapest en Hongrie, dont nous avons vu les détails.

TC du père et du fils de 16 ans Un médecin s'intéressant à mon hypothèse, me parlait d'un de ses jeunes cousins qui avait démarré, presque en même temps que son père, une tumeur cérébrale : le neurochirurgien affirmait que l'hérédité ne pouvait se trouver en cause, car il ne s'agissait pas du même type de tissu tumoral.

Dans le village où ils habitaient, je repérais une quinzaine de poteaux de fin de ligne, mais ne pouvais décider lequel était en cause. Lorsque j'y retournais muni de l'adresse exacte donnée par le médecin, c'était quelques jours après la tempête du 26 décembre 1999 : il faisait froid et il n'y avait pas d'insecte.

Mais j'ai vu deux corbeaux tomber en se disputant une proie et, se poser sur l'un des 15 poteaux repérés, justement à 40 m de la maison.

Autre cancer dans une même zone de VASEM
À plusieurs reprises, je devais m'apercevoir qu'il existait un poteau formant une zone de variation spatiale électromagnétique (VASEM), ignoré lors d'une première visite ou bien qu'apparaissaient d'autres cancers en zone de VASEM, dans, ou, près d'une maison où j'avais trouvé un malade.

Ainsi, une personne était décédée en 1986 d'hémopathie maligne et la ligne électrique qui passait à la porte de son pavillon était normale. Mais en 1996, apprenant l'apparition d'un cancer du sein chez la nouvelle propriétaire, je revins et découvris à 35 m, au fond d'une impasse, la fin d'une ligne de 4 fils de 400 m de longueur environ, inaperçue lors de ma première visite.

La chambre de la malade se trouvait entre cette fin de ligne et la voie ferrée, à 40 m environ. Le lit était parallèle à la caténaire et perpendiculaire à l'axe de la ligne de 4 fils.

Cette observation me rappela l'importance que l'on doit, peut-être, donner à la position du lit, mais que j'ignore, hélas, dans la quasi-totalité des cas examinés.

Dans un autre cas d'hémopathie maligne[17] (malade décédé en 1992), j'avais trouvé le pavillon adossé à une fin de ligne. En 2002, j'appris que le couple habitant le pavillon voisin était lui aussi atteint de cancer (cancer du sang chez l'homme[18], du sein chez sa femme). L'intérêt de cette observation vient de ce que, pour la première fois pour une hémopathie maligne, j'ai pu pénétrer dans le jardin, et mesurer les tensions entre les bornes du voltmètre fichées dans la terre au pied du poteau : elles étaient plus fortes vers la maison des trois malades.

De plus une maison abritant depuis une dizaine d'années environ une famille (parents et un enfant de 6 ans), tous trois en bonne santé, se trouvait dans les 10 m de ce même poteau ; la tension mesurée était plus faible vers leur maison que vers celles des 3 malades (les 2/5).

Cancer du sang près du début de ligne et du transformateur

Sur le tableau de répartition des cancers (en annexe), on ne compte, à la ligne 13, que 9 malades décédés de Waldenström (cancer du sang), et 10 si l'on y ajoute le cas du président Georges Pompidou.

Il habitait au 24 Quai de Béthune, à Paris. La ligne est enterrée, mais la grille du transformateur enfoui se voit sous le trottoir, du côté de la Seine. Il fait donc partie des 7 qui ont une structure électrique visible dans les 50 m. Ces 7 cas ont tous, ou un premier poteau de ligne (4 cas), ou un transformateur (3 cas).

Tumeur Cérébrale (TC) près d'une fin de ligne de câble torsadé

La tumeur cérébrale semble être un cancer de fin de ligne et de ligne faite de câble torsadé. Ainsi, une rue était alimentée par deux lignes parallèles sur chaque trottoir qui s'arrêtaient en vis-à-vis : c'est sous la fin de ligne de câble torsadé (et pas sous celle de 4 fils) qu'habitait le malade atteint de tumeur cérébrale. Nous avons vu la photo de ce cas en première partie.

À cet égard, une vingtaine de cas de cancers du sein que j'ai, malgré tout, été amené à examiner, sont plutôt, eux aussi, une maladie de fin ou de double fin de ligne, et de câble torsadé.

17. Gammapathie.
18. LMNH. : Lymphome Malin Non Hodgkinien.

Comparaison entre cancer du sang et tumeur cérébrale

Le tableau ci-dessous résume les caractéristiques de l'habitat des malades atteints de cancer du sang, (MBD), à gauche, et de tumeurs du cerveau, (TC), à droite.

Tableau 8 – Habitat comparé de 275 hémopathies malignes et 138 TC

nombre	MBD		Facteurs	TC		nombre
275***	126	46 %	Pavillon	81 %	112	138***
275***	149	54 %	Immeuble	19 %	26	138***
162**	66	41 %	Transfo	21 %	23	111**
124*	76	61 %	ligne de 4 fils	29 %	28	99*
124*	48	39 %	ligne torsadée	71 %	71	99*
124*	55	44 %	Début de ligne	15 %	15	99*
124*	19	15 %	Fin de ligne	49 %	48 (9)	99*

* lignes électriques de 380 V seules vues (sans transformateurs ni lignes de 10 kV)
** toutes structures électriques vues dans les 50m (transfos et tous types de lignes)
*** Tous cancers, avec ou sans structures électriques visibles à 50 m.

L'étude de 413 malades, 275 hémopathies malignes (MBD)[19] et 138 tumeurs cérébrales (TC) permet d'établir, de comparer et d'opposer l'habitat de ces deux types de maladies, pour les 162 MBD et les 111 TC qui ont une structure électrique visible dans les 50 m.

Pour les TC, 81 % habitent en pavillon, 49 % près de fins de ligne (dont 9 cas de double fin de ligne), et 71 % près de ligne torsadée. La MBD est, au contraire, dans 54 % des cas, une maladie d'immeuble, dans 44 %, de début de ligne et 41 % de transformateur et dans 61 %, de ligne de 4 fils nus.

Ces différences sont encore plus nettes lorsqu'on s'intéresse aux détails des cas : des proportions similaires apparaissent dès que l'on dispose d'un petit nombre de cas, au hasard des informations recueillies. Cela répond à la remarque, bien naturelle, que la collecte des cas ne s'est pas effectuée de façon similaire pour les deux types de cancers.

C'est une question qu'il serait plus facile d'étudier en disposant de registres de cancers, mais on pourra toujours encore arguer de différences du mode de vie des personnes sujettes à l'un des cancers plutôt qu'à l'autre, et d'autres raisons d'affecter un type de cancers plutôt à un des types d'habitat.

19. MBD, Malignant Blood Disease

Prise sous un autre angle, en tenant compte de l'ensemble des coïncidences observées, cette distinction suggère (lorsqu'on lui cherche un sens) que les deux maladies sont sensibles à deux facteurs électriques différents, ou à un dosage différent des deux mêmes facteurs, avec prédominance du CVR pour la TC, et de la variation spatiale électromagnétique (VASEM) pour la MBD.

En effet, le pavillon rapproche l'habitant du sol et du courant vagabond ; le câble torsadé autour duquel le champ magnétique s'annule et la fin de ligne suggèrent, le premier, que ce champ n'est pas en cause et le second, que le câble de mise à la terre réglementaire amène un maximum de courant vagabond sur la zone d'emprise.

Au contraire, la VASEM, maximale sur les 4 fils du premier poteau de ligne, frapperait de cancers du sang les sujets dormant dans les étages d'immeuble et éloignés du sol. Ce sont des pistes sur lesquelles des compétences techniques plus élaborées devraient permettre de progresser rapidement.

Cancers et poteaux orphelins

J'appelle 'poteau orphelin' un poteau que, pour des raisons que j'ignore, EDF laisse seul dans une rue, muni de fils, après avoir enterré tous les autres poteaux de la ligne : il est donc tout à la fois un poteau de début et de fin de ligne, et je n'en avais pas rencontré dans mon étude de typologie de 2562 structures électriques.

Je l'ai trouvé trois fois dans les 30 m de deux malades atteints de tumeur cérébrale (dont une fois, presque au-dessus du toit du malade) et une troisième devant le perron d'une patiente présentant un cancer du sein. Dans les trois cas, la ligne qui sortait du sol se distribuait à une ou deux maisons autour du poteau et était faite de câble torsadé.

Dans les 3 cas, survenait une manifestation biologique autour du poteau : un merle sur le poteau au printemps (1 TC, et une trisomique 21, née dans le même pavillon, 1 fois) ; un pigeon, puis 1 piaf, sous la pluie battante d'un 2 mai, sur ce seul poteau d'une rue de 3 km, alors qu'ils auraient pu se poser sur les arbres voisins (1 TC, 1 fois, voir figure 32) ; et, enfin, une fourmilière avec quelques sujets ailés remontant au 1/3 inférieur du poteau, en été (1 cancer du sein, 1 fois).

Hodgkin et VASEM

La maladie de Hodgkin est un cancer des ganglions (classé comme cancer du sang) dont on meurt de plus en plus rarement grâce à l'amélioration du traitement (moins de 500 décès par an en France) ; la consultation des documents de l'INSERM de 1984 à 1994 confirme cette diminution de mortalité. Il s'agit d'une extrapolation à l'ensemble des départements, à partir de la demi-douzaine qui était alors équipée de registres de cancer.
Mes premières statistiques sur les décès par maladies du sang montraient relativement peu de morts par Hodgkin, et pas particulièrement en zones de VASEM. Il pouvait s'agir d'un biais statistique dû au petit nombre de cas de Hodgkin étudiés.

Ainsi, le statisticien Savitz[f] obtenait[20] des résultats allant dans le même sens : "30 cas de Hodgkin pour 65,8 attendus" notait-il, chez des personnes travaillant dans le secteur électrique.
Quelles causes pourrait-on en donner ? Je m'étonne cependant du nombre de nouveaux cas de Hodgkin, des adolescents le plus souvent, dont j'ai eu connaissance, et de ce qu'ils habitent en zones de VASEM. Ainsi ce cancer des ganglions, s'il ne tue plus, ne serait pas en voie de disparition.

Cancers après tranchées sur voirie

Dans 2 rues de près de 3 km, j'ai pu observer une éclosion de cancers après tranchées d'EDF. Je me suis demandé si ces travaux ne changeaient pas le trajet des courants vagabonds de retour et si ces courants ne faisaient pas alors chemin dans le corps des dormeurs allongés dans leur axe.

Le 1er cas m'avait été signalé par un médecin dont la femme était atteinte de tumeur cérébrale, et qui s'étonnait de l'épidémie de TC dans cette rue depuis 5 ans. Lorsque je visitais la rue, elle était défoncée sur près de 400 m. Il n'y avait pas de construction nouvelle, mais un transformateur tout neuf venait d'être posé ; le précédent avait-il été changé pour anomalie ?

Le 2e cas concerne un incinérateur de province. Un conseiller municipal dénonçait une vingtaine de cancers apparus au cours des dix dernières années dans la rue où il habitait et incriminait la présence d'un incinérateur à proximité. Mon enquête sur place montra 1) que la ligne de 4 fils nus venait d'être enfouie sur 1/3 de la longueur de la rue litigieuse, 2) que 2 lignes de 20 kV traversaient la rue, 3) que les cancers se répartissaient là où je les trouve d'habitude, en zones de VASEM.

---

20. Statisticien américain.

Autres pathologies

On a vu, en première partie, que deux enfants sont morts subitement, à l'école, en janvier, dans le Val de Marne, le même jour de rentrée scolaire ; selon l'institut médico-légal, ils étaient atteints de malformations cardiaques congénitales.

Mon hypothèse était qu'après délestage du transformateur voisin pendant 15 jours de vacances, la reprise s'accompagne de fortes perturbations électromagnétiques de proximité, capable d'amener des troubles de la conduction auriculo-ventriculaire, tels qu'un ralentissement ou même un arrêt cardiaque.

Cette hypothèse est suggérée par la lecture de 3 articles de Déoux[g] (1997), Savitz[h] (1999) et Slesin[i] (2000), qui notent des troubles du rythme cardiaque à proximité des transformateurs et des lignes électriques.

Chapitre IV

Phénomènes biologiques associés

D'autres phénomènes que les cancers peuvent s'observer dans le domaine de la biologie, dans le règne animal (insecte, oiseau, vache, chien, chat) et le règne végétal, tout comme dans le domaine de la physique qui sera abordé ultérieurement (perforation, feu, explosion, incidents ou bugs électromagnétiques).

Insectes et insectivores

Les 3 observations initiales de 1995. Méthodes

Rappelons ces 3 observations, exposées en première partie : les xylocopes vus, en mai, sur des poteaux près de malades ; le toilettage des hirondeaux, en juillet, près des mêmes types de poteaux ; puis, en septembre, toujours près des mêmes types de poteaux, le rassemblement d'hirondelles avant la migration.

J'avais par chance remarqué cette attirance des insectes et des insectivores pour les poteaux autour desquels vivaient des cancéreux, alors que ma typologie des structures électriques était encore peu avancée : j'ai donc recommencé en observant et comptant ces insectes et insectivores sur et autour de chaque poteau pendant 20 secondes, temps mis en marchant, entre deux poteaux.

Par la suite, j'ai voulu me faire une idée plus précise de l'attirance par certains poteaux, comparée à celle d'un cerisier en fleurs[1], à un moment de fréquentation importante. J'ai compté pendant 5 minutes le nombre d'insectes et d'oiseaux sur le cerisier, puis j'ai commencé à observer tous les poteaux et transformateurs des rues voisines[2].

Pour ceux que touchaient un insecte ou un oiseau, je m'arrêtais 30 secondes et je comptais les insectes (xylocopes, fourmi ailée) et les oiseaux (moineaux surtout) qui « *avaient l'air intéressés* « ; je stoppais au dixième de ces poteaux, après avoir noté toutes les structures rencontrées et la fréquentation des poteaux sélectionnés. L'ensemble de ces 10 poteaux, d'un volume total comparable à celui du cerisier, observés pendant seulement 30 secondes chacun, attirait plus d'insectes et d'oiseaux que le cerisier pendant un temps dix fois plus long.

Cette méthode d'étude, restreinte et rapide, montre déjà des points fondamentaux, à savoir la grande majorité, parmi ces poteaux attractifs, des types 3 et 5 (débuts et fins de lignes) pourtant très minoritaires parmi les structures électriques; mais elle est plus sélective que celle de l'étude générale que j'ai effectuée, et ne renseigne pas sur les autres types.

Le lecteur est invité, s'il a une bonne vue, à essayer lui-même ce genre de vérification, au printemps, en contrôlant sur un arbre en fleur l'activité des indicateurs volants.

Résultats quantitatifs

Dans l'étude des 2 562 structures électriques, j'ai compté 381 insectes et insectivores et l'on en trouve la répartition par types dans la dernière ligne du tableau suivant : au total 75 % visitent ces poteaux irréguliers dont les types représentent 36 % des SE, contre 25 % pour les autres (environ 60 % des SE).

---

1. Rappelons le décalage d'apparition des fleurs (fin mars) et des feuilles (fin avril) sur un cerisier : cette particularité m'a permis, de la fenêtre de mon bureau, avec une bonnevue, et sur un arbre pas trop grand, une évaluation satisfaisante du nombre des insectes qui viennent butiner, et des oiseaux.
2. De 16h34 à 17h53, le 31 mars 1998, température de 22°, sans vent. Sur le cerisier en 5 minutes vers 16h30, j'avais compté 27 bestioles (insectes et oiseaux). Vérification le 8 avril 2004, de 15h15 à 15h25, température de 10°, soleil sans vent, je compte sur le même arbre 12 bestioles dont 1 xylocope et 2 bourdons, soit moins de la moitié des insectes dans un temps double (température ou insecticide en cause ?). J'ai retrouvé à cet endroit, au 1° avril 2005, une fréquentation égale à celle de 1998. Enfin au 19 avril 2006, toujours sur le même arbre, de 13:16 à 13 :26, température de 19°, soleil et nuage sans vent, je compte 45 bestioles dont 5 xylocopes, et 2 bourdons. Les lignes électriques du quartier ont été enfouies en 2005-2006, ce qui ne permet plus d'effectuer la comparaison des lignes avec le cerisier.

Le tableau ci-dessous résume ces résultats comparés à ceux de l'étude restreinte. Il y a bien sûr, plus de bestioles au temps des cerisiers en fleurs pour deux raisons, de période favorable, et de sélection de poteaux visités au départ du temps d'observation; on en trouve, par exemple, 1 à 3 sur des poteaux de type 3 et 5, plutôt qu'environ 1 pour trois dans l'étude générale. L'ordre relatif des attirances y est néanmoins similaire.

Pour trouver les 10 poteaux attractifs étudiés, j'ai passé en revue 71 structures électriques (68 poteaux, 3 transformateurs), et compté 38 insectes et prédateurs, répartis en grande majorité (33 sur 38), sur des poteaux des seuls types 3 ou 5 (débuts ou fins de lignes).

Tableau 9 – Attirance des insectes et des oiseaux

A	B	C	D	E	F	G	H	I	J	K
1	Structures visibles	Type 0	Type 1	Type 2	Type 3	Type 4	Type 5	Total poteaux	Transfo + 10kV	Cerisier
2	71 SE	47	2	3	9	0	7	68	3 + 0	
3	65 Insectes et oiseaux	5	0	0	12	0	21	38	0 + 0	27
4	10 poteaux	2	0	0	4	0	4	10	0 + 0	
5	71 SE	47	21 poteaux au total					68	3 + 0	
6	65 Insectes et oiseaux	5	33 insectes et oiseaux au total					38	0 + 0	27
7	2562 SE	1498	72	300	278	14	251	1967	140 + 9	
8	381 insectes et oiseaux	91	21	76	87	9	96	266	1 + 0	

Lignes 2 (détails) et 5 (global), 47 des 71 SE portent des fils symétriques et réguliers de chaque côté du poteau (type 0); 21 portent des irrégularités. Ligne 3, 21 insectes et oiseaux vont sur les poteaux de fin de ligne (type 5), 12 sur les débuts de ligne (type 3) et 5 seulement sur des poteaux réguliers (type 0).

La ligne 4, à comparer à la ligne 2, révèle que, sur les 10 poteaux où j'ai vu des insectes ou des oiseaux (4 en moyenne par poteau), 4 portent des débuts de ligne, sur 9 examinés de ce type 3, 4 des fins de ligne, sur 7 examinés de ce type 5, et que 2 seulement sont réguliers, sur 47 examinés de ce type 0. Il n'y avait que 3 poteaux de type 2 (branchements ou coudes de lignes) lors de cette observation, représentation 3 fois plus faible qu'en moyenne sur l'ensemble des poteaux observés (ligne 7).

En comparant les lignes 5 et 6, on constate que 33 insectes et oiseaux vont exclusivement sur 8 des 21 poteaux de types 3 ou 5, alors qu'il n'y a qu'une minorité de 5 insectes et oiseaux, sur seulement 2 poteaux parmi les 47 de type 0, majoritaires.

Les lignes 7 et 8, présentent des chiffres analogues, à l'échelle de l'étude complète réalisée sur 2562 SE : cette attirance d'insectes par des poteaux de types minoritaires se retrouve sur un plus grand nombre de sujets examinés, et, ainsi, on voit 96 insectes attirés par des poteaux de fin de ligne dont il n'a été compté que 251, tandis que 91 seulement vont sur des poteaux de type 0 dont on a dénombré 1 498. Les types 1 et 4 très rares (5 % et 1 %) sont très visités.

Dans l'étude restreinte, environ la moitié des poteaux, dans chacun des types 3 et 5, sont concernés par cette fréquentation anormale, contre un sur 25 en type 0.

Ainsi, à volume égal de fleurs et de poteaux, les insectes semblent beaucoup plus attirés par le haut des poteaux électriques de début et de fin de ligne que par les fleurs. Le matériau du poteau (béton ou bois) ne semble pas en cause, mais rappelons qu'il n'en est peut-être pas de même pour les poteaux métalliques, aussi fréquents en Irlande que nos réverbères français, et sur lesquels je n'ai pas vu d'insectes.

Résultats qualitatifs

• **Les insectes**

Revenons sur le chapitre II de la première partie pour apporter quelques précisions sur le manège du xylocope autour de ces poteaux. J'ai vu en mai 1995, par 2 fois, un groupe de 2 ou 3 xylocopes virevolter comme pour un vol nuptial autour de poteaux de début de ligne.

J'ai vu à 4 reprises, un xylocope attiré par ces poteaux à plus de 50 m, ce qui donne une idée de l'ordre de grandeur du rayon d'attraction ou d'emprise du phénomène. Sur fond de ciel bleu, je peux distinguer ces insectes à 80 m (les autres insectes sont trop petits pour une telle observation !). L'écart moyen entre 2 poteaux est, en France, de 50 m.

En longueur, dans 2 cas, le xylocope suivait la ligne électrique depuis 2 poteaux (donc depuis 100 m environ), se heurtait au poteau de fin de ligne, puis filait sans s'arrêter dans une autre direction.

En largeur, dans 2 autres cas, le xylocope venait droit, une fois sur le poteau de fin de ligne, et une fois sur celui de début de ligne depuis une distance de 60 m, virevoltait 2 ou 3 secondes autour des fils du poteau et filait.

Encart 8 – Vol de VASEM

Les caractéristiques d'un vol que l'on peut appeler 'de Variation Spatiale Electro Magnétique' (VASEM) sont :

a- la discrétion du phénomène : il n'intéresse que quelques insectes à la minute dans des conditions météorologiques optimales. On les voit, vers 10-11 heures ou 17 heures, sans vent, par plus de 17°, au printemps et en automne. Parfois, au contraire, on voit des abeilles se réfugier avant les premières gouttes d'un orage sous les ailettes de refroidissement d'un transformateur sur poteau. L'insecte ne séjourne que de quelques secondes à 1 minute, au plus, autour des fils du poteau. Il explore parfois une partie de la quinzaine d'orifices préfabriqués destinés à la fixation des potelets des isolants des fils de lignes.

b- le rayon d'emprise empirique de 50 m environ.

c- les 2 éléments en faveur d'une origine électromagnétique : à Colombes, en 1995,

- Une modification des fils (2 fois) ou de la position du transformateur (1 fois) a mis fin à ce vol des insectes en trois lieux différents et a fait cesser 3 des 4 rassemblements de plus de 12 hirondelles visibles. Sur le 4e poteau, sans modification, les insectes et les oiseaux ont continué de venir jusqu'en avril 2005 ; les lignes ont été enfouies depuis.
- L'insecte virevolte et butine certains points du câble électrique, comme il le ferait d'une fleur : ainsi le bout libre des fils de fin de câble, le boîtier de distribution, le branchement des lignes de distribution semblent les attirer. L'attirance plus grande pour certains poteaux suggère un moyen de mesure biologique du phénomène physique inducteur.

En effet, on voit 1 à 2 insectes au plus par minute, et dans des conditions météo optimales, sur un début ou une fin de ligne ; ce nombre double sur un poteau portant 2 débuts ou 2 fins de lignes ; mais, à partir de 3 ou plus, on peut penser à un vol phéromonal.

Encart 9 - Vol phéromonal

J'appelle vol phéromonal un vol très particulier des insectes au niveau des poteaux. L'attirance pour les poteaux, en ce qui concerne le xylocope et lorsque le nombre en est supérieur à 3 à la minute, peut être due à une hormone sexuelle, la phéromone.

Ceci mérite une précision: la femelle en état d'être fécondée répand une odeur sexuelle, la phéromone, perçue par les mâles à près d'un kilomètre à la ronde. Les mâles attendraient ainsi près du poteau, à l'affût d'une femelle non fécondée. Le vol n'a plus les mêmes caractéristiques: une (supposée) xylocope se pose à mi-hauteur du poteau, ailes écartées, sans s'occuper des fils et s'en va au bout d'1 ou 2 minutes.

Quelques secondes après son départ, d'autres xylocopes (supposés mâles) viennent se poser au même endroit, ou un peu au-dessous s'ils sont nombreux, formant ainsi parfois, une courte file d'attente de 3 à 4 sujets qui attendent leur tour pour remonter le long du poteau jusqu'à la zone touchée par la femelle.

Parfois, les xylocopes arrivent par groupe de 3 ou 4, tournoyant quelques secondes à hauteur des fils avant de s'en aller ailleurs: il pourrait s'agir dans ce cas, d'un vol nuptial.

Je note depuis 2000, une diminution globale du nombre des insectes autour des poteaux[3]: je vois encore quelques xylocopes (une quarantaine dans les 6 premiers mois de 2002) mais une demi-douzaine seulement, au plus, de guêpes ou de fourmis ailées pour la même période. Même diminution d'hyménoptères et d'hirondelles sur les poteaux de Miami Plage (région de Tarragone, Espagne) en juillet 2002, mais persistance du cortège des autres oiseaux tout à fait caractéristique.

En juin 2003, l'attraction des xylocopes persistait comme les autres années, mais je n'ai vu que très peu d'autres insectes (pour la première fois depuis 34 ans, dans mon jardin, aucun puceron sur rosiers ou fusains, en l'absence de tout traitement!).

Les riverains de tels poteaux, en Alsace, dans la Drôme, ou en Ile-de-France remarquent, depuis deux ans, l'absence d'hirondelles sur des fils fréquentés depuis plus d'une vingtaine d'années.

3. Comparant mes notes de 1998 et 2004, sur un même cerisier en fleurs, le nombre d'insectes est diminué par 2 dans un temps d'examen double: la température défavorable en 2004 n'était sans doute pas seule en cause.

La diminution des élevages ou l'emploi de nouveaux pesticides seraient-ils en cause ?

• Les prédateurs

Les araignées se voient rarement, car elles doivent se cacher de leurs prédateurs. Mais leurs toiles sont plus fréquentes sur les 5 types de poteaux de VASEM. Je me demandais comment des araignées pouvaient voir du sol si le lieu était propice aux toiles ! Je trouve une réponse[4] chez Aubert, un entomologiste angevin[j], suggérant qu'elles atterriraient sur ces poteaux, portées par des fils de la vierge, et ne resteraient en croissant et prospérant que sur les seuls poteaux 'bien achalandés' en insectes.

Les oiseaux se perchent, se rassemblent et nidifient plus volontiers autour de ces poteaux. Jarry (1998) estime à 1 100 le nombre d'aller-retour journalier d'un couple d'hirondelles pour alimenter sa nichée.

On sait que cet insectivore exclusif nidifie dans les endroits de prolifération d'insectes, sous auvents des écuries ou des gares car il existerait une remontée d'insectes des écuries ou un entraînement d'insectes dans le sillage des convois lents, comme l'étaient les trains à vapeur. L'hirondelle retrouverait-elle près de ces poteaux la même manne qu'auprès des écuries ou des gares d'antan ?

Les petits omnivores (moineau, roitelet) picorent, en haut de poteau, les orifices préfabriqués dans le béton pour la fixation des fils, ou, parfois, attaquent directement l'insecte. J'ai trouvé un nid de moineaux sous l'abat-jour de l'un des 3 réverbères d'une petite place ; une ligne torsadée se terminait juste sous le réverbère, et la maison du malade atteint de TC se trouvait à 5 m derrière. Le piaf attendait-il, pour ses petits, la chaleur nocturne de l'ampoule du réverbère ou l'attraction diurne d'insectes par cette fin de ligne ?

Les omnivores plus gros (pigeon, tourterelle, merle et aussi, grive, étourneau, pie, etc.) adoptent un comportement plus complexe ; ainsi, les pigeons s'accouplent sur les fils de ces poteaux, un pigeon peut assez souvent se percher au lever ou au coucher du soleil pendant 1/2 heure sur la crosse d'un premier poteau de ligne, plumes ébouriffées, mouvement lent[5].

---

4. Les arachnides se propulseraient à partir du sol en parachute ascensionnel, sur des 'fils de la vierge'.
5. Il semble vieux ou malade : pourrait-il rechercher un remède à ses maux par une électrothérapie?

C'est parfois sur le deuxième poteau de la ligne qu'il se pose, mais toujours pour un long séjour. Enfin, les étourneaux granivores se perchent, à l'époque de la glane dans les champs, à égale distance des poteaux électriques (HT ou BT). Mais, à l'arrière-saison, quand il n'y a plus de graines et qu'ils ont à choisir entre poteaux de hauteur égale, c'est sur le plus haut câble (anti-foudre) des poteaux qui portent des coudes ou des branchements de lignes, qu'ils se rassemblent.

Figure 59. Étourneaux sur lignes de HT
Les étourneaux se posent surtout, par compagnies de 50 ou de 100, sur le câble le plus haut (parafoudre). On voit un cable sous tension au-dessous, sans oiseaux.

Causes de ces comportements

Voyons les arguments en faveur des différentes hypothèses de ce comportement intriguant dont je n'ai pu établir la cause avec mes amis entomologistes et ornithologistes :

• Alimentaire ?

Des poussières et des pollens se poseraient sur ces poteaux, attirés peut-être par des variations de champs électromagnétiques de très haute fréquence que l'on appelle les champs pulsés (PEMFs[6]). Les insectes viendraient ainsi, se nourrir de ces pollens, puis les insectivores de cette manne. Nous serions, en fait, en présence de 3 maillons de la chaîne alimentaire : pollen végétal, insecte animal, insectivore prédateur.

6. Pulsed Electro Magnetic Field des Anglo-Saxons. Ces PEMFs surviennent pendant un temps très court à l'ouverture ou à la fermeture de tout appareil électrique et libèrent de l'énergie en haute fréquence.

Cette hypothèse semble vérifiée pour les moineaux que l'on peut voir picorer le haut des poteaux, mais pas pour les hirondelles (ou les martinets qui se perchent parfois), mais que je n'ai jamais vu s'alimenter.

En Espagne, j'ai entendu un merle, perché sur un premier poteau de ligne, siffler en semblant attendre quelque chose, puis filer vers la fin de ligne. Je l'ai suivi jusqu'à ce dernier poteau, à 150 m environ ; il sifflait toujours, mais sans becqueter quoi que ce soit, avant de quitter son perchoir pour, finalement se faufiler dans les herbes à la recherche d'une pitance plus... terre à terre.

• Nuptialité et ponte ?

Les 'xylocopistes', spécialistes du xylocope, contactés en Belgique et en Italie, soutiennent ces hypothèses en se fondant sur l'argument saisonnier du temps de ponte et sur celui de la morphologie de ces poteaux, l'asymétrie, voire même le fouillis de leurs fils, les faisant ressembler à des arbres morts dressés. Le xylocope en quête de lieu de ponte viendrait explorer cette image d'arbre mort. Elle imprimerait son empreinte sexuelle sur le poteau, attirant ainsi les mâles à l'affût d'une femelle non fécondée.

Certes, j'ai vu des xylocopes explorer 1 ou 2 d'une quinzaine d'orifices situés en haut des poteaux de béton[7], mais aucune ne pondait : aucune, en tout cas, n'entrait dans l'alvéole à reculons, comme la reine des abeilles dans sa ruche, lorsqu'elle va pondre. L'hypothèse peut cependant être retenue, mais pas pour d'autres hyménoptères tels les fourmis ailées ou les abeilles qui ne pondent pas au sommet d'un arbre mort : peut-on, dès lors, retenir dans leur cas ce motif d'approche ?

• Électrique ?

Elle paraît fondée par le fait que la modification des fils ou le déplacement du transformateur rend prévisible l'arrêt ou le changement de comportement des insectes. J'ai ainsi annoncé[k] la désertion de 39 nids d'hirondelles sous l'auvent d'un pavillon, à la suite d'une modification de la ligne électrique voisine en mai 1996, et me suis en partie trompé :

- Comme prévu, les insectes ne venaient plus sur le poteau.
- Mais les hirondelles continuaient de nidifier et je n'avais pas prévu que, chez l'hirondelle, l'atavisme l'emporte sur 'la raison'. Après curage des nids, en 2001, elles en ont rebâti 23 sous le même auvent en 2002, mais ce nombre qui progressait depuis 20 ans ne varie plus désormais.

7. Parfois, une quinzaine d'orifices préfabriqués destinés à la fixation des potelets des isolants des fils de lignes.

- La propriétaire du pavillon signalait que depuis la modification de 1996, chaque année, en juin, une trentaine d'oisillons sans plumes étaient jetés des nids, ce qu'elle n'avait jamais observé dans les 20 années précédentes. 'Mort par dénutrition' semble le diagnostic le plus probable. Il n'y a plus eu de chutes depuis 2002.
- Une autre coïncidence surprenante, prévisible selon mon hypothèse, mais que je n'aurais jamais osé publier, est celle de l'apparition, dans les 10 m du poteau de la ligne ainsi modifié, de 2 des 181 perforations de canalisations métalliques d'eau que j'ai étudiées. Elles sont apparues en janvier et avril 1997 soit, respectivement 8 et 11 mois après cette modification.

La composante électrique du champ électromagnétique attire poussières et pollens ionisés. Comme nous venons de le rappeler, une augmentation de pollens pourrait justifier la présence sur ces poteaux d'insectes et, secondairement, de petits oiseaux assez vifs pour les attaquer.

Cette composante pourrait de plus provoquer l'horripilation des poils des tibias des insectes ou du duvet des oiseaux, mais le temps de pose, en ce qui concerne les insectes et les petits oiseaux est trop court pour que l'on puisse retenir cette hypothèse. À l'inverse, la pose de gros oiseaux durant 15 à 30 minutes, pourrait être due à la recherche du hérissement alaire. Y trouveraient-ils alors l'impression de chaleur ou de grattage antiparasitaire ?

Les gros oiseaux rechercheraient une 'thérapie' induite par la composante électrique, et cette hypothèse surprenante et 'irritante' ne saurait cependant être écartée d'emblée. Que penser du comportement d'une cigogne qui avait installé son nid sur un poteau de type 1 bien qu'elle ne possède pas l'agilité suffisante pour attaquer les insectes ?

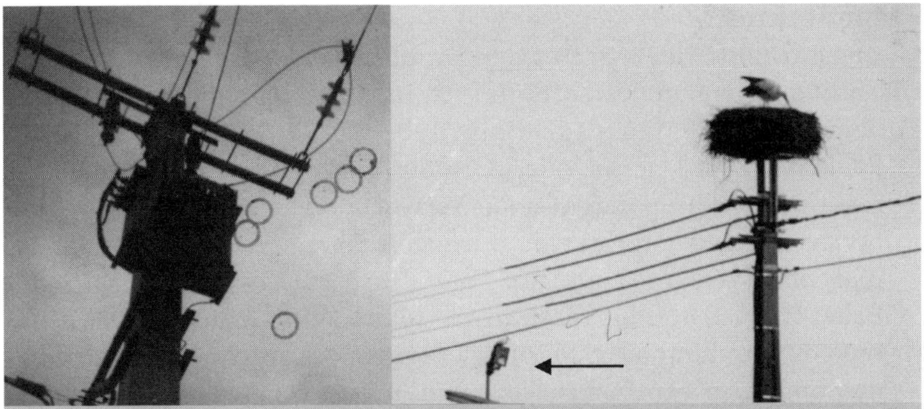

Figure 60. Abeilles sur transformateur. Cigogne sur poteau (type 1).
À gauche, 6 abeilles (cercles) attirées avant un orage par un transformateur aérien ; à droite, nid de cigogne sur un poteau de type 1 aménagé par les villageois. Au fond, le mâle est perché sur un poteau (flèche) plus large, plus haut, chauffé par le sunlight d'un stade. Fils nus manchonnés (à gauche du poteau) contre l'électrocution par déploiement des ailes.

L'entomologiste, Moral comptait (1998) dans la forêt de Chaux (Doubs), deux fois plus d'espèces d'insectes sur le chêne que sur le hêtre : l'écorce rugueuse du chêne et sa feuille plus appétissante pour les phytophages expliquaient selon lui, cette différence. Dajoz[m] (1987) notait une attraction des insectes par le pin d'Alep et opposait la faune des résineux à celle des feuillus.

Aucun de ces 2 auteurs n'envisageait cependant que la différence d'attraction puisse dépendre de phénomènes électriques provenant d'une différence structurelle de l'arbre, telle que la présence d'épines ou de racines pivotantes ou étalées. Cette question m'a semblé intéressante, bien qu'elle soit sans doute difficile.

Une observation personnelle de 2002, portant sur 368 chênes truffiers, m'a pourtant montré que les chenilles attaquent les chênes rouvres et Michelin (11 %) à feuilles arrondies, mais moins les chênes verts (4 %) à feuilles plus dures, certes, mais aussi piquantes, qui attirent peut-être plus les particules ionisées ambiantes.

• Magnétique ?

La quasi-totalité des insectes que j'ai observé sur les poteaux attractifs était des hyménoptères, dont certaines espèces sont connues pour s'orienter sur le champ magnétique terrestre.

- Paulian[o] (1988) notait que le vol du hanneton, un coléoptère, se règle sur le champ magnétique, terrestre ou artificiel, et sur les silhouettes élevées (arbres ou autres amers) ; je n'en ai pourtant jamais observé sur les poteaux.
- Baker[p] (1978) et, plus récemment, Mac Kay et al. [q] (1992) et Camlitepe et Stradling[r] (1995), ont démontré l'attirance des jeunes hyménoptères n'ayant pas encore acquis leurs repères optiques, par le champ magnétique naturel terrestre ou par le champ artificiel d'un solénoïde ; la jeune fourmi, placée dans un tel solénoïde, à 90° du Nord magnétique, reprend sa marche vers le Nord réel dès que l'on coupe le courant.
- Je n'ai jamais vu d'abeille domestique sur ces poteaux. Or on sait que la jeune abeille, avant son premier vol, exécute une visite de la ruche au cours de laquelle elle acquiert le repérage optique nécessaire au retour vers celle-ci, dont elle se servirait plutôt que du champ magnétique. Les entomologistes consultés (avec l'aide de Rémi Chauvin) ne peuvent me dire s'il y a, ou non, visite du gîte avant le premier vol de l'abeille sauvage, la seule que j'aie vue sur ces poteaux. Il serait intéressant de savoir si l'abeille sauvage utilise plus le champ magnétique que ne le fait l'abeille domestique qui se guide sur ses repères optiques.

• Cheminement sans cause électromagnétique ?

Une simple ficelle de chanvre tendue d'un poteau à l'autre, sur 200 m de long, peut-elle servir de repère optique aux insectes, à la façon du fil d'Ariane' ? Et le fil, électrique ou non, ne serait-il qu'une autoroute balisée pour insectes ?

Je me suis posé la question en filmant les insectes qui suivaient une ligne de téléphone alimentant 6 chalets de montagne (6 paires alimentées en courant continu de 24 V au plus). La ligne pourrait-elle guider les insectes qui la suivent et expliquer que seuls 10 % coupent perpendiculairement l'axe Nord-Sud de ces fils ?

Le film permet le décompte des insectes : en 5 minutes[8], 88 insectes se déplacent dans le plan N-S parallèle aux fils de téléphone, contre 8 dans le plan E-W. Les hyménoptères abandonnent ensuite la ligne en virevoltant autour du poteau sur lequel elle se coude à 90° pour alimenter les 2 derniers chalets.

Les insectes suivent-ils l'axe magnétique terrestre ou les fils ? La réponse à cette question, sans intérêt apparemment pour les scientifiques, pourrait-elle m'être fournie par quelqu'un qui aurait fait ce genre d'observation sur une autre ligne dans un autre axe, et accepterait de me faire part de ses données ?

• Thermique ?

Insectes

Je n'ai vu au cours de mon étude qu'un seul des 381 insectes observés, sur la grille de refroidissement d'un transformateur : qu'ils semblent, sinon fuir, du moins ignorer.

Nous en avons vu cependant, avec un médecin spécialiste déjà évoqué plus haut, se plaquer sur les grilles de transformateurs hongrois ; j'ai compté 10 à 20 insectes (des guêpes?) à la fois, sur plusieurs grilles en banlieue de Budapest (H), (5 juillet 1996, de 13 à 17 heures) et ce, sous 35° sous abri ! Leur dos s'arquait en arrière comme un hélicoptère russe Sikorski, mais peut-être était-ce leur forme naturelle?

Cette position, connue des médecins sous le nom d'opisthotonos, est celle d'un homme atteint d'affection cérébrale (méningite). L'attitude de ces insectes paraissait maladive ; ils se déplaçaient peu et lentement, et demeuraient ainsi plaqués, 1/2 heure environ.

En France, avant un orage, je photographiais une demi-douzaine d'abeilles sauvages présentant ce même déplacement lent, sous un transformateur monté sur pylône (Figure 60). Les insectes paraissaient harassés et se plaquaient sous le transformateur après avoir tournoyé autour un moment.

Les physiciens consultés pensent qu'il existe une augmentation de température près des boîtiers et des fins de lignes. Les insectes rechercheraient-ils un tel effet sur les poteaux ?

8. 31 juillet 96, de 10 :40 h à 10 :42 h et de 10 :47 h à 10 :50 h, ciel bleu, sans vent, 22°, sur une paroi sombre.

Oiseaux
À Budapest, j'ai vu, en plein été, au-dessus du transformateur et en l'absence de ligne aérienne, une dizaine de nids d'hirondelles sous le balcon du 1er étage et, dans un cas, à Szeged, au sud de Budapest, près de 200 hirondeaux sous l'auvent du toit, au-dessus de 2 transformateurs.

Les pigeons recherchent fréquemment soleil ou chaleur sur le versant Sud d'un toit, mais assez souvent ils se regroupent aussi sous l'auvent qui abrite le transformateur : en serait-ce la chaleur qu'ils convoitent ?

J'ai vu parfois des oiseaux perchés sans bouger sous une pluie diluvienne et en particulier sur le poteau orphelin laissé en place par les techniciens : ainsi, ai-je pu remarquer une tourterelle sur l'unique poteau d'une rue de plus d'un kilomètre de long, quand des abris ou perchoirs plus hauts se trouvaient à 15 m de là. Je l'ai photographiée sous la pluie, tandis qu'un moineau venait la rejoindre. Un malade atteint de tumeur cérébrale habitait à 35 m.

Dans ces 3 cas, que faut-il mettre en cause, la chaleur, le soleil ou le phénomène électromagnétique, tout en se gardant de conclusions hâtives ?

Recherche bibliographique
Brodeur[s] (1992), journaliste américain, citait dans son livre sur les dangers électriques[9] le Professeur Graves, à propos d'une action biologique des lignes électriques sur les insectes. Les ruches dépérissant sous lignes HT, il était recommandé pour les protéger de les entourer par des fils conducteurs reliés à la terre.

Après lui, Brugères (1993[t]), professeur de biologie à l'École Nationale Vétérinaire d'Alfort, rapportait à son tour qu'un tel dépérissement avait été prévenu par un grillage métallique posé sur la ruche et relié à la terre.

Un entomologiste[u] me signala qu'il avait été le premier à décrire l'attraction des fourmis par la prise électrique d'un téléviseur et "*qu'il sentait bien qu'il y avait quelque chose à gratter de ce côté...*", avant de me donner les références de collègues américains et anglais intéressés par ce sujet.

---

9. P160 chap. 23, Sauvez les abeilles !, « Le Professeur Graves était lié aux compagnies électriques de Floride… Si l'on en croit Graves et ses acolytes, les seuls effets préoccupants concernaient les porteurs de stimulateurs cardiaques et les abeilles dont les ruches seraient situées sous les lignes. Eu égard à ce dernier inconvénient, il fut recommandé à toutes les compagnies d'équipement de prévenir ceux qui élevaient des abeilles, et de leur signaler qu'il existait un moyen de les garder de tout effet indésirable, c'était d'entourer les ruches de fils métalliques offrant un dégagement vers la terre… »

Conclusions

Il existe une attraction de certains insectes et insectivores[10] par certains poteaux électriques des lignes de distribution. La distance d'attraction autour des poteaux a été d'environ 40- 60 mètres dans 4 cas observés, ce qui permet d'estimer à 50 m la zone d'emprise.

La cause de cette attraction pourrait être liée à ce qui semble induire certains cancers humains, et qui correspond à une variation spatiale électromagnétique que j'appelle VASEM. Mieux connaître les effets biologiques sur les abeilles dans ces zones de VASEM pourrait donner des indications utiles. Le fait qu'un grillage métallique sur des ruches établies sous lignes haute tension prévient le dépérissement des abeilles, suggère le rôle possible d'un écran de métal dans la prévention d'effets biologiques de l'électricité chez l'homme.

Une estimation biologique du facteur en cause est obtenue par comptage des insectes attirés par ces poteaux dans un temps donné. On remarque en Europe de l'Ouest, depuis 2000, la disparition d'un grand nombre d'insectes, et, en 2004 on incrimina les pesticides. Ainsi le phénomène d'attraction, peu visible au départ, devient encore moins apparent, sauf dans le cas du xylocope qui semble résister. En 2006, il semble qu'il y ait retour à la normale.

Effets sur les élevages

Parmi les autres phénomènes observés autour de ces poteaux, il en est qu'il faut connaître pour pouvoir les chiffrer un jour. Les troubles que nous allons examiner maintenant laissent insensibles la plupart des médecins et des malades, qui n'imaginent pas qu'il y ait ou qu'il puisse y avoir une relation entre la maladie et des maux qui concernent les animaux de compagnie, les bêtes d'élevage, les plantes, ou le matériel.

Ce sujet a déjà été abordé, à propos des mesures électriques que j'avais effectuées pour observer des effets à proximité d'une voie ferrée. C'est sous l'angle de l'observation avec les éleveurs que nous le retrouvons maintenant.

10. Guidés, pour une grande partie d'entre eux, par le champ magnétique terrestre.

Depuis quelques années, des éleveurs des pays industrialisés se mobilisent contre les producteurs d'électricité car ils observent des troubles de leur cheptel exposé à la proximité des lignes de Haute Tension.

Sous l'effet de champs électromagnétiques (CEM), la qualité du lait des vaches s'altère, avec apparition de 'cellules microbiennes' et mort des veaux par diarrhée aiguë ; le cannibalisme augmente chez les porcs[v], une agitation anormale gagne les chevaux dans les haras, etc. Les vétérinaires[w] expliquent ce genre de troubles par un stress des bêtes qu'ils attribuent, souvent, aux courants vagabonds.

En 1999, alerté par les doléances d'un éleveur dont l'étable se trouvait à proximité d'une ligne de TGV, j'avais eu l'occasion de faire des observations. J'ai par la suite, ciblé ma recherche pendant quelque temps sur l'étude de l'implantation de 3 autres étables, où les vaches présentaient un syndrome de stress analogue et produisaient aussi un lait comportant trop de "cellules".

Effets sur le bétail au GAEC

Je reporte ici des détails de ma première étude concernant les effets sur les animaux, en renvoyant le lecteur au chapitre 'Mes mesures'.

L'éleveur rapportait des troubles de son cheptel, dont certains existaient avant, mais qui s'aggravaient depuis 5 ans avec la modification des lignes pour le TGV. Au point de vue fonctionnel, il notait, en deux endroits différents de sa ferme :

- Le nervosisme des vaches lorsqu'elles entraient dans la salle de traite.
- L'agitation des bêtes dans l'étable, qui se dressaient et bousaient au passage des trains et, de façon générale, la mortalité excessive des veaux par diarrhée aiguë.

Les examens complémentaires donnaient des anomalies :

- La coopérative laitière détectait plus de 400 000 cellules par litre de lait, cette valeur étant la limite de tolérance au-delà de laquelle la production est pénalisée, voire interdite.
- Les tensions mesurées entre la terre de la prise de la laiterie et une prise de terre dans le pré voisin, à 50 m, montaient de 6 à 170 mV au passage des trains.

• Inspection des lieux : gel, animaux à l'étable (9 avril 1999)
L'examen des structures métalliques ne révélait pas d'anomalie. Pour un novice, l'installation semblait correcte. Cependant, les rails séparant les bêtes étaient boulonnés, et non soudés[11], aux 3 prises de terre. L'abreuvoir en plastique de 200 litres dont la réalimentation se faisait par le museau des bêtes poussant sur un appui plastique, amenait la température de l'eau à 9°.

J'ai relevé, avec un banal multimètre, des tensions, ou différences de potentiel (ddp) entre les extrémités d'un fil, ainsi qu'il a été décrit précédemment.

Rappelons que j'ai étudié 3 endroits, lors du passage de trains dans le circuit d'alimentation électrique ferroviaire local et dans les intervalles :

1. Entre la fiche de terre de la prise électrique et une mise à la terre dans le pâturage voisin, où l'on retrouve des tensions, déjà remarquées par l'éleveur, de 6 mV en courant alternatif, qui augmentent à 180-200 mV au passage des trains[12] ; en courant continu, la même valeur de 6 mV ne se modifie pas.
2. Entre le sol et chacun des 14 piquets de terre (enfoncés à 1,20 m) près d'un câble de cuivre de 150 m de longueur, posé au sol entre ferme et voie ferrée, dans l'espoir d'un effet protecteur (un tracteur était utilisé pour le tirer d'une position à une autre). On pouvait espérer que ce câble qu'il draine les courants vagabonds, mais non qu'il s'interpose, vu la courbe de la voie ferrée.
3. De part et d'autre du dernier poteau de la ligne électrique d'alimentation (380 V, 50 Hz) à l'aide du fil de 10 m : je relevais des valeurs de 46 mV, le fil étant en direction de l'étable, et de 6 mV du côté opposé, en courant alternatif, valeurs non influencées par le passage des trains.

Après débranchement du domino de la prise de terre (réglementaire sur poteau de fin de ligne),

- La tension alternative s'égalisait immédiatement à 6 mV pour les mesures faites de part et d'autre du poteau.

11. Cette erreur avait été soulignée par la SNCF : un boulonnage, susceptible de s'oxyder, peut diminuer, voire interrompre la connexion avec la terre.
12. Cette tension paraît particulièrement basse, quand on relit la thèse de JP Ragot[x], stomatologiste : le bimétallisme entre amalgame d'argent et couronne dentaire d'or crée une tension moyenne de 450 mV, avec un maximum de 1 500 mV ; mais, de toute façon, tout dépend du rôle de ces tensions.

- Les vaches étaient tranquilles le soir même à la traite et, dès le lendemain matin, dans l'étable, allongées "comme elles n'avaient jamais été depuis 5 ans" selon les propres termes du père de l'éleveur : ceci est important, je crois, dans une optique de prévention des troubles, mais doit être tempéré par une dernière remarque.
- L'éleveur refusait de rebrancher le domino de connexion de la ligne à la terre, mais, malgré cela, quelques jours plus tard, tensions en bas de poteau et troubles reprenaient comme avant.

Cela pose plusieurs questions : quel danger y a-t-il à supprimer une mise à la terre, réglementaire pour des raisons de sécurité ? Que s'est-il en fait passé ? Pourquoi les services compétents ne se saisissent-ils pas d'un tel problème afin d'en atténuer les conséquences ?

• Grève SNCF et tempête (Mai et décembre 1999)

Une grève, le 4 mai 1999, a momentanément interrompu les troubles comportementaux ; les vaches, selon l'expression de l'éleveur, étaient alors '*Tip-Top*'.

Les cellules dans le lait, encore à 443 000 le 10 mai, descendaient, le 20 mai, à 282 000 pour remonter, en juin, aux niveaux antérieurs à la grève, à plus de 400 000/litre. Il en fut de même, après la tempête du 26 décembre 1999 qui priva la ferme d'électricité pendant 3 jours et de trains pendant 2 jours. Les vaches étaient alors particulièrement tranquilles pendant la traite faite avec un groupe électrogène de secours.

• Expertise SNCF (juillet 1999)

À la demande de l'éleveur et à la mienne, la SNCF a fait reprendre une expertise : des techniciens de la SNCF sont venus effectuer des mesures. J'ai assisté aux opérations : de longs câbles ont été déroulés entre des piquets de terre, le long de la voie, et dans les prés du GAEC jusqu'au niveau de la ferme et au-delà (voir le plan du GAEC en Partie I), et des enregistrements ont été réalisés sans arrêt, simultanément pour de nombreux points de mesure, et sur 3 plages horaires de l'ordre de 12 ou 24 heures ; un rapport a été fourni, dont j'ai eu copie.

Le résultat pour les éleveurs était décevant, car, mis à part des pics de tensions de l'ordre d'une centaine de volts mesurés en bordures de voie, où l'existence d'effets de force électromotrice induite est bien connue, le rapport considérait les tensions mesurées sur le GAEC comme négligeables, tant par leur faible voltage, au-delà d'1 volt deux fois dans la journée, que par les durées cumulées, représentant une faible proportion du temps.

Ainsi cela ne correspondait pas à une nuisance établie, bien que les tensions soient bien corrélées avec le passage des trains, et correspondent à un syndrome de stress aigu chez les bovins.

Il faut tenir compte du fait que le but de telles expertises était de détecter des risques d'électrocution ou de dégâts matériels immédiats, seuls pris en compte réglementairement.

Visiblement, en 1999, les techniciens n'étaient pas sensibilisés aux ordres de grandeurs des tensions qui suffisent à des réactions biologiques lors d'expositions répétitives sur de longues durées, sans doute du fait d'un vide juridique. Qu'en est-il maintenant?

Effectivement, les tensions qui m'importaient, en particulier au niveau de la ferme, se trouvaient aux limites de précision des mesures, et les évolutions dans le temps pouvaient ne pas être fidèles, du fait de caractéristiques des appareils sans doute peu adaptées à une étude détaillée. Cependant, les mesures, et les résultats, m'ont beaucoup intéressé car ils confirmaient mes explorations beaucoup plus partielles : les méthodes employées différaient surtout par un système d'enregistrement plus sophistiqué et des câbles plus longs, et par les mesures des intensités dans les circuits ferroviaires, inaccessibles au public.

On voyait ainsi directement, sur des graphiques, les corrélations entre les pics, les décalages des intensités dans les circuits ferroviaires voisins qui permettent de connaître le sens de parcours du train, les variations des tensions relatives à une prise de terre de référence, selon la position du point de mesure dans le GAEC pour un même train, et une image d'ensemble des effets au cours de longues plages horaires.

Je souhaitais reproduire en annexe le schéma de principe des mesures ainsi que les graphiques, parce que ce sont des documents très parlants, mais la SNCF n'accepte pas cette reproduction. C'est dommage, mais l'essentiel ici est de savoir que l'on peut demander de telles expertises.

- **Discussion**

Un graphique de la SNCF montre que durant 16 heures d'enregistrement, la tension AC sur un câble de 250 m, à 750 m du rail, est montée à 2 reprises, à 1 000 mV. Or, à la même distance, les bêtes à l'étable présentent un syndrome de stress au passage des TGV pour une tension de moins de 200 mV entre la terre de la prise électrique et la terre du pré, distante de 50 m.

En comparant ces 2 valeurs, on peut se demander de quoi provient la tension entre 2 terres.

- Quelle est la relation entre ces tensions et les femli ?
- Y a-t-il inertie de l'enregistrement qui écrêterait les pics ?
- Le seuil d'apparition de troubles, de 1 V entre les pattes, fixé par les vétérinaires américains est-il trop élevé ?
- Le courant de retour suit-il la corde et non l'arc de la voie ferrée, ou bien la ligne d'alimentation amène-t-elle des parasites ?

Résultat pour 4 étables à problèmes

J'ai étudié de plus, 3 étables dont les vaches produisaient aussi trop de cellules dans le lait. Elles sont situées dans une région de Lozère où le terrain est granitique et acide, ainsi que l'atteste la végétation de bruyères et d'airelles ;

L'une des 3 se trouvait dans les 50 m du poteau de fin de ligne et les tensions mesurées dans le sol au pied du poteau, étaient plus importantes entre elle et le poteau, comme dans le cas précédent.

Les deux autres n'avaient que des poteaux de type 0 dans les 50 m. Les tensions mesurées entre les bornes du voltmètre fichées à 1 m d'écart dans le sol étaient quasi nulles, de l'ordre de 2 à 4 mV.

Élevage de chiens (2005)

Une éleveuse de chien avait créé un premier élevage dans un vieux poulailler où ses bêtes (Golden Retriever) s'étaient reproduites sans ennuis pendant 7 ans. Les chiens provenaient de différentes origines (Belge et Espagnole) et l'insémination était artificielle, afin d'éviter la consanguinité. Je présente l'observation telle que je l'ai rédigée en septembre 2005.

Les troubles commencèrent dès son déménagement, il y a 2 ans, dans un nouveau chenil qu'elle avait fait bâtir près d'une ligne de transport électrique. Le sol du chenil était en béton, avec ferrures inapparentes, et la clôture de grillage métallique de 2,20 m de haut environ et de 20 m sur 20 m. Pas de connexion électrique des ferrures de la dalle avec la clôture ; pas de mise à la terre de l'ensemble.

L'élevage de Golden Retriever (12 chiens actuellement, 5 femelles et 7 mâles), transplanté en octobre 2003, présenta des troubles 6 mois après l'implantation dans le nouveau site :

- Anomalie des poils avec chute des poils, surtout chez les mâles.

- Allongement de l'écart des chaleurs de 6 à 9 mois des chiennes (avec conservation de leur durée normale de 3 semaines et de l'ovulation au 13e jour).
- Durée de portée inchangée de 2 mois, mais portées moyennes de 7 chiots au lieu de 10 à l'adresse antérieure et ceci, pour un élevage qui était passé de 5 à 15 sujets entre 1997 et 1999.

Ainsi, depuis le début 2005, 2 portées de 7 chiots en mars et 8 chiots en juin.

Dans ces 2 portées, 2 anomalies : un chiot atteint d'hydrocéphalie (augmentation du volume du crâne) dans l'une, d'un méga-oesophage (œsophage augmenté de volume) dans l'autre.

- Diminution du poids de naissance de 350 g, poids normal, à 175 g en moyenne.
- Mort de deux chiennes, l'une par cancer digestif, à 6 ans, en juillet 2004, l'autre par cancer du sang, à l'âge de 8 ans, en septembre 2004.

Figure 61 – Chiens de l'élevage (Golden Retriever)

La ligne de 2 fois 225 kV passait à 150 m de l'habitation et du chenil et j'ai noté, à mon arrivée, qu'un cheval et les 2 en garde dans un autre clos, s'en tenaient au plus loin dans les deux pâtures qui leur étaient allouées.

La ligne d'alimentation de 380 V de la maison et du chenil était faite de câble torsadé en provenance d'un transformateur à une centaine de mètres au plus. Elle se terminait par un rouleau de fils sur la maison, et par un crochet, sur celle du voisin.

Au pied de cette dernière fin de ligne, nous avons vu une clé d'eau cerclée de bleu, ce qui signe en général des incidents d'alimentation ; dans le cas particulier, une diminution intermittente du débit d'eau pour le chenil et plusieurs des voisins (infiltration de racines dans un tuyau perforé? Perforé par électrolyse due aux courants vagabonds ?).

Une tourterelle s'est posée, à plusieurs reprises, sur le poteau de téléphone, à 5 m de ce crochet de fin de ligne. L'occupant précédent était mort de vieillesse tout comme son chien, ce qui suggérerait que les masses métalliques nouvelles et les travaux de terrassement du chenil aient pu être à l'origine de déviation des courants vagabonds et de l'apparition de ces troubles.

Biologie animale : les chats

À trois reprises, on m'a signalé des leucémies de chats alors que le, ou les maîtres(s) étai(en)t atteint(s) de cancer(s). Dans ces 3 cas le transformateur se trouvait dans les 50 m : question à suivre ! Il existe selon les vétérinaires une certaine similitude entre leucémie du chat et leucémie humaine. Le chat peut donc contracter une leucémie apparentée à celle de son maître, ou sans rapport avec un cancer de son maître, si la cause est plus générale.

On peut alors envisager une cause environnementale commune, qui peut être, certes, les antiparasites donnés à l'animal, et propagés à ses maîtres, mais aussi une origine électrique (pour les chiens, ne pas ignorer les colliers électriques anti-aboiement).

J'ai ainsi vu le cas de 4 cancéreux, dans un immeuble de 6 étages, qui m'a été donné par l'épouse de l'un des malades : son mari de 75 ans avait été opéré d'un cancer du rein, une dizaine d'années auparavant ; elle-même, atteinte de mélanome apparu sur tumeur bénigne de la peau, opérée en 2003. Le vétérinaire avait opéré leur chatte d'un carcinome baso-cellulaire en 2001 (pour le cancer des animaux familiers voir Barbier et Farrachi[xbis]).

L'un des voisins du dessous était décédé, à 62 ans, de cancer de la prostate en 2003 ; un autre de 54 ans avait été opéré d'un séminome en 2002.

Ce qui étonnait cette femme c'était le rapprochement dans le temps et le lieu de ces cancers : tous localisés dans la seule cage d'escalier au-dessus du transformateur du quartier qui se trouvait dans la descente au garage. Selon sa concierge, il y aurait eu au moins 3 cas de cancers dans l'immeuble contigu. La ligne de distribution de la rue est enterrée.

Effets sur la végétation

Analyse

Les notions rapportées ici correspondent à deux publications personnelles, déjà citées. J'ai mesuré les champs électromagnétiques (CEM) pendant 18 mois, de mètre en mètre, sous un sycomore poussant sous une ligne de 225 kV au port de Gennevilliers (92).

J'ai ainsi découvert ce que beaucoup savent sans doute déjà : un végétal agit comme tout conducteur électrique vertical, les CEM diminuant autour de ce conducteur dans un rayon proportionnel à sa hauteur. Le but de cette étude était de déterminer si un rideau d'arbre, entre ligne et habitation, pouvait diminuer les champs.

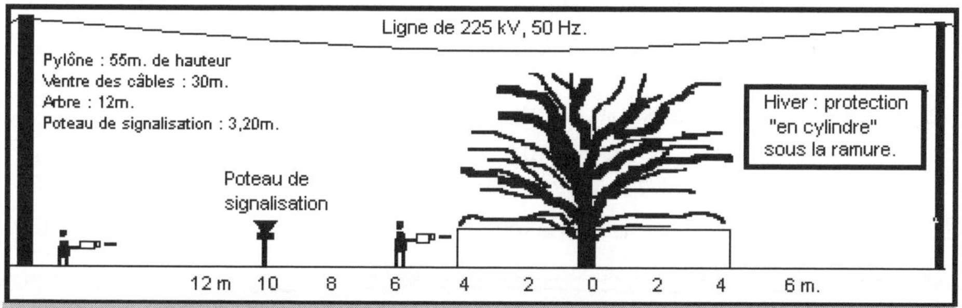

Figure 62 – Mesure des CEM sous un sycomore en hiver.
Diminution 'en cylindre' (en coupe, rectangle) : le champ induit par la ligne (1) est uniforme sous la ramure (4), et plus faible qu'ailleurs (2 et 5). Les distances au tronc sont reportées.

La diminution des champs électromagnétique induits par la ligne de 225 kV se fait au droit de la ramure, à 4 m du tronc, pendant la période de repos d'hiver, pour un sycomore de 12 m de haut (diminution en cylindre, fig. ci-dessus).

Volume et hauteur de l'arbre sont-ils en cause ? J'ai trouvé, au contraire, une diminution plus grande sous et en dehors de la ramure de l'arbre lorsqu'il est en sève (diminution en cône, fig. suivante).

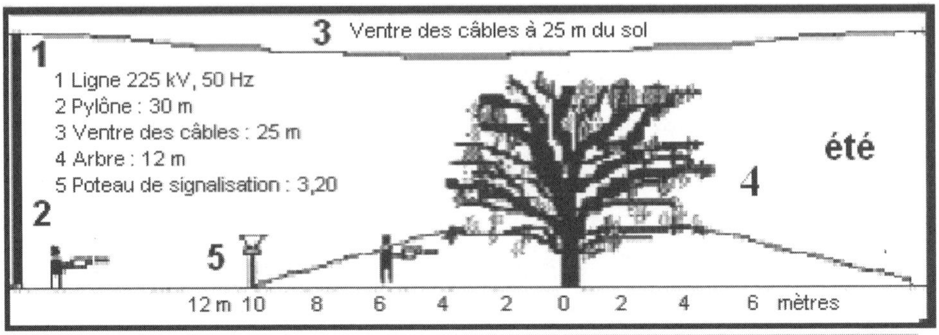

Figure 63 – Mesure des CEM sous un sycomore en été.
Diminution en cône tronqué (en coupe, trapèze) : la protection est meilleure en été et s'étend à près de 10 m (5) au-delà de la ramure (4). Le ventre des câbles (3), sur une portée de 100 m de long environ, est cependant plus bas en raison de la dilatation estivale, et le CEM induit, plus grand.

- L'effet protecteur contre le CEM est donc marqué par la conductivité du végétal et il est meilleur sous l'arbre en sève de printemps qu'en repos d'hiver.
- L'effet protecteur est augmenté par la hauteur de l'arbre et agit dans un rayon proportionnel à sa hauteur.
- L'effet serait encore accentué par le facteur 'pointe. Les feuilles piquantes et les arbres à épines diminuent d'avantage les CEM autour d'eux que les végétaux à feuilles arrondies : mahonia[13] plus que fusain, et mélèze plus que sycomore.

L'ensemble des mesures parait montrer (à quelques millivolts/m. près, sur le schéma, en 1) que les champs diminuent plutôt sous les feuilles piquantes du mahonia (a : 17 mV/m) que sous celles, arrondies, du fusain (b : 20 mV/m), pour une valeur de base maximum, sans rameau (c : 50 mV/m).

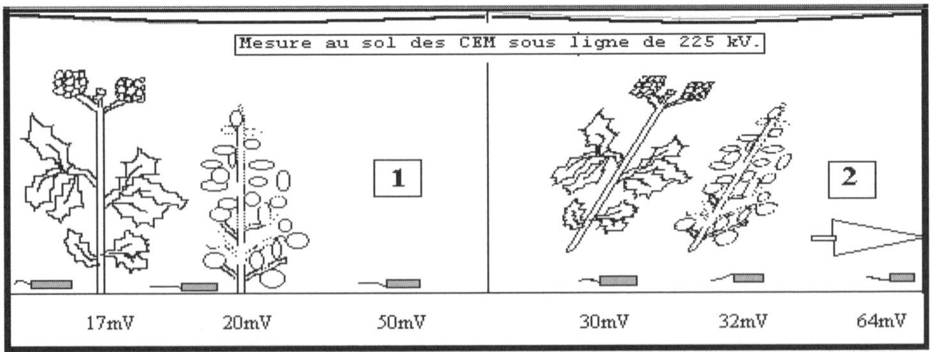

Figure 64 – Feuilles piquantes et arrondies.
Effet protecteur : valeurs lues en mV. Il s'agit de moyennes, les différences m'ayant paru suffisamment systématiques pour devoir être interprétées. Mais en 2, où les mêmes rameaux sont arrachés et posés sur le sol, les mesures moyennes montrent, en a bis et b bis, une diminution à 30 et 32 mV, alors qu'un pin sec (d) augmente fort le champ (64 mV).

13. Buisson à fleurs jaunes décoratives et fruits violacés ; sa feuille vert foncé pique comme celle du houx.

Cette série de mesures, très contestable, fait partie de celles dont Annie Ginibre, mon conseil scientifique, ne cautionne pas l'interprétation. Je la reporte néanmoins, car cette manipulation, si elle ne prouve rien, ne dément pas l'hypothèse selon laquelle les végétaux épineux sont susceptibles de former une meilleure prévention contre les CEM.

J'imagine que l'effet pourrait être accentué par le facteur de "*conduction radiculaire*", et l'on a vu, à cet égard, la différence entre la racine du chêne qui attire la foudre et celle du hêtre qui ne l'attire pas.

L'examen d'une vingtaine d'études parues de 1993 à 1998 portant sur l'action des CEM sur la croissance végétale (levure de bière, épines du pin, radis, orge, moutarde, maïs, avoine, etc.), présente des résultats divergents. Certaines (Davies[y], 1996) observent une croissance accélérée du radis exposé à une résonance cyclotronique des ions (RCI), mais pas de l'orge ni de la moutarde.

Cette différence d'action d'une résonance, selon la hauteur du végétal, n'est peut-être pas sans rapport avec celle de son action sur le cancer, selon la hauteur de l'habitat humain ; nous y reviendrons. Pour les auteurs de ces études, les CEM peuvent augmenter la croissance, par absorption de l'ion magnésium pour les uns (Padh[z], 1998), par résonance de l'on calcium dans les cellules pour les autres (S.D. Smith[aa], 1993).

Je n'ai pas trouvé sur les plantes annuelles, de différence de taille dans les productions : les épis de maïs, les gousses de soja, ne sont pas plus grands sous les lignes de transport électrique.

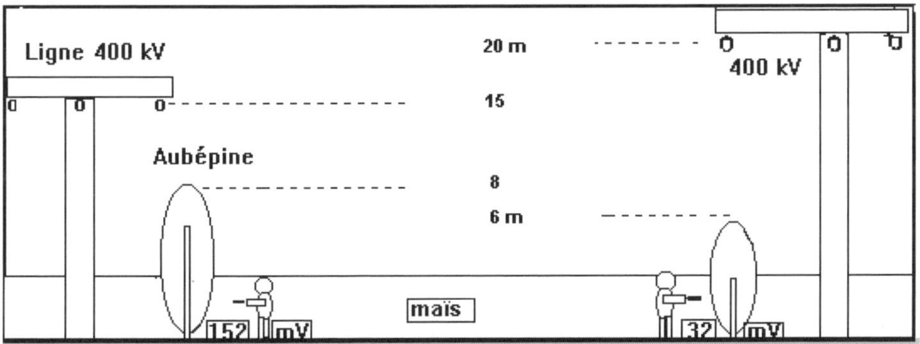

Figure 65. Croissance d'arbres sous THT.
Différences de hauteurs, de la ligne et des arbustes qui poussent dessous. L'aubépine est plus haute là ou le champ électromagnétique est plus élevé du fait d'une ligne plus basse.

Sur végétation persistante, l'observation de 2 haies trentenaires a été menée sur un site exceptionnel, près d'une sous-station qui reçoit 7 lignes de transport électrique de 400 kV.

À l'aplomb de 2 lignes parallèles, mais de hauteur inégale, poussent 2 haies trentenaires de cerisiers sauvages et d'aubépines bordant un champ de 50 m de large sur 150 m de longueur. Une carrière d'extraction de sable proche permet de constater, en coupe, l'égalité de la couche d'humus sous ces 2 lignes. La haie la plus haute pousse sous la ligne la plus basse (avec CEM de 4 à 5 fois plus importants). Les 7 lignes ont été réinstallées au même niveau, en juin 1992, et la cause éventuelle de cette différence a disparu pour un observateur qui viendrait aujourd'hui.

Existerait-il un effet cumulatif des CEM, inexistant sur des plantes annuelles comme le maïs, mais qui se manifestent, comme ici, sur des plantes pérennes ?

Les causes de cette irrégularité de croissance peuvent être, évidemment, multifactorielles, mais ce facteur éventuel ne méritait-il pas d'être signalé ?

Phénomène électromagnétique en cause

Féau (1873[bb]) me semble le premier à avoir attiré l'attention des botanistes sur le dépérissement des fougères soumises au courant électrique créé par le bimétallisme d'une serre et qui prend fin par la suppression du bimétallisme.

Surfant sur le web à la bibliothèque du Laboratoire de Géophysique de Jussieu, en 1997, à partir des mots clés '*plant and EMF*', j'ai trouvé 19 observations. Ces publications montrent une action du champ statique, du champ variable et de la résonance cyclotronique (Encart 12) sur la croissance cellulaire végétale qui expliquerait la croissance plus forte de la cellule et de la plante.

S.D. Smith, déjà cité, précisait que le métal de la paillasse servant à l'observation changeait les données et que l'accroissement du poids des racines, sous champ statique nul, bien que statistiquement non significatif, était surprenant.

Synthèse

La publication de S.D. Smith[aa], reprise par Davies[y], suggérait que les effets d'une résonance sur la croissance cellulaire seraient plus sensibles sur des plantes de petite taille. Ainsi, la proximité du sol paraît être le deuxième facteur d'efficacité de la résonance sur la cellule végétale ; pourrait-elle l'être également sur la cellule humaine? Cela pourrait être rapproché de deux observations personnelles sur les champs électromagnétiques (CEM) :

- Les valeurs que j'ai mesurées en 1991, à 1,20 m du sol, étaient plus grandes sur des plantations de colza (80 cm environ) que sur des plants d'épinards (10 cm).
- Des haies poussaient mieux sous des CEM plus importants, bien qu'ailleurs je n'aie pas noté de différences pour le maïs (plantes annuelles).

Ceci m'a suggéré que la proximité du sol (et des courants vagabonds) pourrait être, avec un CEM, un cofacteur de l'accélération de croissance. Lorsque j'ai exposé ces faits, lors d'un colloque de biologie végétale, et dans l'optique d'une résonance cyclotronique qui me paraissait pouvoir inclure, à la fois, des courants vagabonds et le champ électromagnétique, l'un des orateurs me fit part d'une observation encore plus intéressante : une équipe de chercheurs s'était aperçue que des graines plantées dans des boîtes de conserve métalliques perforées poussaient mieux et plus vite.

Le chevelu des racines, en particulier, se répartissait harmonieusement dans tout l'espace offert par la boîte, alors que les jardiniers, amateurs ou professionnels, constatent qu'il se répartit sur la face interne des parois dans les classiques godets de plastique ou de terre ; pensant à un biais, ces chercheurs avaient écarté cette observation.

Mon interlocuteur me demanda si le côté métallique des boîtes dérivait le champ ou si le fond de la boîte dérivait le courant vagabond. Supposant qu'un 'paratonnerre horizontal' dérive un courant mieux qu'un plan métallique ne protège d'un CEM, j'optais pour la seconde hypothèse.

Il devait par la suite construire une serre en bois, et, comme premiers résultats, trouver la pousse meilleure dans les boîtes de conserve métalliques perforées.

Discussion

Des facteurs électromagnétiques créant les conditions d'une Résonance Cyclotronique des Ions, RCI, (voir encart 12), agissant ainsi sur les plantes, ou attirant plus les insectes que les fleurs d'un cerisier, pourraient-ils expliquer la relation décrite, dès 1979, par Wertheimer et Leeper[cc], entre mort par cancer et courants électriques forts près de l'habitat ?

Cette attirance des insectes paraît bien dominée par l'effet de l'électricité. Est-ce le champ variable d'une RCI, évoqué ci-dessus, qui agirait au niveau de ces poteaux où j'observe des effets ? Et serait-ce la raison pour laquelle nos insectes les préfèrent aux fleurs? Un écran métallique ne pourrait-il pas modifier la croissance tumorale, puisque S.D. Smith (1993) souligne que le métal modifie la croissance des plantes sur la paillasse ?

Même si l'on n'aime pas comparer un homme à un légume, la similitude entre cellule végétale, animale et humaine pourrait-elle être telle que la RCI, qui accélère la croissance du radis, accélérerait également celle d'une tumeur ?

Chapitre V

Phénomènes physiques associés

L'observation d'effets physiques aux mêmes endroits où se déclarent des cas de cancers, est un élément de démonstration important.

Les perforations de canalisations métalliques faisaient partie de mes questions initiales, puis j'ai eu maintes occasions d'observer d'autres phénomènes, des incidents qu'on ne penserait pas à relier aux recherches des causes de cancers.

Perforations de canalisations d'eau

Notions acquises

- **Femli et Courants Vagabonds de Retour (CVR)**

Nous avons évoqué, à plusieurs reprises, le rôle de la femli, force électromotrice longitudinale induite par la voie ferrée, dans les accidents de perforation des pipelines. Ces corrosions, sans dispositif de prévention, récidivent au même endroit, à tel point qu'on a pu compter jusqu'à 10 petits cratères par mètre linéaire de canalisation. Ce 'même endroit' ne se situerait-il pas dans les zones de VASEM? Ainsi, le courant vagabond de retour qui accompagne toute ligne électrique, ne pourrait-il pas, de la même façon, expliquer en partie les accidents qui existent dans les lieux sans caténaire ?

• Les canalisations d'eau de la voirie

J'ai choisi d'enquêter sur les lieux d'intervention des Services des Eaux (moins réticents à fournir les données de leurs registres que les pétroliers ou GDF) afin de déterminer une relation éventuelle entre l'endroit de la perforation et les structures électriques environnantes. Le problème des corrosions par électrolyse et de leur prévention se pose, de la même façon, pour toute canalisation métallique (gaz[14], eau, cuve à mazout, etc.). Ce problème est traité, entre autres, par Copin, dans un document interne de l'Office International de l'Eau de Limoges[dd].

Dans l'encart ci-après, sont extraites de ce document les 5 causes reconnues de corrosion externe des canalisations de métal (étant entendu que les corrosions internes, par l'agressivité du fluide transporté, sont hors de notre propos).

Encart 10 – Causes de corrosion externe des canalisations d'eau (selon Copin)

Le non-respect des règles de l'art en matière de pose de conduit d'eau, et en particulier :

1. Un sol acide.
2. La mauvaise isolation du métal par les revêtements extérieurs et l'effraction de la couche de protection pendant la pose.
3. L'hétérogénéité des sols, ou la présence de milieux agressifs, tels que rocs ou cailloutis tranchant, au lieu de sable.
4. Les courants vagabonds, dus à des installations industrielles utilisant du courant continu, ou créés par des installations de Protection Cathodique.
5. La proximité de lignes ou de postes à haute tension, en raison des phénomènes d'induction ou de conduction, et des attaques du métal qu'elle peut engendrer.

J'y ajouterais volontiers le bimétallisme et l'oxydation, au niveau des clés de fermeture. Cet énoncé doit sans doute être tempéré : on a vu des perforations des pipelines dans le voisinage des gares de Poitiers et de Reims, alimentées, dès les années 50, en 25 kV, 50 Hz alternatif. Par ailleurs, on l'a vu, GDF aurait changé de point de vue et, fin 1997, admis que la proximité de lignes en courant alternatif peut augmenter les courants continus de proximité.

14. Explosion à la station de stockage de gaz souterrain de Beynes (St Ylliers, Yvelines), le 20 février 1996. Cette explosion se produisit dans les 80 mètres du transformateur alimentant cette station qui couvrait une centaine d'hectares environ.

En 2005, une émission de télévision[15], à propos de l'explosion de gaz de Mulhouse de décembre 2004, en relation avec l'enfouissement des lignes de haute tension, montrait que le problème des effets des lignes de basse tension n'était soulevé ni par les médias, ni par les représentants des syndicats et des associations; personne ne se demandait, explicitement, si passer, à la fois, gaz et électricité dans une seule tranchée de rue, pouvait poser un problème.
J'ai l'impression d'être le seul à explorer les lignes de basse tension. Les perforations que j'observe ne se situent pas uniquement en débuts de lignes, près des transformateurs et de la haute tension, mais aussi en fin de lignes, où il n'y a que de la basse tension.

On nous disait que la fonte grise des tuyaux de gaz, "cassante comme du verre", est responsable de l'explosion. Mais quelle est l'action des courants vagabonds et du champ électromagnétique (CEM) sur le vieillissement des fontes ou des plastiques?

Étude

La localisation d'un peu plus de 300 perforations de canalisations métalliques sur voiries m'a été fournie par le Service des Eaux de 3 villes différentes dans les 6 derniers mois précédant mon enquête. Ces Services cerclent de peinture bleue leurs interventions sur le goudron de la rue, ce qui permet leur repérage quelques mois plus tard, mais, lorsque l'intervention a eu lieu sur cailloutis, les traces disparaissent, sur la peinture, comme dans la mémoire des riverains!
Ceci explique que sur les endroits examinés, je n'ai, finalement, pris en compte que les 181 que j'ai pu localiser avec certitude.

Tableau 10 – Perforations (cf. tableau de référence en annexe)

A	B	C	D	E	F	G	H	I	J	K	total
18		rien vu	KV								C à K
6	ensemble SE		9		72	300	278	14	251	140	2562
7	% ensemble			59 %	3 %	12 %	11 %	0,5 %	10 %	6 %	
19	Perforations	42	0	3	7	21	41	4	28	35	181
20	% perforations	23 %	0 %	2 %	4 %	12 %	23 %	2 %	15 %	19 %	

15. «C'est dans l'air», émission d'Yves Calvi, du 11 janvier 2005.

Résultats

Le tableau 10 (extrait du tableau de références en annexe), présente, en ligne 19, la répartition des 181 perforations :

- 42 se trouvent dans des zones sans structure électrique visible à 50 m (col. C, 'Rien vu'
- 35 perforations à côté des transformateurs formant 5,5 % des structures électriques et 45 (41 + 4) autour des débuts de lignes électriques (type 3 et 4, au total une majorité relative de 66 % des 139 perforations à proximité de structures électriques).
- 101 perforations en zone de VASEM (poteaux portant une asymétrie des fils).
- 28 perforations près de fins de lignes ne doivent pas être négligées.
- 3 perforations se trouvent près de type 0 seules, poteaux formant pourtant 58,5 % des structures électriques (SE).

Discussion

Les données acquises sur le nombre et la répartition de 2 562 structures électriques, 413 malades atteints de cancers, 381 insectes et insectivores, et 181 perforations de canalisations d'eau, sont reportées en annexe.

La colonne E montre que les poteaux de type 0 (avec fils symétriques) sont les plus nombreux (1 498) mais entourés d'un minimum de phénomènes, et, qu'ainsi, seules 3 des 181 perforations se produisent dans les 50 m de poteaux de type 0 non associés à d'autres structures. Il y apparaît ce que les techniciens observent, et que les spécialistes savent parfois, c'est-à-dire, qu'à proximité des transformateurs, il existe une augmentation du nombre des perforations (35 des 181 autour d'un type représentant 6 % des structures électriques).

L'existence de perforations au voisinage des fins de ligne pourrait être portée au compte des mises à la terre réglementaires. Sur les comptes rendus de chantiers, les techniciens indiquent alors, parfois, tuyauterie 'poreuse' ou 'vétuste', et, sans se poser plus de questions, changent la partie en cause.

Pour quelle raison[16] une canalisation, qui peut atteindre plusieurs centaines de mètres, posée dans un même chantier, à la même date et par la même équipe, vieillit-elle plus vite à proximité des transformateurs ou de certains poteaux ?

Dans la Rue Principale, au Port de Gennevilliers, l'énorme canalisation d'eau qui alimentait les Moulins de Paris s'est rompue, vers 1995, à plusieurs reprises devant l'un des deux seuls transformateurs de la rue.

16. Les causes mécaniques de perforations étant éliminées (chantier jouxte, passage de poids lourds, etc.)

La canalisation métallique, enfouie sur presque toute la longueur se trouve, dans la zone perforée, parallèle à une double ligne de 225 kV située à quelques 200 m de là.

Figure 66 – Perforations de canalisation d'eau devant transformateur.
On aperçoit la trace (2) de la dernière réparation après plusieurs perforations, dont deux dans la même année, et, en briques rouges (1), dans le fond, la station électrique de transformation, qui paraît, sur la photo, à peine plus grosse qu'un transformateur, mais traite des tensions plus élevées. (Rue Principale, Port de Gennevilliers, 1997.).

Pour quelle raison, en province (terrain acide), sur 20 perforations d'une canalisation de 6 km, 10 se produisent-elles devant le transformateur et 10 en fin de ligne, dont 2 au niveau du dernier poteau électrique (devant le terrain de football avec éclairage nocturne) ?
La colonne % des calculs du Tableau 12 (tableau de référence en annexe) résume les données acquises lors de ma recherche sur les deux autres phénomènes comptabilisés près des structures électriques visibles.

Dans les 50 mètres de certains poteaux, parmi ceux qui portent une configuration spécifique susceptible de créer une zone de variation spatiale anormale des champs électromagnétiques (VASEM) et qui représentent 36 % des structures électriques, je compte :

- 70 % des 413 malades.
- 75 % des 381 insectes et prédateurs.
- 73 % des 181 perforations des canalisations métalliques d'eau de la voirie.

Rappelons que ma méthode de comptage des SE voisines est biaisée par la présence, dans les 50 m, de structures moins suspectes non comptabilisées. Il s'agit des transformateurs, que je n'ai pas notés lorsqu'un poteau de début de ligne est présent dans les 50 m, et, surtout, des poteaux de type 0, à fils symétriques, fréquents, et probablement sans problèmes.

Le pourcentage lié aux insectes, où le comptage s'effectue sur le poteau, ne souffre pas d'un tel biais. On remarque cependant la similitude des pourcentages, entre la présence des insectes, non biaisée, le phénomène typiquement électrique des perforations, et les autres.

Rappelons aussi que les pourcentages sont à prendre avec précautions et que, utilisés seuls, ils ne constituent pas des preuves.

Autres effets physiques

Horloges JC DECAUX, La Défense, Paris (1973)
Mises en place par Jean Claude Decaux, dans les années 70, aux bretelles du boulevard circulaire de La Défense, à Paris, ces horloges tombaient fréquemment en panne. Elles ont été finalement déposées et, aujourd'hui, l'on n'a plus l'heure sur le site de La Défense. J'ignore la cause de ces pannes itératives, mais je note qu'elles se produisaient en zone de 'tout électrique'.

Pile de l'horloge de Cergy-Pontoise. (1983)
En 1993, M. Huchez, facteur d'horloges, me faisait part des ennuis éprouvés lors de l'installation de son horloge monumentale de la gare de Cergy-Pontoise : la pile au lithium permettant la réception radio de l'heure suisse pendant 5 ans, se déchargeait après 15 jours de service. Plusieurs essais s'étant suivis de récidive dans les mêmes délais, on remplaça la pile par un accumulateur directement rechargé sur courant électrique. Le local où était entreposé cette pile se trouvait à 8 mètres au-dessus de la fin de la caténaire (gare cul-de-sac).

Moirans-en-Montagne : feux, montre, accumulateur... (1996)
Alors qu'EDF avait enfoui une ligne de transport de 20 kV à Moirans-en-Montagne, un village du Doubs, une douzaine de feux mystérieux s'allumèrent, jusqu'à l'arrestation d'un pyromane. Cette énigme, qui intrigua la France entière, déjà vue en première partie, est largement documentée en annexe, mais certains détails ont leur place ici.

Une jeune reporter en mission sur ce site citait, sur TF1, un fait bizarre : sa montre, ainsi que l'accumulateur de son caméraman, tombaient en panne lorsqu'ils pénétraient sur le site mais tout rentrait dans l'ordre lorsqu'ils en sortaient. L'horloger consulté changea la pile ! Nul ne se demanda la raison pour laquelle pile et accu se déchargeaient aussi vite dans cette zone.

Claquage de lampes, télévisions, disjonction, Etc....

Les électriciens relèvent, au début des lignes, des claquages de lampes, voire des incendies de télévision qu'ils imputent aux surintensités de proximité du transformateur.

Ainsi, à Moirans ou en d'autres endroits, constate-t-on des effets qui me semblent accentués par le délestage ou le branchement de gros consommateurs d'électricité, au moment des vacances scolaires, annuelles, saisonnières, hebdomadaires. Je n'ai pas trouvé de documentation sur l'effet du branchement/débranchement de gros consommateurs, alors que des lampes peuvent claquer, tous les 15 jours dans une chambre située entre transformateur et premier poteau de ligne, comme je l'ai constaté.

Ainsi, dans une station de ski où j'avais pu localiser un malade atteint d'une forme rare de tumeur cérébrale (ODG, déjà citée), à 10 m du dernier poteau de ligne électrique, j'ai observé d'autres détails caractéristiques : à l'autre extrémité, en début de ligne, dans l'une des 4 maisons proches du transformateur alimentant le remonte-pente, les lampes claquaient en série, et la télévision avait flambé lors du délestage de fin de saison de ski (15 avril 2002).

Environ quatre sur cinq des disjonctions de compteur électrique, signalées lors d'orages se produisent près du transformateur qui comporte, à la fois, la moyenne tension (moins de 25 kV), la basse tension (380/400 V), et une mise à la terre du fil neutre ; la cinquième se produirait essentiellement près du dernier poteau de ligne, où la mise à la terre est aussi de règle.

Ainsi, alors qu'à côté d'un malade j'examinais un poteau de fin de ligne, un riverain m'a demandé si je venais pour le changer : le boîtier de téléphone grésillait et faisait des étincelles pendant les orages et l'agent des télécoms affirmait qu'EDF était responsable !
Ces 3 observations entrent bien dans le cadre de notre préoccupation, dans la mesure où il s'agit d'effets physiques aux endroits impliqués dans des problèmes de santé.

Bugs électroniques près d'une voie ferrée (2005)

Incidents près d'une gare

Une employée de la gare de Beauvais constatait que les portières de sa voiture neuve se déverrouillaient et que sa radio était allumée lorsqu'elle retrouvait son véhicule le soir, après son travail. Elle le garait sur le parking du personnel de la SNCF (Rue du Pont d'Arcole), parallèlement à la caténaire, derrière un mur qui la mettait à l'abri d'un caillassage depuis la rue.

Le changement de la carte magnétique et la location d'un garage mirent fin à ces bugs.
Lorsque je suis allé contrôler, j'ai montré à 4 bacheliers en technologie que cet emplacement sur le parking était compris entre une section de la caténaire, à 20 m, et le mur qui abritait le transformateur.

Figure 67. Photo du parking SNCF à Beauvais.
La voiture était garée sur l'une des 3 places parallèles à la caténaire, derrière ce mur, entre fin de caténaire visible au dessus de la clôture de métal et la bâtisse abritant le transformateur, à droite.

Série d'incidents près d'une autre voie ferrée (2005)

J'ai déjà évoqué les incidents liés au remplacement d'une barrière de béton par une clôture de grillage métallique. Ces incidents, détaillés ci-dessous, semblent conformes à certaines des coïncidences que j'observe depuis 15 ans.

- Février 2005. La SNCF change les barrières de ciment, de chaque côté d'une voie ferrée, sur moins de 500 m de longueur.

- 15 mars. Réception des travaux : le règlement interne ne prévoit de mise à la terre que sur les clôtures métalliques de 500 m, ou plus et l'on n'en pose donc pas ici.
- Fin avril. Perforation à quelque 80 m de la fin de la clôture, d'un ballon électrique de 300 litres installé au sous-sol, horizontalement et parallèlement à la voie ferrée. C'était le deuxième en 30 ans, mais le premier était vertical.
- 7 juin. Incendie d'un autre ballon à 50 m, au café proche. Certes dans ce cas, l'installation électrique devait être refaite en août, mais, de mémoire de riverains, c'est le premier feu dans la rue en près de 40 ans.

  Dans ces deux cas, les ballons se trouvaient dans les 10 m de la caténaire et, dans les 2 cas, les propriétaires accusaient la vétusté de leur matériel ou de leur installation électrique. D'autres incidents, sans relation au premier abord et auxquels je n'aurais pas prêté attention sans les premiers, se produisirent, dans l'axe de cette clôture :
- Dernière semaine de juin. Deux lampes claquent au rez-de-chaussée d'un pavillon : qui se préoccupe d'une ou 2 lampes qui claquent ?
- Même semaine. Une chaîne de télévision se dérègle pendant plusieurs jours de suite ; même interrogation pour un détail aussi banal !
- 2e semaine de juillet. Deux autres lampes claquent dans une maison. Dans un autre pavillon, une lampe claque, une chaîne de télévision se dérègle pendant près d'un mois et les accus du portable laissé à la maison se déchargent quotidiennement, obligeant au changement de l'appareil.
- Fin juillet, à leur retour de vacances, des riverains trouvent leur réfrigérateur grillé (mais pas le congélateur au-dessus) et l'accu de leur voiture déchargé, ce qui n'était jamais arrivé ; voiture et réfrigérateur sont parallèles à la voie ferrée.
- En août, une alarme de pavillon se déclenche, ce qui amène une intervention de la police.
- En août encore, pendant les travaux de mise aux normes de son installation électrique, la gérante du café où a eu lieu l'incendie, note qu'une dizaine de lampes claquent, à tel point qu'elle doit les acheter par boîtes.
- 10 août. Je remarque qu'une clé d'eau face à ce café vient d'être cerclée de bleu, ce qui rappelons le, signe une intervention du service des Eaux (perforation électrolytique ?). Cette clé cernée de bleu est l'une des 5 de l'avenue de 900 m environ, et d'après l'aspect récent de la peinture, on peut affirmer que 2 des 3 qui se trouvent devant les maisons exposées, datent de moins de 6 mois.

- 11 septembre. Je demande à l'association des riverains de collecter les incidents relevés par ses adhérents, mais l'avis n'est pas diffusé.
- En 2005, n'y a pas eu de gros chantiers nécessitant grue ou tractopelle dans l'avenue. Cependant, des travaux sur des lignes HT, enfouies dans les rues voisines, étaient achevés en mars.
- Le 2 octobre, dans la ville voisine, de l'autre côté de la voie ferrée et à 450m, un bâtiment public des années 40, a dû fermer sur le champ, sans savoir jusqu'à quand, la lumière des lampes se mettant à vaciller et les panneaux du compteur électrique commençant à fumer.

Dans la même ville un artisan se demandait ce qui se passait, car «*depuis 6 mois environ mes rallonges électriques chauffent*».

À la fin de cette année 2005, bien que les incidents matériels se soient atténués, une mise à la terre de la clôture me semble indispensable dans un tel contexte et dans le cadre du principe de précaution, afin de protéger les personnes directement menacées qui habitent cette zone.

Résumé
Ces incidents sur les biens présentent une unité de lieu et de temps et surviennent surtout dans des constructions anciennes.

- Au rez-de-chaussée ou au sous-sol des pavillons, près de la voie ferrée (50 m au plus).
- Devant une section d'aiguillage et de la caténaire.
- Dans les 50 m d'une passerelle métallique.
- Dans les 80 m de la fin de la clôture, vers la sous-station SNCF, à moins de 3 km, alors même qu'il existe un câble de protection aérien (CDPA).

Conclusion

Ce faisceau de phénomènes physiques observé autour des structures électriques (transformateurs et poteaux) suspectées pour les effets biologiques que j'ai étudiés, montre qu'il s'agit chaque fois, non pas de simples coïncidences, mais au contraire, de corrélations.

Ainsi, ces structures constitueraient un véritable facteur de risque. Il y a dès maintenant des phénomènes physiques particuliers à interpréter dans ces zones et probablement à des moments particuliers de branchement ou de délestage de gros consommateurs électriques.

Chapitre VI

Cancer et électricité : contexte scientifique et mécanismes envisagés

Compte tenu de la difficulté des textes pour un profane, ce n'est qu'en 1996, après avoir bien avancé dans mes propres observations et émis une hypothèse de prévention, que j'ai commencé à lire et à étudier les travaux sur ce sujet. Ceci a eu le double avantage, je le rappelle, de ne pas m'avoir découragé au départ dans mon entreprise, mais surtout de me permettre ensuite, de comprendre et de critiquer ce qui se disait, en fonction de ce que j'avais vu.

Éléments de bibliographie des recherches internationales

Parmi les milliers de documents scientifiques existant, j'ai tout particulièrement étudié des publications collectives, essentiellement des actes de congrès, et 3 articles originaux d'épidémiologie.

Les premiers colloques internationaux d'EDF (1992 et 1993), et notamment le 2e : '*Champs électromagnétiques et consommateurs*', m'ont beaucoup appris, alors que je ne connaissais rien aux recherches concernant l'électricité ; je ne me suis pas tout de suite plongé dans la bibliographie qu'ils m'ont permis de découvrir...

Les articles de Wertheimer et Leeper découvraient et exploraient, en une trentaine de pages au total, des corrélations entre lignes électriques et morts par cancers (pour des enfants d'abord, puis pour des adultes), et entre cancers du sein et lits chauffés par électricité. Ils mettaient en évidence une partie du problème qui m'intéressait, et indiquaient même des faits qui me semblaient une base possible de prévention. Ils ont publié, sous une forme scientifiquement correcte et acceptée, des résultats où je reconnais une partie de ma démarche.

J'ai participé, par la suite, les 24 et 25 juin 1998, à Paris, à un congrès 'Électromagnétisme et Écologie' de l'association ASPROM, où j'ai entendu, de nouveau, des spécialistes s'exprimant en langue française, devant lesquels j'ai pu exposer mes recherches ; là encore, le compte rendu a été, pour moi, un ouvrage de référence.
J'étais en contact à cette époque, avec des chercheurs d'outre-atlantique. Ainsi, un peu plus tard, C. Portier, responsable de la Conférence de Consensus de Brooklyn Park du Ministère de la Santé américain (NIEHS, Institut National de la Santé et Environnement), dans le Minnesota, qui s'acheva le 24 juin 1998, m'en envoya le compte rendu, m'offrant ainsi une description volumineuse de l'ensemble des recherches en cours.

Ce rapport[ee] de plus de 500 pages et 800 références présente, de façon organisée, les résultats obtenus par les différentes équipes de recherche mondiale. On y trouve également les résultats des discussions et des votes de consensus qui eurent lieu lors de cette Conférence.

Ainsi, en ce qui concerne la résolution de classer le champ électromagnétique (CEM) dans 'les cancérigènes possibles', Classe 2B de l'IARC[1], votée par 19 des 29 membres seulement. Cette conférence de consensus faisait le point alors que le Ministère américain de la Santé et de l'Environnement arrêtait les recherches, après 19 ans de travail et un investissement de 44,6 millions de dollars, sans avoir trouvé les mécanismes responsables de l'augmentation du nombre des cancers sous ligne électrique.

Découvertes épidémiologiques, code de câblage (1979)

En mars 1979, l'observation publiée par Nancy Wertheimer et Ed Leeper[cc] fit l'effet d'une bombe à retardement dans le monde scientifique et médical[2]. N. Wertheimer s'était inquiétée de la proximité de lignes électriques transportant des courants élevés au voisinage de l'habitat de jeunes, morts de cancer, dans la banlieue de Denver, au Colorado.

1. IARC : Association Internationale de Recherche sur le Cancer
2. En fait, l'observation est mal répercutée en France, dans le monde médical du moins. Ainsi, il fallut attendre décembre 1979 pour trouver dans le Concours Médical une monographie sur les risques de l'électricité, et l'observation américaine de mars n'y était toujours pas citée !

Le physicien Leeper mit alors au point une méthode destinée à caractériser ces lignes afin d'en faire une étude statistique. L'idée directrice en était l'action des champs magnétiques créés dans les maisons, à évaluer sans y entrer, et à relier aux intensités de courant observées dans le voisinage, décrites grâce à ce qu'ils ont appelés, par la suite, un 'code de câblage' (wiring code).

Trois critères, de grosseur, de nombre et de distance des fils des lignes aux maisons permirent, au départ de définir deux types d'environnement (HCC et LCC, configurations de courants forts ou faibles[3]), considérés comme représentatifs de la présence de champ magnétique fort ou faible.

Selon les types, ils trouvèrent que les champs magnétiques et les nombres de cancers étaient, effectivement, plus et moins grands, les HCC caractérisant les maisons à risque accru de cancer. Les fins de lignes étaient données comme exemples typiques de lignes où passe peu de courant, et créant, de ce fait, des champs magnétiques négligeables ; elles sont assurément entourées de très peu de cas de cancers du sang. La différence des nombres de cas par rapport au lot témoin, particulièrement visible pour les leucémies d'enfant dont on parle le plus souvent, se retrouvait dans toutes les catégories envisagées.

L'extension à des cancers d'adultes, et des études de dates, leur permit d'envisager qu'il s'agissait non pas de déclenchement du cancer, mais de promotion de cancers déjà installés. Les jeux de données étaient très détaillés et leur interprétation en était poussée.

Dans 7 pays au moins[4], on se lança dans un fantastique effort de recherche pour comprendre les causes de tels effets. Par ailleurs, des efforts de précision, incluant plus de types, et des détails de description plus élaborés, furent entrepris. Le codage des observations et leur interprétation prirent en compte différents détails des lignes électriques, en particulier l'existence de courants de retour sur la plomberie, et différents effets possibles furent envisagés ; l'évolution des réseaux nécessita des révisions du code de câblage, et une augmentation du nombre de types de configurations de courant fut testée, mais le code devait surtout s'adapter aux caractéristiques locales.

3. High- and Low-Current Configuration, HCC et LCC.
4. D'après la liste des intervenants au 1er colloque international de Paris sur les « CEM et consommateurs » du 24 juin 1993 : Australie, Belgique, Canada, États-Unis d'Amérique, France, Grèce, Suède.

En particulier, la généralisation des fils isolés en torsade, censés réduire le champ magnétique produit, suggéra de ne pas considérer leur voisinage comme à risque.

Mais donner une idée plus fidèle des champs magnétiques au niveau des maisons n'est pas forcément souhaitable, si l'on perd des informations sur un 3e facteur inconnu que l'on recherche, et qui, associé aux zones de courant élevé, serait capable de promouvoir le cancer.

Les codes de câblage prendraient en compte autre chose que le champ magnétique et, comme le noteff Thériault[5], "ce qui est surprenant, c'est qu'au moins à quatre reprises, et dans quatre endroits différents du monde, avec des populations différentes, et suivant des méthodologies quelque peu différentes, on ait pu retrouver des résultats analogues".

Encart 11 - Code de câblage et zones à risque de cancer

En 1979, deux auteurs américains, Wertheimer et Leeper, s'apercevant d'une augmentation du risque de cancers près de certaines lignes électriques, ont mis au point et publié un classement des voisinages de lignes électriques, fondés sur 3 critères (grosseur, nombre et distance des fils de lignes aux maisons).

Ce 'code de câblage' leur permettait, initialement, d'évaluer dans les maisons sans y entrer, le champ magnétique qui était soupçonné, et de définir deux types d'environnement, Configurations de Courant fort ou faible (HCC ou LCC).

Dans les HCC, il y a un plus grand champ magnétique et un plus grand nombre de morts par cancers : ce sont des habitats à risque de cancer. Il existe quelques divergences entre des résultats obtenus en mesurant les champs magnétiques, ce qui donne à réfléchir. Les espoirs d'améliorations ont suggéré des révisions du code et du nombre de types. Les versions successives du code prennent en compte différents détails des lignes électriques, en particulier l'existence de courants de retour sur la plomberie ; l'évolution des réseaux, en particulier l'utilisation d'isolant permettant de torsader les fils.

On a recherché sans succès un 3e facteur, élément de confusion, associé à la fois au cancer et aux zones HCC, qui pourrait amener une corrélation trompeuse, mais sans rien trouver dans l'environnement ni dans la constitution des échantillons.

5. Professeur Gilles Thériault, Université Mac Gill de Montréal, médecin spécialiste canadien de la question.

Avatars du code de câblage (1991)

L'étude de 1982 comportait quelques retouches[6] qui permettaient une amélioration des résultats. L'évolution des techniques et des matériaux de câblage nécessitait cependant une révision du code.

En 1991, le physicien Leeper modifia pour la troisième fois son code de câblage, de façon plus radicale ; il en fut satisfait, mais remarqua que, pour chaque quartier étudié, avec les techniques présentes, il faudrait adapter le code, en faisant d'abord des études exploratoires. Certains persistèrent cependant à employer l'ancien code, qu'ils trouvaient plus performant. De quoi s'agissait-il essentiellement ?

Il fallait tenir compte de câblages plus récents comportant des câbles faits de fils torsadés isolés, pour lesquels le champ magnétique créé s'annule, ou presque, du fait de l'écartement réduit entre les fils. Leeper, partant de l'hypothèse d'un champ magnétique responsable, ne conserva, en zones à risque, les maisons proches de la première portée de ligne secondaire[7] que si les lignes étaient faites de fils nus écartés[8].

L'étude des distances entre lignes et maisons fut menée de façon plus précise. Les valeurs publiées, traduites d'unités usuelles anglosaxonnes pour les besoins de la publication, durent être interprétées comme des ordres de grandeur (je vois que la distance de 46 m, soit un demi-yard, peut être considérée comme identique aux 50 m que j'utilise comme rayon d'action, alors que 7,5 m, sous multiple anglosaxon, correspond à ce qu'on noterait 10 m).

Couverture électrique (1993 et 2000)

Ces deux auteurs[gg] trouvèrent une augmentation du nombre des cancers du sein sous couverture chauffante électrique. Plus précisément, avec l'équipe de Vena[hh], qui avait mené une étude parallèle, ils constatèrent qu'il y avait une diminution de ce nombre chez les sujets qui dormaient sous couverture peu utilisée[9], et qui n'apparaissait pas chez les personnes qui n'en utilisaient pas.

---

6. L'amélioration portait sur l'odd ratio total HCC/LCC qui passait de 1,5 à 1,88 avec le nouveau code.
7. Ligne secondaire ou de distribution, comprise entre le transformateur et les maisons.
8. P. 316, § 6… Plus précisément, on ne doit accorder à une maison le statut de maison en zone de haute configuration de courant, HCC, près d'une ligne secondaire, que si elle se trouve au voisinage de ligne de 4 fils.
9. Les équipes de Vena et de Wertheimer ne nous disent pas où cette couverture peu utilisée est alors rangée, mais, si elle est laissée sur le lit en tension, débranchée de la prise avec le fil pendant du lit, dans l'armoire, ou hors de la chambre, elle n'a peut-être pas la même action.

Ceci suggérait la possibilité que l'utilisation modérée d'une couverture électrique soit protectrice contre le cancer (peu le croiront), et la possibilité d'un biais..., écrivaient-ils[10].

Et Vena acquiesça en ajoutant 'ce qui est contraire à l'hypothèse'[11], ce qui pouvait signifier que les données recueillies n'étaient pas suffisantes pour étayer une conclusion dans ce sens. Il y a, effectivement, des règles assez strictes qui, dans 'les bonnes pratiques', interdisent de changer d'idée au cours d'un protocole épidémiologique.

En 2000, Zheng et al.[ii] publiaient une observation sur les effets de certains appareils électriques domestiques, y compris la couverture électrique, en rapport avec le cancer du sein. "Le Concours Médical"[jj], qui vulgarise vers les médecins généralistes, conclut hâtivement qu'il était ridicule de s'inquiéter.

À ma demande, A Ginibre[kk] analysa[12] l'article et sa vulgarisation, et s'inquiéta d'une conclusion si optimiste. En fait, très honnêtement, les auteurs comparaient leurs statistiques d'aggravation non significatives à des études biologiques qui avaient montré des effets, mais cela n'apparaissait pas dans le résumé de l'article.

En revanche, je remarquais que l'observation comportait encore une diminution du même genre que celle décrite par Wertheimer et Leeper, statistiquement non significative, non soulignée comme similaire d'un résultat d'éventuelle protection (non significatif) déjà publié et commenté. Je n'ai pas trouvé depuis 1993, d'autres contrôles de ce point qui me semble fondamental.

L'absence de mécanismes reconnus reste, encore maintenant, un argument en défaveur de la prise en compte de tous ces résultats épidémiologiques pourtant spectaculaires.

---

10. P. 253, colonne de droite, 3 § : There is still the question of why the 2 low-use categories showed a lower risk than the never-use category. If this observation was not due to chance, alternative explanations include the possibility that low use of an electric blanket is protective against cancer (few will believe this) and the possibility of an inadvertent bias in the data (perhaps resulting from a life-style-dependent association of other exposure sources with electric blanket use).
11. P. 255, colonne de droite, 3 § : Vena et al. Réponses : W & L correctly point out that the lack of increasing risk with increasing electric blanket use suggests either that low-level use of electric blankets is protective (which is contrary to the hypothesis) or that the results are due to confounding, other bias in the data or chance.
12. "Pour tirer tout de même profit de telles données expérimentales... on peut voir si des effets statistiquement non significatifs pourraient correspondre à des hypothèses vraisemblables, dont certaines déjà formulées, telle qu'une protection éventuelle (contre le cancer du sein) par un écran métallique..."

« Ondes électromagnétiques et santé: avis de vigilance générale » Paris, 8-12-05.
(3e rencontres parlementaires, « Santé et environnement »)

Bien que cette rencontre soit dédiée aux ondes électromagnétiques, Gérald Draper, pédiatre anglais, était invité et, entre autres, s'étonnait, comme dans sa dernière publication (déjà citée), d'une augmentation inexpliquée entre 200 et 600 m des lignes de haute tension, du nombre des leucémies de l'enfant. Du point de vue épidémiologique, le directeur de l'Institut de Veille Sanitaire Gilles Brücker, annonçait l'étude d'une cohorte de 10 000 à 20 000 enfants selon leur exposition aux ELF, dont on aurait le résultat dans 20 ans.

Hypothèses concernant les mécanismes (1998)
Plus détaillé que celui des congrès français de 1992 et 1993, le rapport de la Conférence de Brooklyn Park (1998) énumérait six mécanismes possibles d'action liant électricité et cancer :
1. Effets d'un champ électrique sur la force de polarisation de surface et de liaison cellulaire.
2. Résonance cyclotronique de l'ion calcium (voir ci-après).
3. Résonance stochastique en dynamique non linéaire.
4. Transfert biologique d'électron.
5. Effet sur les magnétites du cerveau.
6. Hypothèse magnéto chimique (Belpomme, au colloque de Marseille du 17 juin 2005 parlera, de façon plus générale, de phénomènes physico-chimique).

Les points 2, 3, et 5 me paraissent les plus conformes aux questions que je me pose : ce sont 2 mécanismes de résonance de type cyclotronique, ainsi que des mécanismes liés aux magnétites du cerveau que j'ai déjà évoqués en parlant des insectes.

J'ai aussi glané d'autres idées au colloque ASPROM, ASsociation pour la PROmotion des Micros (Paris 1998), en particulier à propos d'énergie stockée dans les diélectriques.

• Résonance cyclotronique de l'ion calcium
Rappelons le principe de la résonance cyclotronique, qui apparaît deux fois dans les travaux de Brooklyn Park, (résonance cyclotronique, et résonance stochastique aléatoire).

Encart 12 - Résonance Cyclotronique de l'Ion calcium (RCI)

Résonance cyclotron : du nom de l'accélérateur de particules, pour lequel on a inventé un mécanisme où le champ magnétique oblige les particules ionisées à courber leur trajectoire pour parcourir, un grand nombre de fois, par des trajectoires circulaires, un espace restreint où existe un champ électrique oscillant qui modifie leur vitesse. La résonance, transfert d'énergie maximum, a lieu si la fréquence de parcours due au champ magnétique correspond à la fréquence du champ électrique.

Plusieurs études ont suggéré que la combinaison d'un champ magnétique statique comme le champ terrestre, avec un champ électrique variable comme celui dû au courant alternatif, peut transférer de l'énergie à un ion, le mobiliser, et lui permettre de pénétrer la membrane cellulaire.

Ainsi, le passage d'ions calcium dans les lymphocytes a pu augmenter, en éprouvette, dans du sang soumis à cette combinaison, à des niveaux de champs électromagnétiques très faibles, pendant un temps donné et à une fréquence déterminée.

Ainsi, la résonance cyclotronique expliquerait l'action délétère de champs extrêmement faibles sur les tissus. {Résonance Cyclotronique de l'Ion calcium (RCI)}. On connaît l'influence de l'ion Calcium ++ sur la croissance cellulaire et on peut donc l'envisager sur la production de tumeurs. Tenforde[ll13] exposait déjà en 1993 ce mécanisme de la résonance cyclotronique de l'ion calcium, et ajoutait que les études n'avaient pu être reproduites, et que, sur le plan physique, en résonance cyclotronique, les accidents de collision entre les molécules d'eau et les ions ne permettaient pas de retenir cette hypothèse (mais on la retrouve dans le document de 1998).

La résonance stochastique, décrite dans le document du NIEHS (1998), est plus complexe puisqu'elle intervient dans des champs magnétiques non constants ou non uniformes ; la résonance apparaissant au hasard semblait la plus plausible, mais il était noté que l'application de la dynamique non linéaire (impliquée ici) au domaine biochimique en était encore à ses balbutiements[14].

---

13. Docteur Thomas TENFORDE, diplômé en physique de l'Université de Harvard, docteur en biophysique de Berkeley, en Californie.
14. P 383, § 1 : L'application de la dynamique non linéaire à la biologie est encore dans sa petite enfance (The application of non-linear dynamics to biology is still in its infancy.)

Cela signifiait que l'effet coopératif de deux champs distincts n'était pas somme des effets individuels de chacun sur le mouvement des particules. De plus, était-il précisé (p 383, § 3), la grandeur d'une exposition en temps et en amplitude ne permet pas de prévoir l'importance des effets, ce qui, autrement dit, signifie que l'exposition n'est pas mesurable.

• Libération d'énergie stockée dans un diélectrique

Gilles Damamme, spécialiste français des phénomènes de stockage d'énergie dans les diélectriques, a fait un exposé qui m'a paru s'appliquer à ce que j'observais. J'essaie de transmettre, dans l'encart suivant, les différents points de ce que je pense en avoir compris :

Encart 13 - Libération de l'énergie d'un diélectrique

Un diélectrique est un matériau isolant non métallique et non électriquement conducteur, tel que le bois, le tissu, le verre, le cristal, le plastique, etc. Il est difficile de faire pénétrer l'énergie dans un diélectrique, mais, une fois entrée, elle n'en bouge plus, ou, du moins, elle s'y déplace lentement.

L'énergie se stocke principalement dans les irrégularités morphologiques ou structurelles du matériau, comme elle le ferait au fond d'un puits. La lenteur et l'irrégularité de répartition des charges s'opposent à la rapidité et à l'ubiquité dans un conducteur métallique.

Un diélectrique peut stocker une grande quantité d'énergie (telle, celle de nos habits de tissus synthétique en voiture ; il en serait de même dans l'isolant de câbles torsadés aériens ou souterrains). Ainsi piégée, cette énergie se libère, très difficilement, sous l'action d'une différence de pression, de température, et, peut-être, d'une variation de champ électromagnétique.

Cette énergie se libère selon 2 processus :

- L'un, brutal et bien connu, par claquage, aigrette, étincelle, explosion, foudroiement.
- L'autre, lent et peu ou pas connu, par 'vieillissement du diélectrique', qui rend le plastique dur et cassant, et qui pourrait expliquer une action dans le domaine biologique.

J'ai rencontré deux autres physiciens qui considéraient que toutes leurs recherches s'articulaient autour de 3 mots clés, 'vieillissement, diélectrique, champs électromagnétiques (CEM)', et que c'était un domaine où il y avait encore beaucoup à découvrir.

Mes commentaires sur ces recherches

Sur les modifications du code

Il me paraît regrettable d'avoir éliminé les fils torsadés comme créant des champs magnétiques négligeables. Après modification, en 1991, Leeper constata que le code était devenu plus performant que celui de 1979, mais qu'il était difficile d'établir un code pour certaines localisations nouvelles.

Une récente école de pensée[15] préféra utiliser l'ancien. Elle n'élimine pas l'idée que l'ancien code pouvait tenir compte d'effets autres que le champ magnétique et il laisse la question ouverte.

Certes, la relaxe du câble torsadé s'imposait dans l'hypothèse d'un champ magnétique responsable par sa grandeur ; aucun auteur, que je sache, ne l'a contesté, mais, si l'on tient compte de variations spatiales, ce n'est pas si simple.

D'autre part, le champ électrique n'est pas annulé de façon analogue, ce qui pourrait correspondre à d'autres hypothèses, comme celle de Damamme relative à l'énergie stockée dans l'isolant du câble torsadé, ou celle d'effets cyclotroniques où le champ électrique intervient surtout s'il est inhomogène. Ce sont des hypothèses qu'il convient de ne pas négliger, compte tenu des mauvais résultats obtenus en ne considérant que le champ magnétique.

Leeper souligne bien, que le facteur réel de cancer peut être quelque chose de tout à fait différent du champ magnétique. Thériault[ff] (P. 60 des actes du Colloque EDF du 23 juin 1993) apporte des précisions sur des phénomènes à prendre en considération lors du transport et de la distribution d'électricité : des hautes fréquences transitoires, des interactions et des phénomènes de résonance ou des interactions entre le champ produit par l'homme et le champ magnétique terrestre...

15. Traduction du texte original : p. 318 § 4. On devrait noter qu'une récente école de pensée préfère utiliser le code de Denver original ('code de Wertheimer – Leeper'), dans les villes nouvelles, sans modification. La raison est que le code ancien peut montrer un facteur autre que le niveau moyen du champ magnétique – soit un autre aspect de l'exposition au champ ou quelque agent complètement différent- qui est, en fait, ce qui est 'réellement'corrélé au cancer...

Cependant ni lui, ni les autres auteurs, ne relèvent clairement la relation éventuelle entre la modification du code et les résultats obtenus ; est-ce parce qu'elle s'est imposée du fait de modifications dans les techniques de pose des lignes, qui, de toute façon, changeaient le problème ? Pour ma part, je remarque que 71 % des 111 cas de tumeur cérébrale, examinés près de lignes aériennes d'alimentation, sont situés près d'un câble torsadé, le plus souvent seul, rarement en type 1, ce qui implique que le câble torsadé reste suspect, même si l'on ne comprend pas pourquoi.

Ainsi, les points faibles de l'utilisation des codes de câblage me semblent-ils liés à des contraintes dont j'ai eu l'avantage de m'affranchir :

- L'hypothèse selon laquelle c'est le champ magnétique qu'il faut évaluer.
- La recherche de représentation statistique, sans recherche simultanée des mécanismes techniques ;
- L'idée que la fréquence statistique doit être liée à une augmentation de valeur moyenne.
- L'absence d'étude clairement énoncée de cas particuliers réels.

Nombre de cancers dans les 50 m d'une ligne

D'après les articles cités, on ignore l'incidence exacte, aux États-Unis, du cancer dans les 50 m d'une ligne de tension moyenne (MT, de 1 500 V à 25 kV) ou "haute" (HT), ou "très haute" (THT). Pour ma part, j'ai noté très peu de malades, en Europe, dans les 50 m de ces lignes, lorsqu'elles sont aériennes, mais je dois rappeler ici un biais dans ma façon de noter : j'ai, en général, sélectionné dans ma comptabilisation, la structure qui m'a paru suspecte, même si j'ai noté, pour chaque malade, un certain nombre de détails qui me paraissaient utiles. Ainsi, ce que j'ai compté, c'est que seules 8 des 645 maisons de malades[16] que j'ai examiné de 1994 à 2004 (en France, en Irlande, au Luxembourg, en Pologne, en Hongrie, en Suisse, en Espagne) se trouvaient dans les 50 m d'une ligne de MT, sans autre ligne de 380 V visible[17].

Mais, bien sûr, tout transformateur est alimenté par une ligne de moyenne tension, qui n'est pas toujours visible. C'est un point sur lequel de nouvelles études sur le terrain seront indispensables, et dont il faut être averti pour ne pas tirer de fausses conclusions.

16. 645 malades : 507 hémopathies, maladies du sang et 138 TC, tumeurs cérébrales.
17. Il s'agit d'une coïncidence ou d'un biais, soit que le rayon d'emprise est peut-être plus grand, soit que l'on évite autant que possible la proximité des lignes de transports et de distribution pour éviter le passage des parasites des unes aux autres.

En fait, il m'a paru probable qu'une ligne MT ou HT puisse avoir un rayon d'action beaucoup plus grand que 50 m, ce qui deviendrait beaucoup plus difficile à étudier. Je n'ai fait d'observations systématiques ni pour ces lignes, ni pour leurs effets coopératifs possibles avec les lignes BT (380 V ou 400 V).

Il est intéressant de remarquer qu'aux États-Unis d'Amérique, les chercheurs cités ont pris en compte les caractéristiques des lignes BT comme des facteurs importants, et étudié en particulier le début de ligne, alors que tout cela semble, couramment ignoré ; en revanche, le poteau de fin de ligne est considéré comme particulièrement peu perturbant, alors que j'y trouve des tumeurs cérébrales. J'ai fait en Europe, le même genre d'investigations, sans avoir été au courant de leurs recherches ; sans doute des observations préliminaires similaires, les avaient menés sur cette même piste, mais je n'en ai pas trouvé trace. Leur démarche, publiée, est donc une confirmation de la mienne.

Distance entre poteau et lit du malade

La précision de leurs mesures, effectuées avec un mètre enroulé, et la complexité de la publication, comporte une différence énorme avec ce que j'ai su faire, et je me demande comment les auteurs ont pu réduire l'imprécision fondamentale de la distance de la ligne électrique, dans les 2 plans vertical ou horizontal, au lit du malade.

Pour Wertheimer et Leeper, la zone d'emprise électromagnétique varie de 15 à 40 m selon le calibre des câbles[18]. Pour ma part, j'ai choisi la distance de 50 m comme ordre de grandeur du rayon d'action où je recherche les structures électriques voisines, cette distance me paraissant un bon indicateur global de risque ; j'ai aussi noté une valeur pour la distance, mais l'imprécision en est flagrante, et, plus encore, lorsque l'on prend comme repères :

- L'entrée sur rue ou le mur de la maison pouvant se trouver à l'opposé de la chambre du malade.
- Une ligne de THT, sachant que l'écart entre les 3 fils peut varier de 1 à 10 m.
- Une ligne de 15 kV quand la distance entre ventre de ligne et toit, variable par dilatation due à la température estivale, est parfois si faible qu'elle a pu provoquer l'électrocution d'un couvreur par effet d'arc.

18. Pour la distance à 40 m, il s'agit de lignes de transport électrique dont les tensions peuvent varier, en France, de 10 kV à 400 kV au plus.

Cette question de la précision que soulèvent les articles est effectivement intéressante à considérer si je veux obtenir des preuves : sans doute faudrait-il reprendre l'étude avec des cas plus proches des SE, donc d'une seule à la fois ; ceci ferait apparaître des pourcentages plus fiables et probablement des conclusions plus crédibles, malgré de plus petits nombres.

Nature des lignes de BT près du malade

De 1979 à 1991, les différents auteurs ont utilisé l'un des 3 codes de Leeper qui ne différencient pas les lignes faites de fils nus ou isolés ; ce n'est qu'après 1991 que l'on sait que les lignes faites de câble torsadé ne sont plus classées dans les zones de grande quantité de courant (zones à risque de cancers). Je me demande si les auteurs auraient trouvé comme moi, plus de tumeurs cérébrales près des fins de lignes faites de câble torsadé.

Prévention

Wertheimer et Leeper, l'équipe de Vena, puis celle de Zheng ont, tous, trouvé une diminution des cancers du sein sous 'couverture chauffante peu employée', même si cet effet n'était pas statistiquement significatif. Je pense qu'il serait utile d'affiner de telles études dans la perspective de comprendre si des mécanismes d'écrantage pourraient être mis à profit, mais est-il bien réaliste d'espérer maintenant qu'une équipe se lance dans une telle étude ?

Moulder[mm], spécialiste américain, m'écrivait (par courriel), en réponse à une question que je lui avais posée, qu'un écran métallique (tel qu'une couverture chauffante) n'arrête pas un champ magnétique s'il ne réunit les trois impératifs, d'être plein, enveloppant, et fait de mu métal (*Solid, wrapping and made of mu metal*), alliage spécial à base de nickel, destiné à stopper le champ magnétique.

Mais, sans stopper le champ, peut-on néanmoins le détourner, comme cela se fait couramment, en particulier dans les moteurs ? Des recherches en ce sens sont évoquées par Danze et al. dans leur livre «L'habitat sain ? Risques liés aux pollutions électriques et magnétiques (Éditions 2002 et 2004)». Cette question n'a de sens que si le champ magnétique est réellement un facteur de cancer, en coopération ou non avec le champ électrique, plutôt que le champ électrique seul.

Commentaires sur le Rapport du NIEHS de 1998

L'abandon de l'effort de recherche consacré par la Conférence de Consensus, a été mentionné précédemment. Des équipes continuèrent à avancer, mais sans priorité affichée, et l'on tint peu compte des résultats.

Ainsi, en France, comme cité plus haut, il fut clairement formulé, dans une convention officielle pour 2001-2003, entre les partenaires concernés par l'enfouissement des lignes, que cette action n'était pas guidée par un problème de santé publique éventuel au voisinage de lignes électriques - problème explicitement considéré comme inexistant - mais simplement motivé par des considérations de sécurité de l'alimentation en électricité et de respect du paysage.

Autre aspect révélateur : il n'y eut que 2 posters au colloque annuel de la Société Française de Radio Protection, en 2003 à la Session "*Les rayonnements non ionisants*", celui du docteur Souques[nn] d'EDF, et le mien[oo]. C'est peu, eu égard à une bonne cinquantaine dédiés à la radioactivité et alors qu'il existait explicitement une section concernant les effets non ionisants de l'électricité.

Pourquoi les participants de la Conférence de Brooklyn Park n'ont-ils pas voté à l'unanimité la nocivité du champ électromagnétique, et se sont-ils contentés de le déclarer 'cancérigène possible', par une majorité peu marquée ? Je propose en guise de commentaire, une analogie mécanique que je trouve parlante, et que j'avais figurée de façon incompréhensible, dans un poster assez maladroit, en septembre 1998. Supposons que l'on nous demande, après 20 ans de recherche et 50 millions de dollars d'investissement, de voter si la vitesse est responsable, ou non, de la chute de voyageurs debout dans un train à grande vitesse (TGV) en marche.

Certes, la vitesse est un facteur de chute possible, puisque les chutes se produisent essentiellement en marche, du fait du mouvement du train, mais la relation avec la vitesse (jusqu'à 300 km/h) n'est pas claire, et l'on ne tombe pas 100 fois plus à 300 km/h qu'à 3 km/h. C'est, en fait, la variation de vitesse (accélération, décélération) qui est la véritable cause, la cause déclenchante ; cette variation est un autre facteur que la vitesse, qui peut apparaître indépendamment et ne se mesure pas directement au compteur de vitesse.

Il y a néanmoins, plus de chances d'avoir de grandes variations, à grande vitesse, ce qui peut expliquer certaines corrélations. Les votants pourraient seulement, affirmer comme ceux de Brooklyn Park, qu'au-dessous d'une certaine vitesse, il n'y a plus de problèmes, et décréter des normes sur la vitesse, qui, alors, seraient sans doute incompatibles avec le fonctionnement du TGV.

Pour se protéger, sans doute vaut-il mieux identifier les mécanismes mis en jeu ! La vitesse est effectivement un facteur possible de chute, mais elle n'explique pas tout.

Le 24 juin 1998, le jour même où se terminait la Conférence, le colloque ASPROM s'ouvrait à Paris devant des spécialistes de langue française, et d'autres personnes intéressées par le sujet 'Électromagnétisme et écologie'. C'était de bien mauvaises circonstances pour exposer mes observations, en particulier l'idée de ce facteur encore non étudié de Variation Spatiale Electro Magnétique (VASEM), accompagné d'une idée assez floue de coopération dans un effet cyclotronique, et pour espérer amorcer des collaborations avec des équipes constituées.

Compte tenu du résultat de la Conférence de la veille, que j'ignorais, je comprends mieux aujourd'hui cette boutade de couloir d'un chef de service d'EDF auquel l'on demandait ce qu'il pensait de mon exposé et qui aurait répondu : « *Je ne voudrais pas être celui qui contribue à brûler Galilée, mais l'hypothèse d'Albaret n'est pas près d'être prouvée !* ».

En fait mon hypothèse de mécanisme était un peu bancale ; peut-être était-ce la seule qu'il avait retenue. Et de toute façon, il n'était plus vraiment question de chercher.

Commentaire général

Parmi toutes les recherches de ces 30 dernières années, la création et l'utilisation du 'code de câblage', par Wertheimer et Leeper, me semblent l'une des plus grandes découvertes épidémiologiques. Cela a pu constituer un outil aussi précieux pour le clinicien dans l'évaluation des zones à risque de cancer que l'échelle de Richter dans l'évaluation de la puissance des tremblements de terre.

Cet outil a été utilisé pour obtenir des résultats statistiques réputés significatifs, ce qui a été important dans la prise de conscience de dangers environnementaux liés à l'électricité, mais s'est trouvé limité par des hypothèses inadéquates, puisque fondées sur l'idée que le champ magnétique est en cause qui ont amené une évolution défavorable de son utilisation. La rigidité des contraintes épidémiologiques usuelles n'a pas permis d'explorer les mécanismes jusqu'alors inconnus qui ont, pourtant, alors été soupçonnés d'exister.

Les études statistiques qui utilisent ce code de Denver, positives, conformes aux règles de l'art, ont pu alerter l'opinion sur la réalité des risques ; de plus, en considérant explicitement les débuts et les fins de lignes, elles sont, dans leur détail, une confirmation de mon approche. On voit que mes études, si elles n'ont pas les mêmes atouts d'analyse statistique, n'ont pas non plus les mêmes limites, s'adressant à une plus grande diversité de phénomènes.

L'image qui a été donnée des études américaines, en en reprenant les résultats sur les leucémies, cancers rares, semble surtout évoquer un faible nombre de cas, qui ne représente pas un problème majeur de santé publique. Pour ma part, mon choix d'étudier des cancers à la fois rares (leucémie et tumeurs cérébrales) et assez spécifiquement liés à l'électricité, correspond à un avantage certain dans l'étude des coïncidences. L'expérience de telles interprétations m'incite à insister sur le fait que ces choix sont des outils méthodologiques qui permettent de trouver des éléments de compréhension, mais reflètent mal l'ampleur des effets ; j'ai très souvent observé que les problèmes ne se limitent pas aux cancers rares que j'ai choisi d'étudier.

D'autres recherches, qui concernent les mécanismes possibles au niveau cellulaire ou sur les lignes, ouvrent des pistes qui me paraissent éclairer mes observations, mais il n'en a pas encore été proposé un mécanisme complet qui puisse relier les données techniques aux effets cellulaires.

Il conviendrait désormais de pouvoir chercher à comprendre ce qui se passe plus particulièrement dans les voisinages typiques où j'ai trouvé des effets, cette limitation des domaines à étudier permettant une recherche plus approfondie. Nous allons voir quelles conclusions on peut envisager, au vu de mes observations.

Hypothèses retenues et réflexions sur les mécanismes

J'ai essayé de voir en quoi les mécanismes étudiés par la communauté des chercheurs pouvaient m'aider à comprendre ce que j'observais. Tout ce qui me permet de réfléchir et d'observer plus en détail me paraît une approche valable

Je tiens pour bonne ou possible une hypothèse lorsqu'elle peut expliquer ce que je vois, et me permettre de mieux regarder. Ainsi, les 2 hypothèses de résonance, cyclotronique ou stochastique, et de libération, lente ou brutale, d'énergie stockée dans un diélectrique répondent à un grand nombre de mes questions, et mettent en cause des facteurs qui me paraissent présents là où j'observe des effets. L'interprétation que j'en fais est, pour commencer, résumée dans l'encart suivant.

Encart 14 - Mécanismes considérés

Dans la résonance, cyclotronique ou stochastique, le champ magnétique statique serait :

- Soit, le champ terrestre seul (cf. rapport NIEHS).
- Soit, associé à un champ supplémentaire, éventuellement lié à la force électromotrice longitudinale induite (femli), une variation lente permettant tout un domaine de valeurs pour les fréquences de résonance. Le champ électrique variable apportant l'énergie serait tout champ électromagnétique présent, qu'il corresponde.
- Au courant principal ou à des parasites.
- En 50/60 Hz, ou à des fréquences différentes, en incluant les champs pulsés, à la condition d'avoir une action moindre sur toute une partie de la trajectoire des particules chargées qu'il accélère.

La libération de l'énergie des isolants (diélectriques) pourrait se faire :

- Soit par les champs électromagnétiques, éventuellement des champs pulsés (cités dans le rapport de la Conférence de Consensus).

Soit par une variation spatiale électromagnétique (VASEM), idée acceptée par Gilles Damamme[pp].

Le mécanisme exact **des mises à la terre** quant à lui, n'est pas déterminé.

Énergie dans un diélectrique, câble torsadé, et cancers

L'exposé de Damamme sur l'énergie stockée dans les isolants me donnait une piste pour la compréhension d'effets liés à une ligne torsadée, même s'il ne s'agissait encore que d'éléments et non d'un mécanisme complet. Il apportait enfin une réponse à la question suivante : comment incriminer le champ électromagnétique (CEM) ou même la VA-SEM, pour les cancers développés près d'une ligne électrique équipée de câble torsadé, quand on sait que la composante magnétique du CEM, seule considérée habituellement, est beaucoup plus faible autour d'un tel câble qu'autour d'une ligne de 4 fils nus séparés. Le champ magnétique est réputé presque nul, du fait du faible espacement des fils rendu possible par l'isolant électrique (noir) dont ils sont entourés.

L'examen des données concernant les types de cancers étudiés et la nature des structures électriques (SE) présentes dans le voisinage, montre que la tumeur cérébrale (TC) semble la plus sensible à des phénomènes électriques inducteurs en rapport avec les câbles torsadés et les fins de lignes, quelle que soit la nature de ces phénomènes.

Pour ce qui est des fils, l'examen de l'habitat de 138 malades atteints de tumeurs cérébrales (TC), a fourni les données reportées dans le tableau suivant, telles qu'arrêtées au 30 mars 2004. Il s'agit de l'étude des structures électriques dans les 50 m de l'habitation des malades. Pour comparaison, les résultats de l'étude de cancers du sang (MBD) figurent dans ce même tableau.

Tableau 11 - SE dans les 50 m de l'habitat pour 413 cas

	1	2	3	4	5
SE : structures électriques dans les 50 m	Sans SE visible	4 fils nus séparés	4 fils + isolants torsadés	Transformateurs + ligne HT seule vue	Total
TC	27	28	69	12 + 2	138
MBD	113	76	48	35 + 3	275

Pour 138 cas de tumeurs cérébrales (TC) on constate que :

- 27 habitations sur 138 ont une alimentation souterraine.
- 69 malades habitent dans les 50 m de poteaux portant du câble électrique torsadé, que seulement 28 TC (dont 4 enfants, 3 étant atteints de tumeurs du tronc cérébral) sont situées à côté de lignes de 4 fils nus.

De plus (cela n'apparaît pas sur le tableau), 5 des TC ont, à la fois, dans les 50 m, du câble torsadé et un transformateur, tandis qu'une seule TC est localisée entre le premier poteau d'une ligne de 4 fils et le transformateur.

La grande majorité des TC se rencontre à côté des fils torsadés. Un cas, trouvé près d'une double fin de ligne enterrée, me conduit à penser que les fils enterrés ne sont pas pour autant sans problème. Il s'agissait d'une coïncidence, a priori peu probable, ce qui donne un certain poids à son explication par un mécanisme plus général.

De telles coïncidences, pratiquement inaccessibles sont difficiles à rencontrer, sans plan des lignes. Est-ce qu'une variation spatiale électromagnétique (VASEM) créée par les câbles (dont la torsade n'a pas une géométrie simple) peut être responsable d'effets cancérigènes, ou bien est-ce plutôt l'énergie stockée dans les isolants, et même, éventuellement, la coaction de ces deux facteurs ?

Pour mieux interpréter de telles données, il conviendrait de disposer de statistiques descriptives détaillées sur la répartition des structures électriques, mais c'est quelque chose d'assez inaccessible, car il n'existe aucune homogénéité dans les installations, et parce que le réseau est en perpétuelle évolution. Il ne faut donc pas s'attendre à des résultats précis, quel que soit l'effort entrepris.

La comparaison des répartitions trouvées pour les deux types de cancers semble d'un meilleur apport : les proportions sont quasiment inversées, pour les fils nus et torsadés. Mais, les cancers du sang étudiés, étaient décédés avant 1994, donc plus anciens et moins affectés par l'évolution de 4 fils à un câble torsadé, et c'est une difficulté sérieuse pour ce qui est de l'importance à accorder à la différence observée. Il semble que les pourcentages soient crédibles, car relativement stables selon les différents sous-groupes que des confrères ont pu former pour contrôler cet aspect. L'étude plus approfondie des phénomènes physiques présents dans de tels environnements est sans doute plus prometteuse parce que moins contestable ; l'idée que le champ électrique ne s'annule pas au voisinage des lignes torsadées et, qu'au contraire, il est beaucoup plus grand dans le câble, semble déjà à retenir.

Rôle des fins et des débuts de ligne près de transformateur

On a vu tableau 8, la grande fréquence des malades, et, en particulier, des tumeurs cérébrales (TC), en fin de ligne (48 des 99 cas, dont 9 près de double fin de ligne), avec 71 % de ces fins de ligne faites de câble isolé torsadé.

On a vu, de plus, que 2 des 3 cas étudiés au voisinage de lignes enfouies – une tumeur cérébrale et un cancer des os – se sont produits, similairement, chacun près d'une double fin de ligne. Est-ce encore une libération de l'énergie stockée dans le diélectrique qu'il faut soupçonner, ou plutôt des courants vagabonds liés à la mise à la terre réglementaire en fin de ligne ?

S'agit-il d'effets de variation spatiale électromagnétique (VASEM) ? Il semble bien, en tous les cas, que le mécanisme à incriminer soit différent de celui des cancers du sang. Ainsi, la comparaison des 138 cas de TC avec 18 cancers du sein et 275 cancers du sang montre que le cancer du sein serait, lui aussi, un cancer de fin de ligne, de câble torsadé, et de pavillon, alors que le cancer du sang serait plutôt une maladie du début de ligne, de ligne faite de fils nus, d'immeuble, et à proximité du transformateur.

La tumeur cérébrale (TC) est surtout une maladie de pavillon où le malade est proche du sol (81 %), de câble torsadé sans champ magnétique (71 %), et de fin de ligne (48 %), peut-être liée au courant vagabond de retour par la mise à la terre, alors que l'hémopathie maligne (MBD) apparaît quant à elle plutôt dans des immeubles, en début de ligne et près du transformateur ; la présence de la ligne de moyenne tension, et de la mise à la terre du neutre dans ces zones est, peut-être, le facteur essentiel à retenir, à moins que ce ne soit le champ magnétique lié à l'usage de matériaux magnétiques dans le transformateur, voire, une combinaison d'effets ?

C'est bien dans ces conditions spécifiques, en tout cas, que l'on peut espérer observer des indices menant à la compréhension de la diversité des mécanismes nécessaire pour prévenir les effets nocifs. Ces endroits suspects sont-ils liés à un problème actuellement fondamental et sans solutions, ou bien suffit-il de prendre en considération les localisations, avec des compétences techniques appropriées, pour trouver immédiatement une parade facile ?

Grandeurs électromagnétiques en cause ; mécanismes possibles
L'évitement du risque serait facilité par la mise en place de normes concernant les champs électromagnétiques ; encore faudrait-il connaître le responsable précis de ces risques pour définir ces normes, et s'assurer que la diversité des circonstances et des sensibilités permet une telle approche...

Certains spécialistes, qui utilisent des statistiques, affirment l'innocuité du 'CEM proprement dit', ce qui signifie, pour eux, qu'une valeur moyenne n'a pas permis de trouver de corrélations significatives avec les cancers ; ce qui est, tout simplement, faire abstraction des variations spatiales ou temporelles.

La terminologie anglo-saxonne, incriminait avant 1993, les champs électromagnétiques[19] et suspecte, aujourd'hui, de façon moins générale, les champs électrique et magnétique à la fréquence des lignes de transport d'énergie[20] (50/60 Hz), ce qui élimine un certain nombre de parasites dont l'innocuité est loin d'être certaine.

• Champ magnétique
On a vu que le champ magnétique est le plus suspecté lorsqu'il s'agit des lignes d'alimentation. La mesure des champs magnétiques, préconisée par les scientifiques, et correspondant aux normes actuelles d'évaluation d'un seuil maximum d'exposition acceptable, est réalisable certes, en tous lieux, mais ne décrit pas les variations possibles dans le temps ou l'espace ; elle me paraît en outre, coûteuse et inadaptée, et, de plus, en contradiction avec les conclusions des études de Wertheimer et Leeper.

Revenons sur le champ magnétique statique comme élément d'une éventuelle résonance cyclotronique telle qu'évoquée par Tenforde (et autres). Le champ terrestre existe partout, y compris dans les zones industrielles... Or, dans ces zones, les courants de lignes électriques induisent sur les habitations voisines un champ variable alternatif mais, peut-être aussi, redressé dans le sol, comme le note Danze, déjà cité. Le champ statique correspondant, s'il s'ajoute localement au champ terrestre, peut former un champ résultant différent, modifiant ainsi les conditions de résonance cyclotronique et la fréquence de résonance pour le champ électrique variable.

19. Electro Magnetic Fields, EMFs.
20. Power-Line Frequency Electric and Magnetic Fields.

• Importance des champs électriques, plutôt que magnétiques, dans mes observations :

L'étude des tensions au sol, en relation avec les courants vagabonds, me paraît particulièrement intéressante. J'ai pu réaliser des mesures simples, pour le prix d'un voltmètre très ordinaire, qui se sont montrées efficaces sur les quelques cas accessibles, et me semblent un indicateur de risque fiable.

Je les avais entreprises en pensant mesurer les courants vagabonds, mais les phénomènes sont, en fait, relativement plus compliqués, et les données peu faciles à interpréter, en termes de champs électriques ou de courants dans le sol. Les variations observées sont cependant des indices de ce qu'il se passe quelque chose de cet ordre, et de ce que le champ électrique en est un facteur important.

Le grand nombre de câbles isolés observé près de la résidence des malades atteints de cancers, particulièrement de cancers du cerveau, pose une question nouvelle, puisque, dans ce cas, on ne peut accuser le champ magnétique, ou, du moins, sa valeur moyenne, qui se trouve réduite.

On sait que les champs électriques, eux, dépendent de la distance entre les conducteurs, qu'ils augmentent donc au niveau de fils rapprochés, et que cela favorise aussi les courants vagabonds. Est-ce là l'essentiel de leurs effets ici ?

L'hypothèse d'une libération de l'énergie, peut-être non négligeable, liée au champ électrique et stockée dans l'isolant plastique a été formulée, mais sans mécanisme précis pour ce qui concerne des effets biologiques. La généralisation des câbles isolés date des années 60, et correspond à l'augmentation du nombre des cancers ; pourrait-elle être en cause ?

• Courants vagabonds

Les tensions observées entre des points voisins correspondent à des champs électriques, et font passer des courants dans tout ce qui est tant soit peu conducteur. Courants vagabonds et tensions parasites sont liés. Lorsqu'ils surviennent en certaines parties d'organismes vivants, les dérangements peuvent être de nature très variée.

J'ai longuement rapporté mes études de tensions liées aux courants vagabonds. L'encart qui suit rappelle ce que je considère comme les plus prometteuses de mes conclusions :

Encart 15 - Étude des courants vagabonds et risque de cancer

La mesure des tensions alternatives (en mode AC) entre les 2 fiches d'un voltmètre plantées en terre au pied des poteaux, et écartées au maximum des fils disponibles (1, 75 mètre environ) me montre des variations qui impliquent l'existence de quelque chose que j'ignore et qui me font penser qu'il existe des courants vagabonds. En un endroit donné, de telles mesures donnent des résultats qui peuvent dépendre de l'orientation des fils reliant les points de mesure :

- Ces mesures ne sont possibles que si le sol est de terre, sans revêtement, ce qui est chose rare près des poteaux électriques.
- Dans les 9 cas de cancers rares où j'ai pu faire de telles mesures (dont 4 cas de tumeur cérébrale vus plus haut).

J'ai trouvé des résultats analogues (9 fois sur 9) :

- Les tensions mesurées alors, à partir du pied du poteau dans les 4 directions, sont de quelques dizaines de millivolts plus élevées vers la maison du malade, la différence pouvant être de l'ordre des 2/3.
- Si le pied du poteau n'est pas accessible, et que l'on peut mesurer les tensions un peu plus loin, les tensions sont plus faibles, mais avec un maximum dans la direction pointant vers le malade. J'ai, ainsi, mesuré 12 mV vers un malade, et 2 mV dans d'autres directions.

Autres aspects et dates

Quelques effets qui méritent une explication :

- La progression annuelle du lymphome, plus forte en ville qu'à la campagne, évoquée lors d'un colloque français d'hématologie[21].
- L'apparition de tumeurs malignes chez les indiens Gaviaos ayant autorisé le surplomb de leurs territoires par les lignes de transport électrique, en échange de la fourniture gratuite d'électricité (d'après une lettre[qq] d'un auteur brésilien, mais, sans précision sur les dates de pose des lignes de transport et d'apparition des cancers ; cette lettre n'est qu'une piste à explorer).

21. Septembre 2000, Professeur Carli, au Colloque des hématologistes de France à Dijon : augmentation de 4 % des lymphomes en 1999, avec une recrudescence incompréhensible dans les départements du Bas Rhin et de l'Isère. Dans ce même Bas-Rhin, Agnès Fleury, notait dès 1983, la plus forte incidence d'oligo dendro gliome de France, avant donc l'explosion de Tchernobyl d'avril 1986.

- Le témoignage de deux pères blancs Tchadien et Rwandais qui ne se rappellent pas avoir enterré de morts par cancer du cerveau[22], en 7 et 10 ans de sacerdoce, dans des paroisses de plus de 50 000 âmes, sans électricité ; cela est-il utilisable, même en cas de diagnostics bien établis, si, dans ces pays, nombre de maladies peuvent l'emporter sur les cancers ? La comparaison entre les mécanismes envisagés et des changements des techniques électriques ayant précédé l'augmentation du nombre des cancers, montre une certaine cohérence.
- La généralisation de l'isolation de plastique dans les années 60 peut être rapprochée de l'hypothèse du physicien Damamme concernant l'énergie stockée dans les irrégularités de ce diélectrique, en particulier aux coudes et aux extrémités des lignes. Elle se libérerait, par une variation de température, de pression, ou, pourquoi pas, de Variation Spatiale de champ Electro Magnétique, induite par l'agencement des fils de certains poteaux. D'autres physiciens affirment que les champs induits s'annulent, ou presque, autour d'une ligne faite de câble torsadé, et que l'énergie des champs, au lieu de s'établir autour de la ligne, se concentrerait à l'intérieur du câble. Dans cette hypothèse, la généralisation du câble torsadé et l'enfouissement des lignes seraient à prendre en compte dans l'étude de la pathogénie, même si l'on n'en entend guère parler.
- La généralisation des antennes de télévision sur les toits, sans paratonnerre associé ni mise à la terre, amène des phénomènes électromagnétiques dans nos salles de séjours et dans nos chambres. J'ai en mémoire la vision des toits de banlieue de Rome, en 1966, envahis par des armées de râteaux d'antennes de télévision ; s'y ajoute aujourd'hui, le bataillon des antennes relais.
- La mise à la terre des lignes est une protection contre la foudre, les effets atmosphériques et les tensions anormales, mais elle apporte, également, comme on l'a vu, des effets nocifs liés à des tensions parasites.

22. Repérable, en ce qui concerne la TC, par les membres de la famille ou des amis, par des anomalies du comportement du malade

Chapitre VII

Prévention

Ce que j'ai étudié peut inquiéter et je me tairais s'il n'y avait l'espoir, sinon la possibilité, d'une prévention individuelle simple et à la portée de tous, par lit métallique. De plus, l'enfouissement des lignes électriques masque la possibilité d'étudier le problème et il y a donc urgence à agir. Conscient que l'on peut faire plus de mal en dévoilant les résultats d'une recherche de pointe qu'en laissant les faits se faire, j'ai en vain consulté, les responsables de l'éthique, de la prévention du risque sanitaire, de la cyndinique (science de la gestion du risque pour laquelle un diplôme a été créé en Sorbonne il y a quelques années...).

Malgré la peur, savoir pour agir

Le livre du docteur J.-P. Maschi[rr] suggère que le sujet fait partie de ceux qui font peur. Je croyais que cette peur était le fait de gens simples, mais elle touche les scientifiques également.

Une anecdote montre que les responsables, ou les gens concernés, ne répondent pas. Lors d'un congrès, en 2004[ss] , j'ai obtenu un éclaircissement sur un problème que je n'avais pas compris : un neurochirurgien, chef de service hospitalier de province, m'avait donné, en 2002, le nom de 2 villages où 3 malades étaient atteints de gliomes, dont deux, voisins l'un de l'autre.

Après une semaine de relevés et un travail dur et minutieux, je lui avais fait parvenir 2 listes, l'une, de 61 poteaux à risque, correspondait à un village de 3 600 habitants, l'autre, de 38, pour un village d'un peu plus de 500 habitants. Je ne reçus pas les adresses pour confirmation, et l'étude demeura sans réponse de la part de ce neurochirurgien.

Lors de ce congrès, j'apprenais que sa maison se trouvait située entre celles de ses deux voisins frappés de gliomes, face à l'un des poteaux repérés.

– *Pourquoi ne m'avez-vous pas répondu ?*
– *Vous m'avez fait peur ! Qu'est-ce que je fais moi, maintenant ? Je vends ma maison ? J'attends mon cancer ?*
– *Non ! Mais vous pouvez vous coucher sur écran métallique !*
– *Vous n'en savez rien si ça protège !*
– *C'est vrai que je n'en ai pas la preuve, mais la deuxième partie de mon hypothèse n'est peut-être pas plus fausse que la première !*

J'ai appris, depuis, à me méfier de mes solutions optimistes, en réinterprétant en particulier l'observation des toits en zinc de Varsovie et les mises à la terre, non comme éventuelle protection, mais comme danger en cas de panne exceptionnelle. Qu'en est-il donc, en fin de compte, de la protection par écran métallique ?

En tout cas, si le cancer est favorisé par l'exposition continue à des champs électromagnétiques nuisibles, même s'il ne s'agit que d'effets coopératifs avec des origines différentes, par affaiblissement des défenses naturelles par exemple, on peut espérer qu'en dérivant les effets électromagnétiques on puisse obtenir une prévention.

Mais il existe beaucoup d'inconnues : par exemple, les écrans métalliques posés comme protection en voisinage des lignes et des voies ferrées sont-ils réellement protecteurs pour tous les riverains ?

Quels sont les rôles exacts des mises à la terre, des câbles de protection aériens (CDPA) ? Il semble que le problème est loin d'être simple et que l'on manque d'études techniques sur le sujet.

Quel est le rôle de ces structures suspectées, qui créent VASEM ? Peut-on simplement les éliminer ? Comment se protéger des effets induits et des courants vagabonds ?

Diminution des effets électromagnétiques et de la VASEM

La diminution, ou la suppression, de la variation du champ électromagnétique induit par une ligne électrique sur les maisons ressortit au domaine public, et les installateurs de ligne du Réseau de Transport d'Électricité (RTE) se heurtent à plusieurs difficultés, peu connues des utilisateurs.

Je rapporte ici quelques points de l'exposé, cité précédemment, que JP Urbain faisait en 1993 ; ils correspondent à ce que j'ai rencontré, et j'y ajouterai mes commentaires : La disposition des fils des lignes de transport (agencement vertical sur les pylônes, horizontal sur les 'poteaux dômes', en delta, etc.), de distribution et de traction[23], peut réduire ces champs[24], sans les annuler complètement. À l'aide d'un champ-mètre (appareil à mesurer les champs, le mot n'existant pas), j'ai mesuré des valeurs positives à 170 mètres d'une ligne de 400 kV dont les fils étaient étalés horizontalement sur les pylônes. Le champ induit est fonction, entre autres, de la distance entre les phases.

En ce qui concerne les voies ferrées électrifiées en courant continu, le champ magnétique créé entre le rail et le troisième rail au sol ne doit porter qu'à quelques mètres, compte tenu de la distance entre ce 3e rail et les deux autres (de toute façon, le courant est continu, donc moins nocif), alors que le champ magnétique de la caténaire (courant continu ou alternatif) porte beaucoup plus loin.

Pour des raisons d'exploitation de réseau et de perte de courant et d'énergie, il n'est pas possible, ni sur grande distance, ni à grande vitesse, ni pour des convois pesants, de se maintenir ou de revenir à l'alimentation en courant continu par troisième rail au sol. Le câble de protection aérien (CDPA de la SNCF), près des lignes de traction, ou le câble écran des lignes de transport, est un autre moyen de réduire ces champs. Mais l'habitat, à proximité des mises à la terre[25] de ce câble, ne peut-il être source d'incidents sur les riverains par les courants de retour au sol ?

23. Encore que la mesure des champs autour des caténaires sur voie ferrée, en tranchée, de niveau et en élévation ne m'a pas montré de différence notable, ce qui me semble illogique et mériterait d'être vérifié.
24. La disposition verticale concentrant ces champs sur une zone étroite ; la disposition horizontale étalant ces champs sur un couloir de nuisance plus large.
25. Approximativement tous les 2 kilomètres environ, les stations étant distantes de 30 km. Les stations sont ces centrales que l'on aperçoit toutes les 6 minutes, à 300 km/h, le long de la ligne du TGV Paris-Marseille et qui alimentent la caténaire.

J'ai relevé d'importantes différences de potentiel au passage des TGV, de part et d'autre de ces mises à la terre, entre les bornes d'un voltmètre fichées dans le ballast humide.

Figure 68 – CDPA et mise à la terre.
On reconnaît (photo de gauche) le poteau de mise à la terre du Câble De Protection Aérien grâce à ce disque de verre. Le boîtier de mise à la terre se devine sur la photo de droite, entre le piquet et le pied du poteau. C'est sur ce boîtier qu'un responsable de la SNCF me montrait que la tension au sol augmente à l'arrivée d'un train, et qu'elle est plus grande vers la sous-station.

Le couloir de nuisance, ou le meilleur choix pour la distance de sécurité à la ligne, est incertain et varie selon les structures électriques considérées. Certains auteurs relèvent une augmentation près des lignes de moyenne tension. Rappelons que deux exemples personnels suggéraient, pour une double ligne de 225 kV, un risque à 200 m environ, et, pour une caténaire, un risque à 100 m, voire 400 m pour les hémopathies.

Dans le cas d'une caténaire sur voie en tranchée, j'ai trouvé un plus grand nombre de cancéreux sur le côté équipé d'un câble de protection aérien : je me demande où vont les courants induits mis à la terre par le CDPA, et si ce dispositif n'est pas plus adapté à la protection des biens qu'à celle des personnes.

La distance de sécurité par rapport aux transformateurs ou aux fins de lignes m'apparaît être au minimum de 50 m, avec, comme exemple, cette tumeur cérébrale déclarée chez un proche après déplacement du transformateur, mais, surtout, à cause de tous les cas de cancers retrouvés dans les 50 m d'un transformateur.

Mais serait-il 'raisonnable', dans le cadre du principe 'ALARA[26]' anglo-saxon, d'opérer de coûteuses transformations de câblage ou de déplacer des transformateurs, avant même d'avoir pu valider cette hypothèse ?

Dans le domaine de la réduction des effets électromagnétiques, il me semble, à la lueur de mes observations, et même si je n'en appréhende pas toutes les implications pratiques, que des mesures de prudence pourraient s'appliquer, sans grands frais, dans le cas de constructions nouvelles :

- Périmètre non-aedificandi jusqu'à 50m autour du premier et du dernier poteau de la ligne et du transformateur.
- Mise à la terre de la ligne d'alimentation de 50 m au-delà de la dernière maison de la rue ; est-ce là le problème ?

De plus, en ce qui concerne le coûteux enfouissement des lignes :

1. Cette pratique semble masquer le problème, sans le résoudre, et j'en ai donné un double exemple, dans une ville nouvelle, pour une tumeur cérébrale et un cancer des os, cancers rares, près de doubles fins de lignes enterrées, rares elles aussi.
2. L'enfouissement de ligne électrique devrait être total et non partiel (ce qui veut dire sans laisser en place de poteau 'orphelin') : deux des 138 TC et 1 cancer du sein apparaissaient dans les 20 m d'un poteau orphelin, dans
3. Régions différentes de France. Les oiseaux se perchaient sur 2 de ces poteaux (effet 'perchoir' en cause, alors qu'il y avait des arbres autour ?) ; une fourmilière s'était établie au pied du 3e poteau, à 5 m de la maison où vivait une malade atteinte de cancer du sein, et les fourmis sans ailes remontaient jusqu'au 1/5 inférieur du poteau de bois.

Suppression des courants vagabonds

L'encart en début d'ouvrage, sur les courants vagabonds de retour (CVR) montrait 4 sortes d'accidents qui peuvent leur être imputables. L'étude des moyens employés pour éviter leur récidive doit être reprise pour une application éventuelle à l'homme, mais il conviendrait de bien comprendre les mécanismes, qui sont, forcément, en partie différents.

26. As Low As Reasonably Achievable

Encart 16 – Prévention des effets nocif du CVR

Pipelines. On prévient la récidive des perforations des canalisations métalliques, fréquente au même endroit, par divers procédés : mise à la terre des canalisations revêtues d'isolant (par mise à nu de la tôle et soudure d'un fil conducteur avec bout libre tourné vers le générateur électrique), inversion de polarité (procédé dit de la protection cathodique (PC) qui correspond à des effets atmosphériques polarisés).

Canalisations d'eau en métal. La prévention des récidives, autrefois par PC, se fait aujourd'hui par voile de polyéthylène, moins onéreux.

Exemple de l'explosion d'AZF à Toulouse. L'interruption du brûlis dans la cour intérieure d'un bâtiment suggère que la paroi de métal a eu un rôle dérivatif, à rapprocher du blindage des murs des maisons préconisé par certains architectes, qui n'est, par ailleurs, pas forcément sans inconvénients...

Le câble de cuivre nu de 150 m qu'un éleveur avait fait tracter sur le sol, entre l'étable et la caténaire, a peut-être amélioré un peu le stress des vaches, de façon transitoire seulement.

Le courant de retour provient souvent des mises à la terre réglementaires sur des poteaux tels que celui de fin de ligne de distribution. Le problème est traité de façon différente selon les pays.

À Dublin, et dans certaines villes du Connemara, en Irlande, les poteaux sont métalliques et ressemblent à nos réverbères : ils doivent, de facto, dériver ces CVR vers la terre. Connaît-on pour autant, moins de problèmes en Irlande ? À Varsovie, les mises à terre sous forme de bandes métalliques sont coulées dans le béton, et les techniciens n'ont plus qu'à boulonner leur prise de terre en haut et en bas du poteau.

À Varsovie, parmi les quelques réponses obtenues, les seuls cas de cancer du sang et de déficience immunitaire chez un enfant, déclarés avec une « grande fatigue de sa maman », vivaient dans la cage d'escalier qui me posait problème en raison de la section de la mise à la terre du toit de zinc.

On a vu l'importance des courants induits par les installations électriques domestiques entre compteur et lit. La proximité du compteur amenait les plus grandes tensions entre le corps d'un sujet allongé et la terre (21 V, dans un chalet en bois).

On a vu, surtout, en prévention des accidents, le rôle du shunt de ces courants par n'importe quel écran métallique. Nous le rappelons dans les 3 ordres biologiques.

Pour les végétaux, la croissance est influencée par la présence de métal sur les paillasses de laboratoire, De même, dans le dépérissement de ruches sous lignes de très haute tension (THT), Brugères (1993) rapporte qu'il a été évité par un grillage de métal, relié à la terre, posé sur les ruches.

Enfin, les équipes de Vena[hh] (1991) et Wertheimer[gg] (1993), trouvent *plus de cancers du sein sous couverture chauffante, mais moins* chez les sujets *dormant sous couverture peu utilisée*. Vena, comme Wertheimer, ont remarqué que la couverture peu utilisée peut néanmoins créer des champs selon la façon dont elle est mise hors circuit, sans détailler cependant si elle est laissée sur le lit, en débit, en tension, ou débranchée de la prise, dans l'armoire, ou, hors de la chambre, elle n'a peut-être pas la même action. Moulder, physicien que j'ai consulté, me répondait qu'il l'ignorait.

En dépit de cette imprécision, les études statistiques suggèrent que la couverture peu utilisée protège du cancer du sein, par des résultats non significatifs mais retrouvés par Zhengii en 2000. Portier[27] (juillet 2000), semblant ignorer alors l'observation de Zheng, m'écrivait que les observations ne signalaient pas de prévention du cancer par écran de métal, et ne pouvait donc répondre à mes 2 questions, ni préciser si l'utilisation de ce dispositif d'écran métallique est dangereux ou si sa mise à la terre est indispensable.

Trois observations en matière de prévention Shunt du CVR par voie ferrée désaffectée?

Une observation m'a laissé particulièrement perplexe, et, à défaut de conclusions, j'en ai tiré des réflexions utiles : à l'ouest d'une voie ferrée désaffectée (VFD, à gauche sur la figure) de 900 m de longueur, les cancéreux soignés avant leur mort dans un service d'hématologie, sont régulièrement répartis, alors que l'on n'en trouve pas à l'est, dans un triangle de 80 ha environ où structures électriques et densité de population sont à peu près identiques. Y a-t-il une question de recrutement, à vérifier, ou bien ces rails désaffectés offrent-ils une protection ?

27. PORTIER, Christopher, Directeur du Service de recherche de l'Institut National de Santé et Environnement américain, NIEHS (Lettre à l'auteur du 7 juillet 2000).

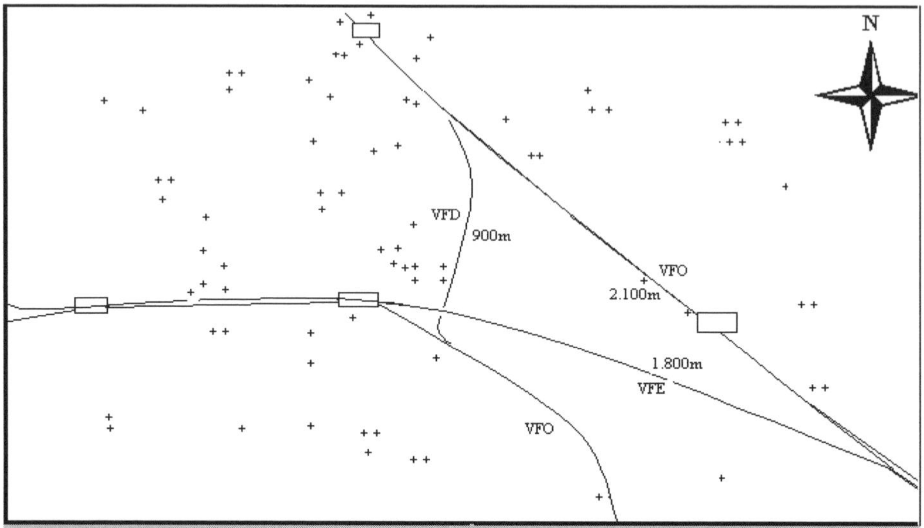

Figure 69 – Voie ferrée désaffectée (VFD) et protection contre certains cancers?
Les malades soignés dans un service d'hématologie et décédés entre 1984 et 1994, sont représentés par des croix, Ils sont pratiquement absents dans le triangle de 80 ha environ (limité par VFD, VFO, VFE). Ils réapparaissent autour de la voie ferrée omnibus (VFO, 2 cas), puis à l'est, de part et d'autre des voies ferrées omnibus et express (VFE du schéma) lorsqu'elles confluent dans les communes voisines. Le nombre de cas réduit de part et d'autre de la voie express, est compatible avec l'idée que la pollution électrique serait moins grande près d'un train lancé que près d'un train omnibus.

La voie ferrée désaffectée, VFD, et ses 4 rails continus peuvent-ils shunter les courants de retour à la station d'alimentation à l'est, et prévenir ainsi l'apparition de ces cancers?

Ce plan des lignes, où sont indiqués des cas de cancers, pose des questions intéressantes, à défaut d'une solution: sur l'accessibilité souhaitable (?) de telles données, sur les conditions d'établissement et de biais possibles, sur le rôle éventuellement protecteur des rails désaffectés, en tant que conducteurs métalliques, et sur celui des trains omnibus ou express.

Les 4 rails de métal au sol protégeraient-ils, ainsi, contre ces cancers? Vaut-il mieux penser que c'est incroyable, comme il a été écrit de la diminution des cancers du sein sous couverture électrique peu utilisée?

Shunt du CVR AZF - Toulouse

Une photo, prise le 21 septembre 2001 par un hélicoptère d'EDF dans les 5 heures de l'explosion, a été publiée par Valeurs Actuelles[e]. Cette photo me semble fondamentale, comme aux auteurs de l'article, pour visualiser, de façon assez extrême, les effets d'un courant vagabond de retour (CVR), et pour envisager un moyen de les prévenir.

Calque de photo* EDF prise d'hélico 5h après explosion AZF-Toulouse, 21/09/01

*Photo Valeurs Actuelles, n°3423, 5-11/07/02, P33

1- Transformateur Lafourguette
2- Usine aux parois de métal
3- Tracé du brûlis
4- Droite transfo-cratère
5- Cratère d'explosion

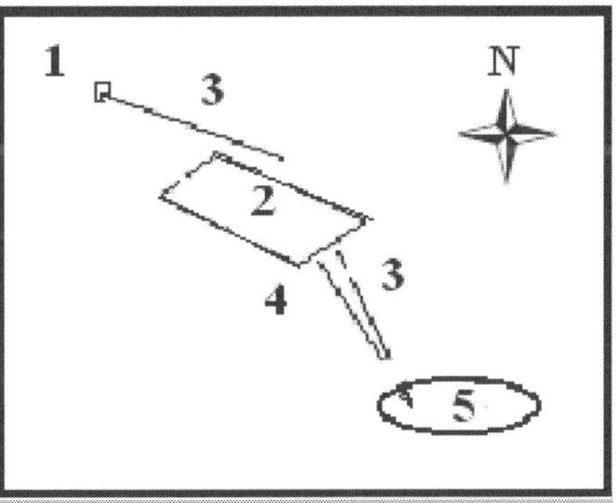

Figure 70 – Explosion AZF-Toulouse. Schéma JCA. Photo de Valeurs Actuelles
Sur ce schéma d'après la photo de Valeurs Actuelles ci-dessous (surlignée à droite), on voit une ligne de brûlis du sol (3 et 4), qui, partant de la paroi du cratère d'explosion (5), s'interrompt au niveau des vestiges d'un hangar d'usine (2), puis atteint le poste de transformation (1, dit, Lafourguette), à 450 mètres au Nord Ouest.

Mon interprétation de la photo, mérite pourtant vérification du lecteur, car un éminent confrère de la société française de radioprotection (SFRP), ne voyait pas de brûlis. Cette interprétation me semble montrer le rôle d'arrêt d'un mur métallique sur un courant vagabond, dans ce cas, intense et accidentel.

1. Le fait que le brûlis est apparent sur la paroi du cratère (5 de la figure), prouve que l'arc électrique est apparu ou a persisté après l'explosion du hangar sur le cratère. Un autre article de Valeurs Actuelles, nous apprend l'existence d'un câble hors service de 2 cm de diamètre, à 80 cm sous le hangar[28]: serait-ce lui la cause du brûlis sur la paroi du cratère d'explosion ?
2. La flamme a jailli du cratère et a ensuite été plaquée au sol (3), ainsi que le montre l'absence de brûlis, sur le bord plat immédiat autour du cratère.

28. On lit à la P 20, 1er colonne «...il y avait un deuxième câble de 2 cm de section enterré à 80 cm de profondeur et passant sous le hangar 221. Ce câble était hors service depuis longtemps mais il a été ressorti de terre par l'explosion. »

3. L'élargissement du brûlis sur la paroi d'un hangar aux parois métalliques d'AZF, suggère que l'arc a cherché sa voie à droite ou à gauche du hangar, vers le poste de transformation.
4. L'absence de brûlis dans l'enceinte rectangulaire (2) du hangar est tout particulièrement intéressante : elle prouve que la paroi métallique a shunté l'arc, et qu'elle a donc joué un rôle de paratonnerre horizontal.
5. La reprise du brûlis après le franchissement de l'obstacle se continue selon le trajet habituel - le plus court - vers le transformateur.

Cela visualise l'effet de blindage de la paroi des maisons proposé par certains architectes géobiologues en particulier : s'il est coûteux, il n'est pas neutre dans le cas des accidents spectaculaires et peut-être pas non plus pour les accidents moins visibles. La photo d'EDF semble cautionner le bien fondé de cette technique (sans garantie d'absence d'effets indésirables).

Je constate avec plaisir que le site symbolique d'AZF a été choisi, en 2004, pour y bâtir l'un des 13 cancéropôles de France : puisse ce choix inspirer une recherche sur les effets biologiques des courants vagabonds de retour !

Dérivation du CVR au GAEC par câble de cuivre

Nous avons déjà parlé de cette dérivation (shunt) par câble de 150 m de cuivre nu. Après 6 ans de recul (en 2005) ce mode de prévention a été abandonné, l'éleveur n'utilisant plus que le débranchement du domino de mise à la terre de la ligne de distribution ; lorsqu'il essaie de le rebrancher, les troubles des vaches reprennent.

Protection de l'habitat et du dormeur

À l'étage individuel, la protection contre les courants vagabonds (CVR) au niveau du corps peut s'obtenir de 3 façons :

- Soit en tournant le lit de 90° afin de se mettre dans un axe plus favorable que celui du courant de retour de fin de ligne au transformateur : mais ce faisant, surtout en ville où les lignes s'intriquent, peut-on être assuré de ne pas se placer dans un axe plus mauvais ?
- Soit en utilisant un interrupteur bipolaire du courant électrique dans la chambre, l'appartement, la maison, comme celui qui est commercialisé en Belgique.
- Soit en reprenant l'usage de la literie métallique ou en utilisant un écran métallique sur la literie commercialisée en Europe et aux EU d'Amérique : ces deux moyens semblent les plus intéressants. Les lits métalliques, les lits-cages pour les enfants, étaient encore très utilisés jusqu'à la guerre.

J'ai exposé précédemment mon étude sur les tensions entre un sujet au lit et le sol ainsi que la recherche d'un moyen éventuel de diminuer les effets sur le dormeur par un écran de cuivre sur la literie, dans la perspective d'une dérivation des courants vagabonds.

Je cherchais à trouver la meilleure position à donner à un drap guilloché de cuivre pour obtenir la plus grande diminution des tensions entre le sol et un dormeur.

J'observais une augmentation importante de ces tensions lorsque j'introduisais ce drap dans la chambre, mais la plus grande des diminutions s'obtenait lorsque je le mettais sous le matelas, loin du corps et que je reliais ce drap à la terre du jardin.

Mais de toute façon, l'introduction de la couverture dans la chambre me semblait néfaste et contraire au but recherché, puisqu'au total, les tensions augmentaient.

Les questions se bousculent auxquelles je ne peux répondre :
- L'écran métallique doit-il être branché à la terre ?
- Quelle terre ?
- Celle du jardin ? Là où j'observe des effets parasites ?
- Celle de la prise ? Avec dispositif anti-retour, proposé par le constructeur ? Pour éviter les effets de foudre ?

Dans deux études, la couverture chauffante électrique peu utilisée paraît avoir diminué le nombre des cancers du sein ; il conviendrait de déterminer si l'effet protecteur considéré, résulte ou non, d'une mise à la terre. L'interprétation est difficile mais n'exclut pas un effet favorable comparable à l'effet d'un paratonnerre : celui-ci attire la foudre et multiplie les impacts ; il ne faut pas s'en approcher au risque d'être électrocuté, mais au total, il évite les incendies.

Cette question de protection est difficile : elle peut être étudiée empiriquement sur des exemples variés. Les mesures restent exploratoires tant qu'on ne saisit pas toute la subtilité des effets électromagnétiques à interpréter.

En tenant compte de l'avis de ceux qui proposent une telle protection, et de l'expérience qu'ils peuvent avoir de clients satisfaits, on peut encore se demander, compte tenu des tensions observées dans mon étude, si la mise à la terre est adéquate, dans des endroits où l'on observe des perturbations, comme dans mon jardin, lors du passage des trains.

Qu'est-ce qu'une bonne mise à la terre dans une telle configuration ? L'étude de deux cas particuliers, où la protection que j'attendais s'est révélée inefficace, souligne, à mon avis, la question du branchement à la terre, incorrect dans un cas et absent dans l'autre :

- Dans ce cas bénin en 1997, cancérisé en mélanome[29] en juin 2003, dont nous avons déjà parlé au chapitre des chats, dans un environnement particulièrement perturbé sur le plan EM (au-dessus du transformateur), la patiente couchait depuis 1998 sous couverture faite de coton guilloché de cuivre, vendue dans le commerce, branchée avec mauvaise prise de terre au radiateur, et sans dispositif anti-retour.
- De même, j'ai connu un malade atteint de cancer rectocolique, alors qu'il couchait sur sommier métallique avec montants de bois, à 8 m du transformateur et 35 mètres du premier poteau de ligne. On vient en septembre 2005 de rapprocher le poteau à 10 m de ce lit. La veuve, âgée de 96 ans, malgré les petites infirmités de son âge, était en bonne santé.

La protection personnelle contre certaines pollutions électromagnétiques par des écrans métalliques, en est déjà au stade commercial : il se vend depuis quelque temps des chemises métalliques à l'usage des porteurs de 'pace maker' mais les effets n'en sont pas publiés[30]. À une réunion de la Société Française de Radio Protection[31], on me confirmait qu'il n'y avait pas eu d'étude statistique sur ce genre de protection, en ajoutant "*qu'étant donné le prix d'une telle chemise, il s'agissait probablement d'une arnaque*".

J'ai eu par ailleurs un faux espoir, pensant que de telles solutions étaient à l'étude, en lisant un article de presse de 2002[uu] : la région Nord et le Gouvernement, dans le but de relancer les textiles de haute technologie, avaient attribué 1,6 millions euros pour 3 ans à une association de filateurs. Certains industriels fabriquant un tissé de polyamide nickel en 3 dimensions[32], avaient proposé en octobre 2002, leurs services à EDF, au centre de recherche de Moret sur Loing et à l'Institut de Veille Technologique.

---

29. Cancer de la peau
30. Ces chemises pourraient prévenir les courants induits et peut-être même les nuisances des champs sous portiques antivols qui se généralisent.
31. Du 25 octobre 2002.
32. Le but de ce maillage en 3D est de ressembler le plus possible à un écran plein, seul capable d'arrêter un champ magnétique ; mais, s'il s'agit de shunter un courant induit, le cuivre, malgré son oxydation ne serait-il pas un meilleur choix ? Il n'est pas précisé dans les articles de journaux si cet écran sera connecté au sol… de l'avion, en l'occurrence, de sa nacelle.

Les essais en prévention de cancer et résultats statistiques éventuels seraient bien longs, alors que je les sollicitais en vain depuis 1995 : aurait-on pu dans le cadre du Principe de Précaution, en période d'urgence et d'incertitude sur la cause de la montée des cancers dans les pays industrialisés, proposer ce moyen de prévention, même s'il n'avait pas fait ses preuves ?

Hélas, espoir déçu ! J'apprenais en 2004 qu'il ne s'agissait que de protéger des sièges pour les pilotes d'avion, contre les champs électromagnétiques (CEM).

Je résume ici, quelques procédés de protection au niveau individuel, trouvés dans la littérature :

1. Les appareils ménagers doivent être mis hors tension (débranchés de la prise) pendant la nuit et en particulier dans la chambre ; couper le compteur serait encore mieux ?,
2. Des rupteurs bipolaires posés après le compteur auraient le même effet, de façon moins gênante,
3. Des composés de terres rares, posés sur les écrans, diminueraient les effets nocifs.

Précaution

La relation entre électricité et cancer n'est pas unanimement reconnue, et les mécanismes d'action, probablement multifactoriels, à impliquer, n'en sont qu'au stade de bribes envisagées. L'idée que j'ai développée, d'effets induits sur le dormeur, et de modifications de tels effets par des conducteurs métalliques analogues à des paratonnerres, est une piste qui laisse espérer un moyen de protection contre certains cancers, et peut-être aussi contre des dysfonctionnements biologiques d'apparition plus précoce.

Comme l'écrivait en 2004, à propos de mon hypothèse, un conseiller technique en énergie à son ex-ministre de tutelle, dans l'optique qu'il fallait m'aider à convaincre la communauté scientifique : "*Si on n'accepte pas de douter de ce que l'on croit, on ne peut faire d'avancée scientifique !*"

La coïncidence décrite ci-dessus, de 2 cas où la protection par literie métallique a été inefficace, est apparue au moment de la mise en forme finale du texte lors du contrôle des redites; c'est un exemple typique de ce que l'on peut trouver comme pistes, lorsque l'on collecte et que l'on interprète des cas particuliers.

Que faire de telles trouvailles est une question cruciale: quel espoir a-t-on d'intéresser les acteurs de la recherche institutionnelle, avec de tels arguments? C'est ici que la notion de précaution pourrait intervenir, dans un sens élargi.

Plutôt que de s'interdire tout voisinage des transformateurs parce que des statistiques les ont trouvées à risque, plutôt que de renoncer à faire connaître de tels dangers à cause des inconvénients d'une telle précaution, plutôt que de mettre en veilleuse l'utilisation d'écrans métalliques dont l'efficacité n'est pas prouvée statistiquement, sans doute vaudrait-il mieux explorer, ensembles toutes ces questions, avec tous les moyens techniques disponibles, en s'appuyant encore sur des observations de cas particuliers, de façon plus précise et plus large.

A. Ginibre explique que c'est bien ainsi que font couramment les spectroscopistes, qui tirent des informations sur les atomes et les molécules des détails observés dans la composition spectrale de la lumière. Cette confiance provisoire en des hypothèses sans validations, peut être importante pour obtenir des confirmations; elle a surtout des chances de permettre de découvrir d'autres éléments essentiels de compréhension, et, ici des mesures de prévention.

C'est tout un réseau de recherches dont on a besoin dans de tels cas. Il appartient à l'utilisateur de signaler les cas particuliers qu'il observe, une fois mis en garde par les différentes recherches réputées non concluantes dont il aura eu connaissance. Il s'agit de contributions individuelles à la solution de ces problèmes graves de pollution de l'environnement, qui permettent de tester les solutions proposées. Le nombre des informations collectées, et leur précision, sont des facteurs essentiels de succès.

Pratiquement, et c'est une personnalité politique qui me l'a affirmé, la base d'une enquête de santé repose sur "des déclarations" aux responsables de la santé et de l'environnement.

Cependant, actuellement les études ne cherchent pas à savoir et interpréter ce qui se passe à l'adresse où un problème se pose. Ainsi, dans une école où deux enfants décédaient de cancer du sang et habitaient sur le même pallier, la présidente d'une association s'étonnait de n'avoir vu aucun expert sur les lieux.

L'expert est privé de ces renseignements fondamentaux dans le démarrage d'une enquête épidémiologique dont j'ai montré l'utilisation tout au long du présent ouvrage.

La question du respect de la confidentialité qui s'oppose à l'utilisation de données considérées comme de l'ordre de la vie privée, est importante et difficile.

Face à certaines menaces pour la santé des populations, le renoncement à certaines protections est sans cesse discuté et évolue. Ce qu'un patient fait connaître de son cas sert à le soigner lui-même, mais aussi intervient dans l'ensemble des connaissances scientifiques communes.

Pour ma part, je fais de mon mieux pour que les descriptions que je donne soient raisonnablement anonymes, même lorsque les intéressés ont manifesté leur volonté de contribuer à l'avancement des recherches, sans vouloir se protéger. La question des déclarations, obligatoires ou non, de cas, existe clairement pour certaines maladies infectieuses. Pour ce qui est des cancers, les cancéreux sont essentiellement marqués par leur étiquette “longue maladie”, qui leur offre certains avantages en terme de frais médicaux, et les dépistages correspondants sont vivement encouragés.

Est-ce l'occasion pour demander à des volontaires d'accepter que l'on utilise leur adresse et autres détails personnels, pour effectuer le genre de recherches dont j'ai exposé les mécanismes ?

Lorsque l'on connaît mal les risques, que d'hésitations ! Qui ira déménager parce qu'on lui aura dit que le poteau, ou l'antenne, qu'il côtoie, est potentiellement dangereux ? Tout au plus sera-t-il inquiet et malheureux...

Ainsi, l'application du principe de précaution au CEM ne semble plus de mise, de façon officielle.

Si l'on considère ces trois causes générales de cancer sur lesquelles on peut agir, que sont les pollutions, une mauvaise alimentation, et le stress psychologique, il nous reste à jongler au mieux, en expérimentant pour trouver le meilleur fonctionnement possible, selon les sensibilités de chacun. Beaucoup n'attendent pas l'arrivée des cancers pour observer des effets, et apportent des informations assez variées sur ce qu'il est possible de faire au niveau individuel. Ainsi, maintenant, il est devenu important de comprendre que la présence de certaines structures électriques exige sans doute des efforts particuliers de protection, par tous les moyens possibles.

La diminution du nombre de cancers par le recours aux compléments alimentaires - expérience 'SUVIMAX'- pourrait correspondre, en partie, à une protection accrue contre les pollutions ambiantes dont celle que j'étudie.

Ces déclarations permettraient d'identifier d'autres endroits précis, où l'on peut faire des études détaillées sur les causes des cancers. Un exemple comme le quartier de l'Épi d'Or à Saint Cyr l'École, où la CIRE[33] [vv] a finalement reconnu un taux anormalement élevé de cancers, fait penser qu'il y a urgence à enquêter sur l'environnement électrique, avant que l'enfouissement des lignes ne complique le problème. Des études techniquement solides, appliquées à des domaines suffisamment restreints, peuvent être couvertes avec des coûts raisonnables, en parallèle avec des recherches fondamentales variées sur le sujet.

La protection que j'envisageais, par des écrans métalliques, demande une mise au point pratique : ce que j'ai exploré m'a montré qu'il faut mieux connaître le fonctionnement des courants présents dans l'environnement, la façon dont ils réagissent à des modifications, en particulier le rôle de la mise à la terre, selon l'environnement, et que cela nécessite des connaissances techniques étendues.

Plus simplement, peut-être, il conviendrait d'enquêter sur les résultats obtenus par ceux qui ont fait des essais empiriques et disent améliorer leur sommeil par l'emploi d'un drap métallique, tout comme faire une étude plus détaillée des couvertures chauffantes peu utilisées, dans l'optique d'éventuels effets protecteurs.

33. Octobre 2004. CIRE : Cellule Inter Régionale d'Épidémiologie d'Ile-de-France, Préfecture de Versailles .

Par contre, la preuve de l'existence d'effets importants, du fait des structures électriques dans les rues, devrait être considérée comme acquise, tout comme celle d'au moins deux mécanismes différents, même s'ils restent à élucider. Il y a de nombreuses pistes à explorer. Il est urgent de convaincre les responsables que le cancer d'origine électrique est un problème de Santé Publique, avant de compter sur leur aide. Ma démonstration a convaincu certains confrères, mais il reste beaucoup à faire.

En 2003, un médecin posait, dans une revue médicale, la question suivante :

"*Une maison doit être construite à côté d'un câble de moyenne tension, avec un transformateur au-dessus de la maison. Y a-t-il un danger ?*"La réponse, donnée par un spécialiste français en prévention électromagnétique, mérite réflexion. Il se référait à la norme internationale officielle, et concluait*: "Si le champ ne dépasse pas 0,4 µT (microtesla), il n'y a pas de risque et le projet (de construction sous ligne MT, près du transformateur) peut être réalisé"*. Il rappelait que le champ magnétique au contact des parois extérieures d'un transformateur est de 20 microteslas ; sous ligne de 20 kV, de 6 microteslas ; et à 30 m de l'axe, de 0,2 microtesla.

Il oubliait de préciser que le respect de normes décidées au vu d'études statistiques, avant que les mécanismes ne soient compris, n'exclut pas le risque individuel, et ignorait le principe connu de nos pères "*in dubio, abstin*e", "dans le doute, abstiens-toi !" (surtout si rien n'est encore consommé).

J'ai donné ailleurs des exemples qui semblent bien contredire cette conclusion d'innocuité, mais où des mesures seraient nécessaires pour vérification. L'évitement, souhaitable, est plus facile à réaliser lorsqu'on choisit un nouveau lieu de vie. À cet effet, des critères électriques sont donnés en encart. Encore faudra-t-il savoir faire le meilleur choix, tous critères confondus.

Encart 17 – Évitement du risque électromagnétique

I/Avant le choix d'une habitation.

Tel un médecin lors d'une visite médicale, on notera les signes extérieurs et intérieurs, on interrogera la personne qui présente l'habitation, et on exécutera les examens complémentaires, avant de prendre une décision.

a) Repérer les structures électriques (SE) susceptibles de présenter un risque, afin de s'en tenir à distance :

- Transformateur.
- Premier ou dernier poteau de ligne (éventuellement doubles),
- Poteau de branchement ou coude de ligne.
- Antennes (radio amateur, gendarmerie, armée, équipement, relais, central téléphonique...).
- Lignes de transport et leur distance par rapport à la chambre ou au bureau, sachant qu'à plus de 50 mètres de ces structures électriques (100 m ou plus, pour les antennes et lignes de transport), les effets seraient limités.

b) Observer la présence

- D'indicateurs biologiques tels que, au printemps, un vol d'insectes autour des poteaux dans les 50 m de la chambre ; ou, en hiver, des traces de nids d'oiseaux (hirondelles sous l'auvent du toit).
- D'indicateurs physiques tels que, dans la rue ou devant la maison, les réfections du goudron évoquant des fuites d'eau de voirie (peut-être par corrosion électrolytique).

c) Les questions pourront concerner, de l'essentiel à l'accessoire :

- L'état de santé des occupants, la position de leurs lits par rapport à la rue. La santé des animaux de compagnie.
- Des perforations de la cuve à mazout, du ballon électrique ou des canalisations d'eau dans la rue.
- La fréquence de changement des ampoules électriques.
- L'état de santé des voisins.

d) Informations complémentaires

- Mesure des tensions dans le sol au pied du poteau, avec un voltmètre, entre des points de mesure fichés dans le sol (voir si la tension n'est pas plus forte vers l'habitation). Des valeurs élevées de champ magnétique (en microteslas) sont un indice d'effets électromagnétiques.

- Si la ligne est enfouie, se procurer auprès d'EDF un plan des lignes de distribution de la rue et repérer les détails : début, double début, fin, double fin, branchement de ligne.

II/Après installation dans une habitation.
a) Vérifier, afin d'évaluer le risque, chacun des points énoncés précédemment.

b) Tenter d'évaluer l'axe privilégié des courants vagabonds de retour :
- S'il n'existe qu'une seule ligne électrique dans les 50 m, éviter de placer les lits dans l'axe parallèle, sauf en bout de ligne.
- S'il existe plusieurs lignes et un jardin, mesurer les tensions et éviter de placer le lit parallèlement à l'axe dans lequel on relève la tension la plus forte.

c) Diminuer dans la chambre le courant induit par les appareils domestiques,
- Se renseigner sur tout appareillage disponible : rupteur bipolaire, écran de métal sur la literie avec dispositif anti-retour et connexion à la terre, protection des écrans cathodiques.
- Envisager les lits de fer des générations précédentes ?

d) S'opposer, autant que faire se peut, à toute modification de la ligne électrique qui rapprocherait le transformateur de la chambre à coucher.

En 1993, le professeur William Dab, qui n'était pas encore Directeur Général de la Santé, rappelait la formule du commissaire du gouvernement du Conseil d'État : “En situation de risques, une hypothèse non infirmée devrait être tenue provisoirement pour valide, même si elle n'est pas formellement démontrée”.

Les masses métalliques de notre environnement ont une action sur la géométrie des phénomènes électromagnétiques qui nous entourent. Il existe un clair-obscur sur leur action positive ou négative selon qu'elles agissent comme antenne ou comme paratonnerre. Mais l'obscurité règne sur le moyen de faire disparaître les pollutions électromagnétiques au niveau du corps des dormeurs !

Très peu de recherches ont été publiées sur ce problème ; les physiciens, les spécialistes de la question, que j'ai consultés, n'ont guère pu appuyer ma recherche, alors qu'elle en était à ses débuts.

Le Ruz regardait mon lit avec méfiance, en lui reprochant d'être entouré de fils électriques. Santini, répondant au Concours Médical en tant qu'expert à une question que je posais, précisait, avec beaucoup de réserves, qu'une couverture de métal placée sur la literie pouvait dévier les courants et prévenir ainsi du cancer du sein, comme l'avaient observé Wertheimer et Leeper, mais sa réponse n'a pas été publiée.

- Je constatais, on l'a vu, que ce dispositif était plus ou moins propre à diminuer certaines tensions au niveau du corps d'un individu au lit, selon qu'on le pose sur la housse ou sous le matelas.
- Enfin, Portier ne pouvait me dire si la couverture de métal protège du risque, ni si sa mise à la terre est indispensable.

En période d'urgence et d'incertitude, je suis tenté empiriquement de préconiser le retour aux lits de métal d'autrefois, pensant qu'ils attirent, par les montants, les courants verticaux, qu'ils drainent par les pieds de métal, les courants de toutes origines, et que le sommier conduit les courants horizontaux. L'exemple de Moirans, que je développe en annexe, encourage cette hypothèse dans la mesure où seuls les conducteurs métalliques brûlaient, alors que les matelas de 2 lits de métal étaient indemnes et que les pieds métalliques faisaient fondre le carrelage.

J'hésite au contraire à proposer un drap de métal, au vu de mes mesures qui ne prouvent pas son efficacité comme moyen de protection. Or, c'est d'effets réels sur la santé que l'on a besoin.

L'usage en existe comme protection contre les effets de pollution électromagnétique, mais je ne connais pas d'évaluation des résultats.

S'il a été envisageable, d'après plusieurs études statistiques, qu'une couverture électrique peu utilisée puisse avoir prévenu certains cancers du sein, cela semble compatible avec les données de la physique, et mériterait des études. C'était mon idée initiale, bâtie sur l'observation de cancers dans un lit en bois plutôt qu'en fer, dans une même famille ; il semble bien qu'il y ait un espoir de prévention dans ce sens, mais ce n'est pas assuré.

Les observations que j'ai décrites suggèrent qu'il faudrait éviter d'habiter dans les 50 m d'un transformateur ou d'un des types de poteaux suspects. Mais il n'y a pas de législation sur ce point, tout au plus des règlements ou des consignes aux installateurs.

Ainsi, j'ai vu deux portes voisines sur une façade permettant, l'une l'accès au transformateur, l'autre au pavillon. Ailleurs, une copropriété accepte des réductions de coût de chauffage par l'emploi du liquide de refroidissement d'un poste de transformation installé sous l'immeuble. Doit-on laisser se perpétuer des situations pareilles sans rien dire, sachant qu'informer est délicat ? On peut, au moins, pour l'instant, tirer profit de telles situations pour mieux comprendre ce qui est dangereux et ce qui ne l'est pas, en comparant par exemple, la position ou le matériau des lits des personnes atteintes, ou non, de cancer dans de tels contextes.

Parmi les causes plus ou moins reconnues de cancer (toxique, alimentaire, héréditaire, psychologique...), le CEM est, tout au plus, déclaré cancérigène possible. Le cancer d'origine électrique n'est pas actuellement, pour les responsables techniques, un problème de Santé Publique, mais cela semble tout à fait contraire aux conclusions de mes études.

Chapitre VIII

Conclusions générales : acquis, questions, perspectives

En me limitant à des détails visibles, j'ai pu explorer plusieurs pistes dont certaines me semblent essentielles et que je résume ci-dessous.

Tout le monde peut voir que les poteaux électriques amenant l'électricité à nos compteurs se suivent mais ne se ressemblent pas : la majorité porte des fils réguliers et symétriques de chaque côté du poteau, que je classe dans le type 0. D'autres portent 5 types d'irrégularités de fils autour d'eux capables de créer une zone de variation du champ électromagnétique, ou, zone à risque de cancer, ZARC. Le système est en fait, beaucoup plus complexe et mérite d'être étudié plus à fond. Obtenir de tels résultats avec aussi peu de moyens est en faveur de la méthode que j'utilise. Maintenant, le lecteur avec tous ses préjugés favorables ou non, peut contrôler les 8 acquis de ma recherche.

Cancers rares et coïncidences

La coïncidence de maladies rares, sans causes connues, avec des structures électriques rares a quelque chose de remarquable qui attire l'attention, alors qu'on aurait plus de mal à repérer les mêmes causes électriques sur des cancers plus courants. Il ne faut pas en conclure qu'il s'agit d'effets rares, mais bien plutôt remarquer qu'on utilise au mieux des effets spectaculaires accessibles.

La diversité des situations fait que des études statistiques standards sont peu sensibles, quand elles se débarrassent des caractéristiques individuelles, mais elle est favorable à d'autres types d'études exploratoires plus proches du sens du diagnostic, de l'intuition.

Les résultats épidémiologiques que j'ai obtenus sous forme de classifications ne prétendent pas être statistiquement significatifs, mais certains traduisent des proportions impressionnantes. L'interprétation qui en est donnée est appuyée par l'ensemble des détails étudiés, en attendant des confirmations plus précises qui nécessiteront des moyens de recherches que l'on peut maintenant adapter en connaissance de cause. Ce sont souvent les cas exceptionnels qui apportent le plus à la compréhension, du fait des mécanismes qu'ils laissent supposer ou qu'ils confirment.

Mécanismes

Les différences entre les deux catégories de cancers étudiées, cancers du sang ou tumeurs cérébrales, sont spectaculaires et systématiques, même si la comparaison entre les pourcentages de cas et ceux des structures électriques reste peu fiable et difficile à améliorer, sauf gros effort supplémentaire. Il faut donc s'attendre à, au moins, deux mécanismes électriques dans la cancérogenèse, différents selon les cancers concernés, en coopération avec d'autres facteurs. Il faudra comprendre à la fois des mécanismes techniques et des mécanismes biologiques, et la façon dont l'interaction s'organise.

J'ai mis en évidence certaines réalités de la distribution du courant électrique, interprétées dans le détail, mais il reste à comprendre le pourquoi des sensibilités individuelles des personnes, jusque dans les détails de la biologie moléculaire, ou également, selon des schémas empiriques à l'échelle humaine, de façon à expliquer tout ce qui a été observé. Certaines configurations semblent particulièrement nocives, au point de produire des accumulations de cas variés, mais, heureusement, les accidents n'ont pas obligatoirement lieu lorsqu'on habite aux endroits nocifs. Il faut comprendre mieux pour savoir se protéger, et pas seulement au niveau de l'électricité.

Détails techniques : VASEM, CVR et femli

Il y a une foule de détails techniques dans le paysage quotidien dont il importe de prendre conscience, par exemple au niveau des poteaux électriques dans les rues. On peut trouver, dans toutes mes observations, des points communs, en faisant intervenir la notion de variation spatiale électromagnétique (VASEM) liée à certaines structures électriques en 380 volts, plutôt que des valeurs moyennes du champ électromagnétique. Wertheimer et Leeper avaient incriminé, dès 1979, en cancérogenèse, un facteur du champ électromagnétique (CEM) encore inconnu ; serait-ce cette VASEM ?

S'agit-il d'effets de la géométrie des champs qui modifierait l dynamique des particules électrisées dans l'atmosphère ou dans les individus, ou/et qui agirait sur les isolants des fils ? L'agencement des fils des lignes de distribution devra être étudié aussi soigneusement que celui des lignes de transport, et avec le souci d'éliminer ces nuisances.

La mise à la terre est un dispositif de sécurité, en particulier contre la foudre, mais semble transporter également des tensions parasites dangereuses, qui correspondent à des courants vagabonds, en particuliers aux courants vagabonds de retour (CVR) liés aux voies ferrées par l'intermédiaire des forces électromotrices longitudinales induites (femli).

Ces courants vagabonds sont-ils directement facteurs de nocivité par des actions physico-chimiques, ou en créant des champs électromagnétiques nocifs, ou bien sont-ils seulement témoins de tensions nocives qu'ils contribueraient à diminuer ? Il peut s'agir aussi bien d'effets transitoires, non pris en compte dans les valeurs moyennes utilisées, que d'effets relativement stables.

Les à-coups de la distribution sont suspectés, ainsi que des signaux parasites collectés sur les lignes, qui, lorsque l'intensité est grande, ont des effets destructeurs dramatiques connus, mais heureusement exceptionnels.

La carte de la distribution électrique

Les cartes d'installation électrique donnent une base d'enseignements utiles dans la localisation des courants vagabonds et de ce que j'appelle les Zones À Risque de Cancer (ZARC).

Le plan au 1/50 000e de 1984 que j'ai consulté permet le repérage des stations et sous-stations, des lignes de transport électrique et des voies ferrées. Il montre aussi le terrain militaire ou la gendarmerie parfois équipés en antenne d'émission radio. On y voit le clocher capable d'attirer la foudre (et donc muni d'une bonne mise à la terre).

Il montre enfin plans et cours d'eau, qui selon les spécialistes drainent les courants vagabonds. Il ne montre pas de centraux téléphoniques, ni d'antennes relais, ni de châteaux d'eau, d'où peuvent provenir des courants parasites, (voir photo).

Figure 71 – Château d'eau et relais.
À gauche, château d'eau surmonté d'une antenne relais, avec à côté, 2 des 3 fils d'une ligne de transport : seule, cette ligne de haute tension figure sur ma carte EDF de 1984. Dans les 50 m de l'antenne, à droite, on voit un double début de ligne de distribution faite de 4 fils nus (7/12/05).

Le déplacement s'impose, le plan-masse ne donnant que des indications générales. On peut voir ainsi, comme sur la photo de droite, les fils nus de début de ligne de distribution dans les 50 m de l'antenne sur château d'eau : il semble que les parasites puissent passer par cette conduction filaire de basse fréquence mais peut-être aussi par l'eau des canalisations métalliques jusqu'aux maisons.

Un petit enfant frappé de tumeur cérébrale habite à plus de 700 m de cette antenne. Les plans de détail d'EDF de la distribution électrique permettent le repérage d'un début, d'un branchement, d'un coude ou d'une fin de ligne, même quand elle est enfouie. Ainsi, peut-on apprécier les zones de variation spatiale électromagnétique (VASEM) et de courants vagabonds de retour (CVR), sans se déplacer. Dans 81 cas de cancéreux (3 cas dans une ville et 78 dans une autre), où les lignes étaient enterrées, et pour la majorité des malades, la carte de distribution m'a montré que la répartition des cancéreux se faisait dans les ZARC que je repère lorsque la ligne est aérienne : j'ai trouvé ainsi un malade, dans chacune des 4 maisons d'une impasse où la carte montrait une fin de ligne électrique.

Le voisinage de lignes à haute tension et des voies ferrées, visible sur plan-masse, semble avoir un rôle important, jusqu'à des distances de l'ordre de centaines de mètres, ce qui rend l'étude difficile. La localisation précise des problèmes paraît dépendre, de façon visible, des lignes à basse tension.

Les clochers, les antennes militaires, les centraux téléphoniques, me semblent avoir une influence sur le nombre des cancers, mais les clochers comme protecteurs, les autres comme promoteurs ; le nombre de cas est trop faible pour préciser le rayon d'emprise de ces 2 actions inverses. Le cahier des charges des poseurs d'antennes relais peut-il prévoir une clause d'inscription de « carto radio », actuellement sur le web, sur les cartes EDF, à transmettre aux cancéropôles ?

Sans conclusion hâtive, la piste risque d'être féconde, et tout comme les registres de cancers, les documents techniques devraient être disponibles pour les recherches en cancérologie.

Exposition : position des lits, durée

Certaines positions du lit en fonction des lignes électriques seraient un facteur de risque. Les cas particuliers que j'ai observés m'ont paru comporter des régularités, par exemple lit parallèle à la caténaire près d'une voie ferrée, ou perpendiculaire, en bout d'une fin de ligne. Je n'ai pas accumulé beaucoup de preuves, puisque je m'occupe essentiellement d'adresses anonymes sans rencontrer les habitants, mais en 1999, les médecins qui avaient fait avec moi des observations, ont généralement confirmé comme réelle, l'orientation de lits que je leur indiquais comme probable chez leurs patients. La durée d'exposition semble comporter plusieurs facteurs : durée journalière, nombre d'années, avec peut-être exposition cumulable d'une année sur l'autre.

Évaluation du risque, mesure, marqueurs

Des marqueurs de situations anormales ont été trouvés systématiquement aux mêmes types d'endroits que les cancers, et constituent une validation importante de la recherche épidémiologique effectuée, tout comme des pistes de compréhension décisives. La mesure des tensions au pied du (des) poteau (x) voisin(s) est parfois facile à réaliser, sur le plan technique, chez l'habitant d'un pavillon. C'est probablement une détermination indirecte du champ électrique, et il faudrait en étudier la fiabilité.

L'intérêt de cette mesure serait, à la fois, une indication de fonctionnement et un indice de danger potentiel, si ses résultats se vérifiaient sur un plus grand nombre de cas, alors que les mesures actuelles de champs magnétiques (exprimées en microteslas) ne l'apprécient pas correctement, ne servant sans doute que d'indicateur général de pollution électromagnétique en cas de valeur élevée.

Les mesures de tensions entre un sujet au lit et la terre ont surtout montré que les interactions entre conducteurs présents dans l'environnement domestique sont assez complexes, et qu'on peut aggraver la situation par des interventions inadaptées.

Les témoins de courants vagabonds (perforations de tuyaux, ou dispositifs de protection) marquent des configurations présentant un risque de cancers.

L'attraction d'insectes et d'oiseaux pour certains poteaux, utilisable à la fois comme marqueur, et comme une piste de compréhension à suivre, est un acquis de cette étude, qui en exprime bien la diversité.

Prévention individuelle

L'élimination des points noirs que sont les structures électriques dangereuses nécessitera sans doute, au mieux, des efforts coûteux et des recherches préalables approfondies et longues, incluant une reconnaissance des problèmes et la mise au point, peut-être difficile, de structures de remplacement. La fuite, en attendant, peut être une solution, mais très lourde et difficile, tant à réaliser qu'à décider, à laquelle certaines personnes électro-sensibles ont recours. Des actions commencent à être entreprises pour obtenir une prise en compte de ce problème, très général à des degrés moindres.

Il appartiendra aux électro-sensibles de tester les situations que j'ai décrites, grâce aux détecteurs biologiques sensibles dont ils sont affectés, ne serait-ce que pour en tirer des conduites de prudence, mais aussi pour que le problème puisse être bien identifié par les autorités sanitaires.

L'aménagement d'un environnement électromagnétique supportable par chacun aura certainement un coût ; les conséquences économiques possibles sont des freins à de telles recherches, et il conviendrait de les évaluer au regard des coûts des cancers, et de l'intérêt de chacun.

Il paraît donc indispensable d'élaborer rapidement des moyens de protection individuels. La recherche empirique d'élimination de ces dangers est une première priorité. Elle doit aller de pair avec une compréhension des mécanismes techniques et biologiques, car des éléments métalliques supplémentaires dans l'environnement peuvent soit dériver les courants vagabonds dangereux (effet protecteur), soit les rapprocher des habitants tout comme le fait l'enfouissement, soit transformer la cause physique.

Il faut donc bien comprendre la complexité physique du problème, ce qui impose d'expérimenter précisément pour trouver les bonnes solutions.

La modification des champs électriques et magnétiques doit être envisagée : la couverture métallique de cuivre, utilisée en alèse, a été prônée et appréciée dans un contexte de réduction des pollutions électromagnétiques, et mériterait une étude précise. Abaisser un store métallique mériterait d'être essayé en cas d'électro-sensibilité. L'utilisation de matériaux ayant des propriétés magnétiques pourrait être envisagée pour détourner certains champs magnétiques.

De façon plus générale, tout ce qui améliorera les défenses individuelles, par exemple un supplément d'aliments protecteurs dont la dose normale serait rendue insuffisante par l'exposition, doit être recherché pour réduire la sensibilité aux effets électromagnétiques, lorsque l'habitat est situé en zone à risque.

Même si la présente étude a pu progresser en étudiant des cancers, ce sont des accidents extrêmes qu'il ne faut pas attendre pour conclure. Il faudra que la recherche médicale apprenne à consulter les personnes électro sensibles, afin de détecter les effets les plus précoces de ces perturbations électromagnétiques et leur trouver d'éventuels antidotes.

Perspectives

Bases de données et analyse

Il semble nécessaire d'amplifier l'exploration, pour donner une description plus précise, et bien des bonnes volontés peuvent avoir un rôle à jouer pour participer à l'analyse. Il sera essentiel d'accroître la diversité des renseignements collectés, des méthodes d'études et des mécanismes envisagés. La constitution des bases de données devra éviter toute standardisation stérilisante en accueillant sans gène des données incomplètes, pour lesquelles l'étude intuitive reste efficace.

La diversité des caractéristiques locales des réseaux demande un gros effort d'observation. Il serait utile, en prenant quelques exemples, d'avoir une idée plus précise de l'exposition aux structures nocives, et chercher des moyens simples d'en donner une meilleure représentation.

Dans les zones où celles-ci sont très fréquentes, les coïncidences sont trop mal étiquetées actuellement, et l'on pourra convenir de réduire arbitrairement la distance à laquelle on prend en compte leur présence, au lieu de considérer le rayon d'action probable de 50 m. En pratiquant ainsi, on perd des cas intéressants, soumis à l'effet d'une structure nocive, mais on a moins de confusion avec la proximité de structures innocentes.

C'est un travail supplémentaire d'observation sur le terrain qui pourrait apporter des preuves crédibles dans ces zones, mais qui n'est pas forcément prioritaire devant d'autres explorations possibles. Ainsi l'effet des lignes HT et des voies ferrées présentes à quelques centaines de mètres devra être précisé.

Le sujet ne se limite pas aux cancers, et pourrait également inclure d'autres maladies graves, aussi bien que des effets visibles sans gravité. Je vois ainsi, près du transformateur, les tremblements, la Sclérose en Plaque, l'Alzheimer ; hypertonie donc, et aussi dégénérescence du système nerveux.

Une victime d'un des incendies à Moirans en Montagne, pesait près de 120 kg et habitait dans les 20 m, à la fois du transformateur et du premier poteau de ligne. Or, je retrouve plusieurs cas d'obésité près du premier ou du dernier poteau de ligne. L'aspect électrique mériterait d'être étudié, de même que pour tous ces cancers rares du poumon chez le non-fumeur, du sein chez l'homme, dont on ne comprend pas l'origine. On voit l'importance du champ d'investigations...

C'est une occasion de mettre en route des collaborations de compétences techniques et médicales, par mise en commun de renseignements d'ordinaire peu accessibles. Décrire les cas où les lignes sont enterrées paraît indispensable. L'étude des dates parait un domaine prometteur. Par ailleurs, vu la simplicité des observations de base proposées, et la complexité dont on a aussi tenu compte, le public est en position d'accéder à des éléments de preuves, et de réfléchir à ce qu'il voit, en se gardant de conclusions trop hâtives. On pourra tenter de collecter ses observations.

Recherche fondamentale et appliquée

Il y a toutes sortes de mécanismes à élucider, et à articuler, pour passer, à différentes échelles, des causes aux effets, et de l'environnement électrique à la biologie moléculaire, en passant par la description des perturbations des états de santé. Il y a aussi toute une recherche technique à inventer pour construire une prévention.

Il est urgent d'inclure ces types nouveaux d'observations dans de nombreux domaines de recherche existants. Cela pose de nouvelles questions, et pas seulement en cancérologie, aussi bien par les pistes trouvées, qu'il faudra discuter et poursuivre, que par les méthodes d'analyse utilisées, qui, du fait de leur efficacité, remettent en question le rôle des standards dans les statistiques actuelles de la recherche médicale...

Des coopérations pluridisciplinaires sont nécessaires pour tirer parti des explorations 'd'homme-orchestre' qui viennent d'être décrites, mais la pluridisciplinarité individuelle reste un facteur de succès qu'il faudrait pouvoir conserver.

"*La possibilité de faire avancer le progrès technique, dès qu'une piste apparaît et en profitant de la diversité des effets observés, est particulièrement courante dans le domaine de la physique*", me fait remarquer A. Ginibre. Si l'on veut que la protection de la santé ne soit pas toujours en retard, il faudra adopter les méthodes qui créent cette rapidité de réaction. Le domaine médical ne peut se passer de tels savoir-faire, déjà présents dans d'autres domaines.

Annexes

Curriculum vitae de l'auteur et les détails qui l'ont orienté

Jean-Claude Albaret est né le 6 février 1934[1], accouché par son père à Courbevoie.

Il est le plus jeune de six enfants (dont 3 médecins et 1 infirmière) d'un médecin Inspecteur de la Santé. Son père l'initie et le fait participer, en 1945, à l'épidémiologie par le calque des courbes de niveaux et le repérage de la maison des malades sur les cartes d'état-major.

Pour ses études secondaires (baccalauréat philosophie) au Lycée Condorcet à Paris, il prend le train 4 fois par jour, ce qui le sensibilise aux problèmes de troisième rail au sol.

En 1958, il termine ses études parisiennes de médecine, par un an d'internat d'obstétrique à Constantine. Médecin (thèse 1961) stomatologiste (1963) il exerce sa spécialité libérale à Courbevoie la Défense de 1963 à 1983 : les ingénieurs des pétroles (pionniers de La Défense) l'initient au problème des perforations de pipelines en milieu ferroviaire par les courants vagabonds de retour : quelle est l'action de ces courants sur les riverains ?

Parallèlement, il est attaché des hôpitaux et d'enseignement à l'Institut de Stomatologie, à l'Hôpital de la Pitié Salpêtrière. De 1983 à 94, il exerce à Paris et y réorganise la garde des urgences de stomatologie.

Brevet de pilote d'avion en 1960 : il apprend à vérifier avant le vol, cellule, commande et pliage du parachute. Le brevet l'amène au CES de médecine aéronautique. En mars 1961, on lui enseigne qu'un homme ne peut monter dans l'espace[2] ! Trois mois plus tard, envoi du premier homme dans l'espace. Le plus grand expert français, un savant, pourrait-il se tromper ?

1. Date connue des historiens pour les émeutes qui ont fait plusieurs morts à Paris.
2. Il faudrait 10 cm de plomb sur la fusée pour empêcher le passage des radiations à l'intérieur.

Esprit pratique : invention d'une technique et réalisation de couronne destinée à protéger une dent sous crochet de prothèse, sans refaire la prothèse ; d'un ouvre bouche auto réglable pour imagerie en résonance magnétique. Il est à l'origine d'un mémento de conduite à tenir en urgence dentaire, destinée aux confrères généralistes.

Ouverture multidisciplinaire : vétérinaire (intervention de dentisterie sur chien de race[ww]), médicale (Imagerie par Résonance Magnétique (IRM) et formule sanguine), ornithologique (perchoirs des hirondeaux), entomologique (attirance d'insectes par poteaux électriques), biologie végétale et... philosophique[3], au cours d'une bonne centaine d'entretiens en tête à tête avec Claude Lévi-Strauss, de 1983 à 1993.

Au début des années 90, il entreprend une recherche épidémiologique sur l'action des champs électromagnétiques (CEM) sur la santé et publie ses premières observations dans les Cahiers de Stomatologie.

En 1993, il est seul participant d'un colloque international d'EDF à Paris, 'CEM et consommateurs', à avoir expérimenté une action du champ magnétique sur le fer sanguin.

Depuis sa préretraite, en 1994, il se consacre exclusivement à ses recherches de localisation des zones à risque électrique, qui laissaient espérer trouver rapidement un moyen de prévention.

---

3. Lévi-Strauss Claude, dédicace personnelle de La Potière Jalouse : Au Docteur Jean Claude Albaret qui perpétue dans ce siècle la grande tradition des médecins philosophes d'antan...27. 09. 85

Liste des travaux du Docteur Albaret, entreprise sur la recherche en 1991

« Apport de l'IRM en Stomatologie: articulation tempo-maxillaire, ciné-remnographie» Cahiers de Stomatologie, 1991, n° 2, P9-27, Collège des médecins stomatologistes et chirurgiens maxillo-faciaux de France, 168 rue Losserand, 75014, Paris (F)

« L'habitat à proximité des caténaires de trains», Cahiers de Stomatologie 1 992 N°1, P. 3-15 Collège des médecins stomatologistes et chirurgiens maxillo-faciaux de France.

Participation à une émission sur le thème «Champ Electro-Magnétique et santé », Radio Ici et Maintenant, septembre 1992 (Sous le pseudonyme de Docteur Jean Claude).

« Hygiène des ELFs» 43 schémas Cahiers de Stomatologie, 1993, n° 3, P 15-34. Collège des médecins stomatologistes et chirurgiens maxillo-faciaux de France.

« Champs électromagnétiques en question», Concours Médical, 16-04-1994, 116, P. 1191-1 192.

« Configurations Spécifiques électriques dans les 50 mètres de l'habitat de malades soignés pour hémopathie maligne», Concours Épidaure de la Recherche Médicale, organisé par Le Quotidien du Médecin et COGEMA, mars. 1995

« Champs électromagnétiques et cancers : il vaut mieux s'inquiéter !» Le Quotidien du Médecin, N° 5649, mercredi 7 juin 1995, Lettre.

«dépôt de marque Anti K », Paris, INPI, 13 octobre 1995 n° 95/592 262.

« Halte des hirondeaux : appel aux observateurs !», Nature & Progrès, - novembre/ décembre 1995, n° 147, P4.

« Attraction de certains insectes par certains pylônes». Bull. Soc. Ent. France, 1997, 102 (1), P. 88.

«Phénomènes observés dans les zones de Variation Spatiale. Electro Magnétique, VASEM», In Électromagnétisme et écologie. Paris, Colloque ASPROM, 24 au 24 juin 1998 ASPROM, 7 rue Lamennais, Paris 75008 (F) :

« Variation spatiale électromagnétique (VASEM) et cancers», Revue d'Épidémiologie et de Santé Publique, Vol. 46, août 1998, Suppl. 1, P. : S 85.

«Variation Spatiale Electro Magnétique, VASEM, et cancer». Poster N° 039, section 2B, ADELF & IEA* Joint Congress Bordeaux (F), September 14 to 17, 1998. (*Association Des Épidémiologistes de Langue Française & International Epidemiological Association)

18 octobre 1998 création d'un site web sur «VAriation Spatiale de champs Electro Magnétiques» http://www.geocities.com/HotSprings/Resort/4236

« Environnement des pylônes». Insertion, le 17 novembre 1998 du sommaire de 64 pages d'une observation sur le site : http://www.geocities.com/HotSprings/Resort/4236/NB: jusqu'à disparition de ces sites en mai 2002

«Champ électromagnétique en biologie», J. Bot. Soc. Bot. France, 12: 101-106 (1999)

«Cancer, Électricité, Prévention», (5 numéros des Cahiers de Stomatologie), Collège des médecins stomatologistes et chirurgiens maxillo-faciaux de France, 168 rue Losserand, 75014, Paris (F), 5 articles :

- «État de la question en 1999» (Cahiers de Stomatologie, février, 1999, P. 6-8)
- «Découverte d'un facteur actif méconnu» (Cahiers de Stomatologie, avril, 1999, P. 6-14)
- «Autres effets de ce facteur» (Cahiers de Stomatologie, juin 2000, P. 6-14)

- «Mécanismes d'action proposés». (Cahiers de Stomatologie, octobre 2001, P. 4-14)
- «Principe de précaution et prévention de cancers». (Cahiers de Stomatologie, avril 2002, P. 5-9)

Atelier sur «Cancer, Électricité, Prévention». Salon des Médecines Douces, Paris, Porte de Versailles, 27-01- 2000.

«Contribution à l'étude de la force électromotrice longitudinale induite, femli, à proximité des voies ferrée», (70p). Expédié le 28 juin 2001 à la SNCF et sans réponse du responsable

«Principe de précaution et prévention de cancers». 4-VII- 2001 www.generation-ecologie.com

«Courant induit. Courant vagabonds de retour (CVR)». Réf.: « Id supra: cliquer, thématique, puis cliquer, santé

«Environnement électrique et tumeur cérébrale (TC) rare » Poster exposé au GIRI et aux Entretiens Internationaux de Monaco, du 3 au 6 octobre 2002.

« Cancers, électricité.», Entretiens Internationaux de Monaco, Pollution et Santé : bilan scientifique des connaissances et possibilités de traitements. 5-6 octobre 2002, Cassette audio de la table ronde du 6 octobre, 12 avenue d'Ostende, 98000 MONACO.

«Environnement électrique et tumeur cérébrale (TC) rare». Votre Santé, n° 38, P6, novembre 2002

« De la pathologie à l'éthologie autour de certains poteaux électriques de 380V» Poster n° 15 Congrès National de Radioprotection, SFRP, 11 au 11 juin 2003.

2003, inscription du rapport à la SFRP sur moteur de recherche GOOGLE, frapper: femli, VASEM

«Tumeurs cérébrales et électricité: évaluation et mesure du risque. » 54° Congrès de la SNCLF, Société de Neuro Chirurgie de Langue Française, Poitiers, 7-10 juin 2004. Résumé des communications, P 11

«Les Faits Rares Isolés Multiples, FRIM, à surveiller! », Votre Santé, n° 67, avril 2005, P23.

Courants électriques et champs électromagnétiques (A. Ginibre)

Introduction

Ce qui suit a pour but de mettre en évidence le cadre théorique général, et des détails qui interviennent au cours de l'ouvrage. Un bref exposé de définitions, lois physiques, exemples et aspects techniques généraux est proposé ici. C'est aussi une illustration de cette recherche de soutien scientifique présente dans toute l'étude, associée à une expérimentation relativement simpliste mais variée dont le principe encourage chacun à prendre contact avec les réalités.

S'adressant à un public varié, le texte qui suit devra être lu avec souplesse, comme complément succinct de l'approche très pratique qui est donnée par ailleurs. Ceux qui en ont les compétences sont invités à proposer leur coopération ; ceux qui ont du mal avec ces notions pourront tenter de s'en imprégner au départ, sans trop insister, dans le but de pouvoir s'y référer au cours de la lecture, à moins qu'ils ne préfèrent consulter des ouvrages de référence plus complets, traitant de la pollution électromagnétique (C. Smith et Best[xx], JM Danze et al.[aaa], R. Santini et al.[bbb], B. Loupe[ddd]) ou présentant des notions de physique, comme l'Atlas de la physique de Breuer[eee].

En fait, le langage qui a guidé l'observation, parfois fait de clichés et de notions simplifiées, est bien souvent suffisant en première approche. Cependant, certaines expressions courantes, parfois un peu trompeuses, méritent réflexion.

La prise en compte des **effets électromagnétiques** et des courants est une activité très largement développée :

- Des obligations de '**compatibilité électromagnétique**' existent pour éviter le **dysfonctionnement matériel** d'appareils divers ; cela s'appuie en général essentiellement sur des lois physiques connues, mais nécessite des recherches pratiques , et correspond souvent à des systèmes très complexes.
- Pour la **santé**, le problème est différent : les mécanismes biologiques sont mal connus, et la diversité des réactions humaines et des détails techniques rend les **études statistiques** usuelles peu efficaces, tempérées par une lenteur a du mal à suivre l'évolution rapide de la technologie.

Les méthodes légères utilisées dans la présente étude, plus proches de **l'exploration des mécanismes**, prennent en compte des coïncidences spectaculaires de détails spécifiques, en étant à la fois précises et respectueuses du ***secret médical***. Cette méthode relève clairement de la liberté de choix méthodologique dont bénéficient les physiciens. Ici, comme en spectroscopie, on peut observer l'avantage de la diversité des observations, plutôt que le stériliser par des moyennes ou par la contrainte de centres d'intérêt préétablis.

Notions d'électromagnétisme

Champs

Les phénomènes électriques sont accompagnés de '**champs**' décrivant des modifications des propriétés de l'espace, dépendant de la position considérée, et représentés par des vecteurs, c'est-à-dire ayant à la fois une **direction** et une '**intensité**': ce sont les **champs électriques (E)** et **magnétiques (B)**. On peut mesurer séparément ces champs, mais aussi les considérer comme formant une seule entité plus complexe, le **champ électromagnétique**, qui caractérise l'action du système sur des charges électriques ou sur des conducteurs placés au point considéré.

- Le **champ électrique** agit sur les **charges électriques (électrons, ions)** ; le champ, ou les **tensions** qui lui sont liées, déterminent les **courants** dans les **conducteurs**.
- **Le champ magnétique** peut être **créé** par des aimants, par le globe terrestre, et par des courants. Il **affecte** les **charges en mouvement,** ou les conducteurs parcourus par des **courants**. Ses **variations dans le temps** sont associées à un **champ électrique.**

Les **systèmes électriques** sont parfois très complexes, mais beaucoup de phénomènes peuvent être décrits à partir de quelques **systèmes** plus **simples**, en particulier les **résistances** pures R, les **capacités** C, les bobines d'induction (**selfs**) L, dont on reparlera.

Circuits et courants

Les **moteurs** et les **générateurs** sont des systèmes où interagissent des courants et des champs, et dont le rôle est une transformation d'énergie impliquant **l'énergie électrique**. De même, les systèmes atomiques, moléculaires, ou **biologiques**, du fait des charges électriques qu'ils comportent, sont sensibles aux champs électromagnétiques, éventuellement à une seule de leurs composantes, E ou B.

Le **courant électrique** correspond à un lent mouvement d'ensemble de charges électriques souvent agitées de vitesses plus élevées. La conduction est associée à des **forces électriques** qui se combinent au **frottement** subi du fait de chocs à l'échelle atomique, la plupart du temps dans des conducteurs solides, éventuellement dans des liquides ou des gaz. Ces forces sont liées aux champs électriques ou magnétiques présents, les champs électriques étant reliés aux **potentiels**, dont les différences sont appelées **tensions**. Des phénomènes extérieurs fournissent l'énergie nécessaire, et interviennent dans les '**générateurs**'.

On caractérise le courant par son **intensité (I, en ampères)**, qui correspond au **débit de charges** électriques ; il est associé à une **tension (V, en volts)** ' aux bornes du circuit', ou ' entre les fils d'alimentation', selon les lois qui font intervenir les caractéristiques des circuits, en particulier la **résistance (R, en ohms)**, ou, plus généralement **l'impédance** qui représente la réponse de l'élément considéré. La tension (ou différence de potentiel 'ddp') est la différence entre des potentiels affectés aux points du circuit.

- Le courant est dit continu si l'intensité est indépendante du temps. Un **circuit électrique** doit être **fermé** (conducteur non interrompu) pour qu'il y passe du courant **continu**.
- Le **courant** électrique **alternatif** est oscillant ; sa fréquence, correspondant au nombre d'oscillations par seconde, est mesurée en **Hertz** (Hz).
- Des **courants transitoires** existent lorsqu'une modification du système intervient (par interrupteur, branchement...) : les **fréquences** peuvent être beaucoup plus élevées, et ils comportent de **l'amortissement**.

Le courant **distribué** est généralement **alternatif**, à la fréquence de **50 Hz** en Europe (60 Hz en Amérique du Nord), aussi bien pour le transport d'énergie que pour l'utilisation, mais la traction ferroviaire utilise aussi du **courant continu** (fabriqué à partir de l'alternatif).

Les fournisseurs de courants (fin XIXe siècle) étaient passés du courant continu au courant **alternatif**, pour des questions d'efficacité : on peut facilement **modifier** les **tensions**, grâce aux **transformateurs**, donc produire les très hautes tensions qui sont utiles pour limiter les pertes dans le transport de l'énergie électrique, puis abaisser la tension près de l'utilisateur.

Mais pour certains, c'était à regret, en **craignant** que **l'alternatif** soit **plus dangereux**, pour différentes raisons :

- Le courant alternatif **tétanise**.
- Il ne reste pas **limité aux fils** de transport du fait de phénomènes '**d'induction**' et de '**capacité**' (c'est ainsi qu'il peut apparaître des '**courants vagabonds**', non voulus par l'installateur, qui circulent en dehors des lignes, souvent dans le sol).

Il y a conservation des **débits** de charges en mouvements au passage d'une jonction de deux fils : la somme des **intensités** instantanées des courants y est nulle, à condition d'utiliser des conventions de signes adéquats. Ceci ne concerne pas l'accumulation sur des surfaces de discontinuité en régime variable (effets de capacité).

Lorsque le courant est **alternatif**, intensités et tensions sont en général fonctions sinusoïdales du temps, c'est-à-dire varient selon des oscillations caractérisées par une **fréquence** unique, avec une **amplitude** (valeur maximale) et une phase (décalage de l'oscillation, soit par rapport à une origine des temps arbitraire, ou par rapport à une oscillation prise comme référence, par exemple décalage de l'intensité par rapport à la tension). Il existe bien des cas où la variation en fonction du temps est plus complexe, en particulier dans les régimes dits '**transitoires**', on peut éventuellement 'décomposer' ces variations en somme de fonctions '**sinusoïdales amorties**' dont les caractéristiques dépendent des composants présents dans le circuit.

En **alternatif**, les **discontinuités** permettent le passage de courants. Alors, les surfaces limites, en regard, peuvent stocker des **charges** excédentaires, d'ici à l'alternance suivante qui inversera leur répartition : on a affaire à une **capacité** C, caractéristique d'un élément de circuit, que ce soit volontaire (condensateurs), ou parasite (effets capacitifs entre conducteurs voisins portés à des potentiels différents). La charge portée Q est telle que Q = CV, V (t) étant la tension à ses bornes, à chaque instant. En régime sinusoïdal (régime stationnaire après extinction des effets transitoires), ceci conduit à une avance de phase de l'intensité I (passant par ses bornes) sur la charge Q et la tension V (I est la dérivée de la charge Q par rapport au temps).

D'autres '**éléments actifs**', les boucles de courants ou les **bobines d'induction**, subissent l'action de la **variation** du **champ magnétique**, lorsqu'il y a variation des intensités, en tendant à diminuer cette variation par la création de '**courants induits**'. Pour les '**selfs**', c'est leur propre champ magnétique qui agit ; il peut aussi y avoir interaction entre circuits non connectés et la sensibilité des systèmes conducteurs aux variations temporelles de champ magnétique produit ainsi des **couplages par induction**. En particulier, des variations d'intensité dans des éléments de circuits, même situés à distance, entraînent la création de courants induits dans les conducteurs.

Ces '**effets d'induction**' sont décrits par la création de champs électriques induits (champs qui font circuler des courants induits) lorsqu'il y a variation du champ magnétique. Il n'y a pas de correspondance simple, en un point donné, entre le champ électrique créé et la variation de champ magnétique en fonction du temps, car la géométrie de l'**ensemble du système** des conducteurs intervient.

Ainsi, les '**courants vagabonds**', qui peuvent affecter tout milieu un peu conducteur, peuvent être liés, à la fois, à des effets '**capacitifs**' et à des effets '**d'induction**'.

Sur un élément de circuit conducteur sans éléments actifs (**résistance pure** sans capacité ni self), l'intensité est proportionnelle à la tension aux bornes, et en phase avec elle, on a **V = RI** à chaque instant. La résistance au passage du courant s'accompagne d'un dégagement de chaleur (effet Joule) dont la puissance instantanée est **P = RI**^{2}.

Les **capacités** et les **selfs** , éléments actifs, font que la relation entre intensité et tension est plus complexe, caractérisée par **l'impédance** qui dépend de la **fréquence** : les self gênent les courants aux fréquences les plus hautes, les capacités les favorisent, les combinaisons des deux peuvent former des filtres, ou créer des résonances pour certaines fréquences.

Champs et courants

En tout point du conducteur existe un **champ électrique**, relié aux tensions, et, plus généralement, tout point de l'espace est soumis à un champ électrique dû au système, et les tensions entre les différents points sont liées aux champs par des lois physiques connues. Pour de petits déplacements, la tension est le produit de la distance par la composante du champ parallèle au déplacement, le champ électrique est donc mesuré en **volt par mètre (V/m)**.

Aux champs électriques induits dans les circuits par des variations de champs magnétiques, correspondent de '**forces électromotrices induites**', de même nature que les tensions.

De façon analogue, le **champ magnétique**, produit en tout point, dépend de l'intensité et de l'inverse de la distance du point considéré au courant qui le crée. On peut, ou non, inclure dans la grandeur champ un facteur multiplicatif, caractéristique de la matière au point considéré, la **perméabilité magnétique**. À proprement parler, c'est alors le '**champ d'induction magnétique**', qui se mesure en **teslas (T)**, alors que le '**champ magnétique**' se mesure en **ampère par mètre (A/m)** et ne comporte pas ce facteur. Dans l'air, les deux grandeurs sont proportionnelles, ce qui explique le flou usuel qui mélange les deux notions. Il en est différemment dans la **matière aimantée**, où le facteur peut prendre des valeurs nettement supérieures ; cette propriété est particulièrement importante dans le fonctionnement des **transformateurs**, et devrait l'être aussi au niveau des **particules magnétiques** présentes dans le corps. Pratiquement, l'évaluation en A/m. est assez parlante, puisqu'un champ de 6,3 A/m correspond à un courant rectiligne de 1 A situé à 1 m.

Les courants présents, continus ou variables, créent des champs magnétiques, qui dépendent proportionnellement des intensités. La **géométrie du champ** créé au voisinage d'un courant rectiligne correspond à un enroulement, autour de ce courant. Plus généralement, on sait calculer le champ théoriquement et pratiquement si on connaît la **répartition des courants**. L'éloignement des courants amène une diminution des champs magnétiques créés. Il existe des endroits où les courants principaux permettent de calculer les champs avec une bonne approximation, mais, dans certains cas, des **courants mal définis**, hors des circuits conducteurs, deviennent prépondérants, ce qui rend l'étude théorique quasi-impossible. De même, les courants présents dans un conducteur dépendent, en théorie, de tout ce qui entoure ce conducteur.

En **alternatif**, les champs créés sont aussi alternatifs, et la combinaison de champs créés par deux éléments de circuits où les intensités ne sont pas en **phase** se fait par **sommation des fonctions sinusoïdales**, donc en tenant compte des déphasages des oscillations ; de plus, il s'agit de **sommes vectorielles**, comme pour les champs continus.

En continu, comme en alternatif, les changements rapides dans les circuits sont accompagnés de phénomènes 'transitoires' dont le spectre des fréquences dépend des circuits présents.

Systèmes particuliers

Les **transformateurs**, particulièrement importants pour le réseau électrique, utilise un couplage entre des bobines non reliées électriquement. Les bobines **s'influencent mutuellement** par l'intermédiaire d'un champ magnétique variable important créé par les courants dans un noyau de **matière aimantable** qui augmente et dirige le champ magnétique B créé ; la tension aux bornes des bobines 'en interaction' est proportionnelle au nombre de spires des enroulements. Cela permet de transférer une tension d'un circuit vers un autre sans contact électrique direct. Les transformateurs utilisent généralement des rapports de transformation fixes, par exemple 20 kV vers 400 V, pour le passage de la moyenne tension vers le réseau de distribution (transformateurs dans les rues).

Les **moteurs électriques** comportent des bobines soumises à des champs magnétiques. Lorsqu'ils sont en fonctionnement, en alternatif, leur présence dans un circuit entraîne un déphasage de l'intensité par rapport à la tension, à moins d'inclure des éléments correcteurs adaptés. Des perturbations, à des fréquences liées à la fréquence de rotation du moteur, sont produites dans l'environnement.

Circuits résonants et filtres, dont la réponse dépend fortement de la fréquence f, sont utilisés en particulier pour la gestion des parasites.

L'effet cyclotron fait intervenir un courant formé par des particules **chargées électriquement**, circulant dans le vide. Cela ressemble à un manège qu'un opérateur commanderait par des impulsions sur une poignée appropriée, au passage. Les **particules chargées** tournent du fait de leur vitesse dans un **champ magnétique fixe** (qui exerce une force semblable à la tension du fil d'une fronde) ; pour cela, on doit les lancer au départ avec une vitesse initiale. La fréquence de leur **rotation**, indépendante de leur vitesse, est $f = Bq/2\pi.M$.

Des **impulsions** accélératrices sont obtenues par un **champ électrique inhomogène**, essentiellement localisé sur une petite portion de la trajectoire. Comme ce sont les tensions traversées qui commandent le transfert d'énergie, un champ électrique constant dans le temps aboutirait à freiner sur le reste de la trajectoire, et ne transférerait pas d'énergie, au total.

On utilise donc un champ variable qui change de sens pendant le temps d'un tour. De cette façon, si la fréquence du champ électrique est adaptée, la particule est accélérée, à chaque tour : on parle alors de **résonance cyclotronique**. Pour le manège, disons que la poignée doit être disponible lorsqu'un opérateur - oscillant - est prêt à pousser dans le bon sens. À la résonance, la particule peut acquérir une **énergie considérable**.

Certains accélérateurs de particules sont construits sur ce principe, mais on peut aussi imaginer que la **combinaison d'un champ électrique**, variable et inhomogène, et d'un **champ magnétique**, relativement constant et uniforme, puisse avoir des **effets similaires** et transférer de l'énergie à certains ions, même s'ils ne sont pas dans le vide.
Pour une fréquence f et un ion de charge q et de masse M, le champ magnétique constant créant la résonance est $B = 2\pi f M/q$, soit, par **exemple**, pour un **ion calcium** Ca^{++}: B = 6 microteslas (statique), pour un champ électrique oscillant à 50 Hz.

Champs et propagation
Dans certaines conditions, on peut observer la **propagation du champ électromagnétique**, dans le vide ou dans l'air, sous forme d'**ondes planes**, où les deux composantes électrique et magnétique sont perpendiculaires entre elles, et perpendiculaires à la direction de propagation, et leurs oscillations sont liées. La vitesse de propagation dans le vide est la '**vitesse de la lumière c**' (cas particulier d'onde électromagnétique). Le cas le plus simple correspond à des champs variant à une fréquence f qui se maintient au cours de la propagation. Une telle propagation a lieu dans des régions où il n'y a pas d'éléments conducteurs, ni de courants de particules.

Cependant, en général il y a des interactions : les courants créent des champs, et les champs créent des courants, de façon imbriquée, et la notion de proximité intervient.

La notion de **proximité** dépend de la fréquence considérée f, et, c'est la **longueur d'onde** lambda = c/f (c étant la vitesse de propagation, c = 300 000 km/ s) qu'il convient de comparer à la distance. Pour la fréquence du **courant alternatif** f = 50 Hz, **la longueur d'onde est 6 000 km**, ce qui fait que tous les points d'un pays sont à considérer comme proches des lignes, alors que pour les ondes utilisées par les **téléphones portables** ou la télévision, lambda est de l'ordre de **30 cm** ou de 1 cm, ce qui fait qu'on a le plus souvent affaire à des 'ondes planes', loin des émetteurs (attention cependant à ne pas négliger les éléments conducteurs qui modifient la propagation).

Des ondes peuvent aussi se propager le long de conducteurs, et en particulier le **long des lignes**, elles sont associées à des courants de hautes fréquences dans les lignes.

Le courant alternatif crée quasi-instantanément les champs électrique et magnétique, avec des valeurs et directions ne sont pas décrites par le schéma simple des ondes, mais obéissent à des lois connues, qui les relient, indépendamment, à la répartition des tensions et des courants.

Les champs électromagnétiques au voisinage des lignes sont souvent beaucoup plus complexes que l'exemple courant d'un fil rectiligne solitaire ; en particulier, le champ magnétique ne s'enroule pas forcément autour du fil, et le champ électrique dépend de la position de la ligne par rapport au sol ou à d'autres conducteurs.

Mesures
Le **voltmètre** est un appareil simple et maniable permettant de mesurer la **tension V** (différence de potentiel entre ses bornes) ; il est installé 'en parallèle' avec l'élément de circuit, tout comme **l'oscilloscope**, plus coûteux et plus lourd, qui a l'avantage de préciser la fréquence et la phase des phénomènes considérés.

Pour ne pas perturber le système, le voltmètre doit avoir une résistance interne suffisante. De même, on ne mesure la tension réelle entre deux points qu'en l'absence d'effets **d'induction** dans les fils de jonction (choisis de façon que leur résistance soit négligeable)

L'ampèremètre est inséré 'en série' dans le circuit pour y mesurer **l'intensité I** du courant; sa résistance doit être assez faible pour ne pas perturber le système. La mesure peut correspondre à celle d'une **tension** aux bornes d'une résistance parcourue par un courant, selon **$V = R\,I$** , ou au repérage d'un échauffement par effet Joule (puissance instantanée **$P = R\,I^2$**, puissance efficace (moyenne) **$Pe = R\,I^2./2$** en alternatif)

Il faut s'interroger sur de possibles **forces électromotrices induites**, qui interviendraient comme parasite dans la résistance, et **perturberait** la mesure.

La mesure des champs **magnétiques** utilise des effets **d'induction**. Les champs **électriques** sont très **sensibles aux perturbations** apportées par la présence d'éléments conducteurs.

La **cartographie** des champs **électriques** et magnétiques pourrait être bientôt commodément accessible, grâce à des appareils nouveaux qui utiliseront des propriétés spectroscopiques des atomes dans les champs.

Pour l'instant, les **appareils de mesure** utilisés pour la mesure des **champs électromagnétiques** ne semblent pas adaptés à la complexité de la **répartition** des champs, dans **l'espace** et dans le **temps**.

En particulier, certains utilisent un seul type de mesure, considérant que champ magnétique et champ électrique sont liés comme dans une onde, et peuvent ainsi être déduits l'un de l'autre. Tout au moins faut-il savoir si c'est seulement une mesure de champ magnétique qui est effectuée.

Aperçus sur l'ensemble d'un réseau électrique

Lorsqu'on parle de nocivité, c'est aux lignes HT qu'on pense le plus souvent, mais d'autres composants du réseau ont aussi été le sujet d'études (C.W. Smith et Best[xx]), en particulier les transformateurs (Dr Faivre Bonhomme[yy]), les circuits dans les maisons (Vena[zz], Danze et al.[aaa], Santini[bbb]), voire en dehors du réseau (Santini et al.[ccc]).

Nous allons voir l'ensemble du système, pour mieux comprendre les observations réalisées sur les lignes de distribution, celles qui apportent le courant dans les habitations, partant des transformateurs locaux, dans le contexte d'une nocivité possible.
L'image d'un fleuve qui irrigue des champs par l'intermédiaire d'un réseau de canaux, décrit le transport et la distribution de l'énergie qui part des centrales productrices d'électricité, et arrive chez le consommateur, après un voyage à travers la campagne.

L'énergie est effectivement transportée selon les fils des lignes électriques, et c'est l'action des intensités et des champs créés qui permettent de récupérer cette énergie sous forme soit de chaleur, soit de travail mécanique, soit d'actions chimiques, y compris pour certaines formes de stockage, comme de charger une batterie, ou remonter de l'eau dans des barrages.

Certaines utilisations ont des **variations** brusques dans le temps. Parce qu'il est malcommode de stocker l'énergie électrique, les différents types de centrales électriques (thermique, hydroélectrique, et nucléaire) sont reliés entre elles en un **réseau**. En fait, pour la France, les dimensions dépassent nettement celles de la France, du fait de l'exportation.

Toute une organisation, stations électriques, et signaux de commande, gère la **mise en circuit** des différentes **sources**. À la sortie des centrales, le courant, à la fréquence 50 Hz, initialement sous une tension de 20 kV, est amené à des tensions beaucoup plus élevées, des centaines de kV, de façon à limiter l'intensité transportée, puisque la puissance P disponible est donnée par **P = V I**. Cela permet de limiter les pertes d'énergie par échauffement, puisque dans les fils la puissance dissipée en chaleur est $\mathbf{P' = R\,I^2}$.

Pour ce qui est de la **circulation des courants**, l'image du courant d'eau est **assez trompeuse**, d'une part parce que le temps de transport est négligeable, ce qui fait que chaque action en un point du circuit est répercutée quasi-immédiatement partout ailleurs et d'autre part parce que les courants circulent essentiellement sur des circuits fermés (en boucle). Les phénomènes étant alternatifs, c'est-à-dire changeant de sens durant chaque période, l'idée de retour au générateur est simplement une image commode, très répandue, pour décrire une partie du circuit.

Le **transport** d'énergie électrique jusqu'au voisinage des maisons se fait selon le principe du **courant triphasé**, avec **trois fils** équivalents utilisés en **parallèle** (dits '**phases**'), à des tensions égales en amplitude mais décalées dans le temps d'un tiers de période, par rapport à une origine des tensions fixe et arbitraire, dont la terre fournit une bonne approximation.

Alors que les lignes à très haute tension ne comportent généralement que trois fils, les lignes de distribution, qui amènent le courant jusque dans les habitations, comportent un **4e fil, dit 'neutre'**, ou 'de retour'. Ce fil est mis' à la terre' (le sol étant, en première approximation, une origine stable pour les potentiels) au niveau du transformateur; comme le fil neutre peut être parcouru par un courant en cas de déséquilibre des 3 'fils de phases', il peut ne pas se trouver strictement au même potentiel que des **mises à la terre** locales, dans une maison, par exemple; le courant qui parcourt le neutre représente un '**retour**' entre le point extrême du neutre sur la ligne et le transformateur, début de la ligne.

Lorsque la consommation dans les 3 circuits est correctement équilibrée (**équilibre des phases**), le courant total est nul à chaque instant, et l'on pourrait alors se passer du conducteur 'de retour', mais ce n'est pas exactement le cas général.

Une pratique anciennement admise était d'utiliser la terre comme conducteur 'de retour', en cas de besoin, et aussi, d'utiliser les canalisations métalliques comme prises de terre. Certaines de ces **pratiques** ont fini par être reconnues comme **dangereuses** et sont maintenant **réglementées**, mais il semble que les solutions actuelles soient encore loin d'être parfaitement saines.
La notion de **courants vagabonds** peut se visualiser dans ce schéma comme des **infiltrations** qui, éventuellement, couperaient des boucles pour rejoindre plus loin le courant principal (courants vagabonds de retour au transformateur), mais aussi comme de la **condensation** d'humidité qui ruissellerait à distance, sans qu'il y ait continuité du courant d'eau.

Perturbations

Les autoroutes de l'électricité sont faites de gigantesques pylônes portant de lourds fils conducteurs, qui sont particulièrement sensibles aux **perturbations électriques atmosphériques**, collectées sur de larges zones, dont la foudre, et aussi les aurores boréales qui ne sont courantes que plus près des pôles.

L'ensemble des lignes collecte divers parasites, qu'ils proviennent de couplages par induction, de propagation d'ondes, ou de variations brusques de consommation ; cela est responsable d'effets parfois importants, qui affectent les différentes parties du réseau.
Pour limiter les effets des **parasites**, les lignes comportent des **filtres**, combinaisons d'éléments actifs (selfs et capacités), et des mises à la terre.
Fil neutre et mise à la terre sont des notions distinctes dont **l'utilisation pratique**, assez complexe, semble importante dans l'environnement électromagnétique.

Les lignes créent une action sur **l'environnement**, en particulier par des **champs électriques et magnétiques**, mais aussi par des **courants hors des lignes**, du fait de ces champs et de ces contacts avec la terre, dans des domaines de fréquences variés.

Ces problèmes sont sous-jacents dans tout l'ouvrage, et affectent aussi bien les lignes à haute tension que les **lignes de distribution**, mais, de façon imprévisible, ce sont essentiellement les détails des lignes de distribution, proches des logements, qui ont désigné les **effets spectaculaires** présentés dans l'ouvrage, même si des causes plus éloignées interviennent aussi. Chacun pourra effectuer ses propres observations.

Tableaux de référence : sous-tableaux I, II, III et IV et tableau des hémopathies

J'ai compté et classé selon les types que j'ai définis, 2 562 structures électriques (SE, poteaux et transformateurs), en même temps que j'ai noté la faune (181 insectes et prédateurs ailés) qui tournait autour ou se posait dessus pendant 20 secondes.

Le type est strictement attaché à chaque structure (tableau I), tout comme le comptage de la faune (tableau II). Il apparaît que certaines structures semblent plus fréquentées, et la constance observée de ces effets, visible sur le détail des observations, en apporte confirmation.

Pour les malades (tableau III) et les perforations de tuyaux (tableau IV), pour lesquels des renseignements ont été notés, l'environnement proche (dans les 50 m) peut comporter une ou plusieurs structures électriques visibles, ou aucune lorsque le réseau est enfoui. Pour chaque cas de ces 'pathologies', j'ai noté ce que je voyais dans le voisinage de 50 m, plus loin s'il s'agissait de haute tension ou de voie ferrée, et j'ai sélectionné la SE que je considérais comme la plus suspecte. Ainsi, certains cas sont décrits comme situés dans des zones sans structure électrique visible (colonne C : 'rien') ou dans les zones où je ne voyais, par exemple, qu'une ligne de 10 kV (colonne D : 'kV').

Tableau 12 : Tableau de référence. Ensemble des 4 sous-tableaux.

- Tableau I : 2 562 structures électriques.
- Tableau II : 381 insectes et prédateurs.
- Tableau III : 413 malades.
- Tableau IV : 181 perforations.

Tableau de référence : sous-tableaux I et II

Tableau I : 2 562 structures électriques (SE) visibles

A	B	C	D	E	F	G	H	I	J	K	Total	VASEM	%	SE
1	**Lieux \ SE**	rien	kV	type 0	type 1	type 2	type 3	type 4	type 5	transfo	C à K	F à J	VASEM / SE	D à K
2	2 villes		0	1119	55	254	238	14	188	109	1977	749	38%	1977
3	% en ville		0%	57%	3%	13%	12%	1%	10%	6%				
4	4 villages		9	379	17	46	40	0	63	31	585	166	28%	585
5	% en village		2%	65%	3%	8%	7%	0%	11%	5%				
6	ensemble		9	1498	72	300	278	14	251	140	**2562**	915	**36%**	2562
7	% ensemble		0,4%	59%	3%	12%	11%	0,5%	10%	6%				

Répartition par types des 2 562 structures électriques (2.422 poteaux +140 transformateurs).

Plus de poteaux de type 0 en village qu'en ville ; ceci donne 38% de zones de VASEM en ville, contre 28% en village.

En moyenne, 36% des poteaux forment des zones de VASEM. En ville comme en village, il y a environ 6% de transfos visibles.

	Type 0	ligne d'aspect régulier: fils symétriques de part et d'autre du poteau
V	Type 1	passage de ligne de 4 fils nus à un seul câble torsadé
A	Type 2	branchement ou coude de ligne
S	Type 3 ou 33	début de ligne simple (ou double, 33), issu d'un transfo ou d'une ligne enfouie, avec crosse parfois
E	Type 4	début de ligne avec boîtier de distribution caractérisant
M	Type 5 ou 55	fin d'une ligne seule (ou double, 55, parfois étiqueté par EDF : poteau de double fin de réseau)
	Transfo	transformateurs repérés
	kV	ligne de plus de 400V seule vue (transport EDF, caténaire de RER, train, tram), ou d'un transfo repéré.

Tableau II : 381 insectes et prédateurs (I & P) vus lors de l'examen des 2 562 structures électriques (SE).

A	B	C	D	E	F	G	H	I	J	K	Total	VASEM	%	SE
8	**I & P \ SE**	rien	kV	type 0	type 1	type 2	type 3	type 4	type 5	transfo	C à K	F à J	VASEM / SE	D à K
9	I & P		0	91	21	76	87	9	96	1	**381**	289	**76%**	381
10	% I & P		0%	24%	6%	20%	23%	2%	25%	0%	100%			

Répartition de ***381*** *insectes et insectivores : 75% sont vus sur des poteaux de VASEM (36% de 2.562 SE).*

Tableau de référence : sous-tableau III

Tableau III : structures électriques (SE) dans les 50 m de 413 cancéreux

		Pas vu 400V		Toujours vu ligne de 400V et parfois de kV						kV		Calculs		
A	B	C	D	E	F	G	H	I	J	K	Total	VASEM	%	SE
11	**Cancers\ SE**	rien	kV	type 0	type 1	type 2	type 3	type 4	type 5	transfo	C à K	F à J	VASEM / SE	D à K
12	TC**	27	2	12	5	17	14	1	48	12	**138**	85	77%	111
13		20%	1%	9%	4%	12%	10%	1%	35%	8%	100%			
14	MBD*	113	3	19	12	19	50	5	19	35	**275**	105	65%	162
15		41%	1%	7%	4%	7%	18%	2%	7%	13%	100%			
16	ensemble	140	5	31	17	36	64	6	67	47	**413**	190	**70%**	273
17	% ensemble	34%	1%	8%	4%	9%	16%	1%	16%	11%	100%			

273 des 413 malades (66%) se trouvent à moins de 50 m de SE : 190 de ces SE forment des zones de VASEM correspondant à 36% des 2562 SE

Même si le type 0 est sous-représenté, car non compté en présence d'autres SE, les 8% trouvés sont très faibles

**Hémopathies Malignes (Malignant Blood Disease) : 63LMNH, 46myélomes, 40LMC, 38LLC, 32Hodgkin, 29lymphomes, 27SMD*

*** Tumeur Cérébrale: 43TC (sans autre précision), 39gliomes, 17 ODG, 7astro, 6glioblastomes, 15TC1, 11TC2, 1pinéalome (TC bénigne)*

	Type 0	ligne d'aspect régulier: fils symétriques de part et d'autre du poteau,
V	Type 1	passage de ligne de 4 fils nus à un seul câble torsadé,
A	Type 2	branchement ou coude de ligne,
S	Type 3 ou 33	début de ligne simple (ou double, 33), issu d'un transfo ou d'une ligne enfouie, avec crosse parfois,
E	Type 4	début de ligne avec boîtier de distribution caractérisant,
M	Type 5 ou 55	fin d'une ligne seule (ou double, 55, parfois étiqueté par EDF : poteau de double fin de réseau),
	Transfo	transformateurs seuls vus
	kV	ligne de plus de 400V seule vue (transport EDF, caténaire de RER, train, tram), ou transfo repéré seul.

Tableau de référence : sous-tableau IV

Tableau IV : structures électriques, SE, près de 181 perforations (perfos) de canalisations d'eau.														
		Pas vu 400V		Toujours vu ligne de 400V et parfois de kV						kV		Calculs		
A	B	C	D	E	F	G	H	I	J	K	Total	VASEM	%	SE
18	**Perfos \ SE**	rien	kV	type 0	type 1	type 2	type 3	type 4	type 5	transfo	C à K	F à J	VASEM / SE	D à K
19	Perfos	42	0	3	7	21	41	4	28	35	**181**	101	**73%**	139
20	% perfos	23%	0%	2%	4%	12%	23%	2%	15%	19%	100%			

139 des 181 perforations (75%), se trouvent à moins de 50 m de SE ; 101 de ces 139 (73%) forment des zones de VASEM, correspondant à 36% de 2562 SE. Le nombre des perforations augmente près du transformateur, ce que savent certains spécialistes (ici, 19% est une sous estimation) , mais les autres structures irrégulières sont aussi concernées.

Ces tableaux ne doivent pas être utilisés abusivement. On ne peut pas, raisonnablement, tirer de conclusions de la seule comparaison de ces deux genres de tableaux puisque les proportions n'y sont pas définies de la même façon : ainsi, pour les cas, peu nombreux, où le type 0 a été seul vu dans les 50 m, il faudrait des observations supplémentaires pour savoir évaluer la fréquence de telles situations.

Elles ne correspondent absolument pas à la proportion totale de poteaux de type 0, puisque certains sont associés à des poteaux suspects, dans le voisinage d'un même malade.

La constance des répartitions de certains cancers, obtenue en choisissant des sous-groupes variés, montre qu'il se passe quelque chose, mais les différences entre les différents types d'effets, cancers en particuliers, ne peuvent être parlantes (par exemple, environ 8 % des cancers en type 0 seul, et seulement 2 % des perforations) que lorsque les proportions sont assez précises, malgré la diversité, qui doit être étudiée.

Le tableau suivant donne la répartition des différentes hémopathies (maladies du sang) selon les caractéristiques de leur environnement électrique.

Tableau 13 – Répartition de 507 cas d'hémopathie

Répartition des cancers et hémopathies malignes en zones ou non de VASEM						
1	maladie	VASEM	non VASEM	Transfo ou kV seul(s) vu(s)	Sans SE vue dans les 50 m	total
2	LMNH	27	4	12	19	62
3	LMC	18	3	4	15	40
4	LLC	16	2	6	15	39
5	Lymphome	12	1	3	12	28
6	Myélome	11	4	5	17	37
7	LAM	8	1	6	8	23
8	SMD	4	2	1	3	10
9	LAL	5	2	0	2	9
10	Hodgkin	5	2	7	18	32
11	LA	3	1	3	6	13
12	Vaquez	5	2	0	3	10
13	Waldenström	4	0	2	3	9
14	Sous total	118	24	49	121	312
15	Hémo.diverses	68	10	23	94	195
16	total	186	34	72	215	507

Ligne 1 : 4 colonnes montrent où les malades vivent, et combien se trouvent:

- En zone de VASEM ; dont les poteaux près de transformateurs.
- En zone de non VASEM, type 0.
- Près d'un transformateur ou d'une ligne de 10 kV ou plus, seul visible.
- Sans structure électrique (SE) visible dans les 50 m.

Ligne 2: le LMNH (Lymphome Malin Non Hodgkinien) est la plus représentée des hémopathies, dans mon étude, et paraît la plus sensible aux zones de VASEM et au transformateur. Près d'un malade sur trois habite dans les 50 m d'un transformateur quand des SE sont visibles, ce qui n'apparaît pas sur le tableau.
Ligne 3: la LMC (Leucémie Myéloïde Chronique) qui était l'une des leucémies les plus rares en 1950, est devenu moins rare selon Teillet (1995, article paru dans l'Encyclopédie Médico-Chirurgicale).
Ligne 4: la LLC (Leucémie Lymphoïde Chronique) avec 39 cas, est bien représentée.
Ligne 5: les lymphomes sont, avec le LMNH, les hémopathies malignes dont le nombre s'accroît le plus (4 % par an environ).
Lignes 6, 7, 8: le myélome, la LAM (Leucémie Aiguë Myéloïde) et le SMD, (Syndrome Myélo Dystrophique) sont également touchés par la VASEM.
Ligne 9: la LAL (Leucémie Aiguë Lymphoïde).
Ligne 10: la maladie de Hodgkin, ou cancer des ganglions.
Ligne 11: la leucose aiguë touche parfois les enfants, s'accompagnant d'une grosse rate.
Ligne 12: la maladie de Vaquez est une augmentation du nombre des globules rouges.
Ligne 13: le Waldenström est une hémopathie maligne rare; l'un des 9 cas de ma statistique, habitait un pavillon de gardien, adossé au transformateur de l'usine.
Ligne 16: des malades sont éliminés pour différents motifs (diagnostic non établi, ou données ininterprétables, etc.).

Mosaïque : arbres et effets électromagnétiques

J'avais en tête le premier vers des Bucoliques de Virgile, par lequel, comme tout potache de ma génération, j'avais commencé le latin :

"Tityre, toi qui es couché dans le pré sous la frondaison d'un hêtre... Tityre tu patulae recubens sub tegmine fagi..."

Sous un hêtre ? Pourquoi pas sous un chêne ou un saule ? Il est probable que Virgile, contemplateur de la nature et écologiste avant l'heure, connaissait cette particularité du hêtre ; il nous dit, 23 vers plus loin, que le chêne, lui, est souvent victime des traits du ciel (de caelo tactas quercus).

Les réticences et les railleries de mes proches (ces Béotiens me demandaient si Tytire tirait à la carabine, confondant flûte et fusil), l'eczéma dû au ciment colle des tesselles et les douleurs articulaires de ce travail d'esclave, m'ont surtout prouvé que je n'avais pas d'avenir dans la mosaïque !

Figure 3 – Mosaïque : Tityre sous le hêtre

Mosaïque réalisée en mai 1994, par l'auteur, à Colombes. (2,20 x 1,50 m) Le 1er vers des Bucoliques de Virgile y est illustré en couleurs : le pâtre Tityre (granit bleu du Mexique) jouant d'une flûte (marbre noir) repose sous un hêtre (Fagus, à gauche) et non sous le chêne (Quercus). La foudre (rouge brique) vient d'un cumulonimbus, nuage sombre en forme d'enclume. Elle frappe le chêne entouré d'ions + (comblanchien rose) et se perd dans la longue racine pivotante (coupée par le cadre). Sous le nuage blanc, le hêtre au feuillage éclairé de carrare blanc et de pyrite de cuivre, protège Tityre de la foudre. Le hêtre étend horizontalement sous la terre (granit gris des Pyrénées), ses racines.

Caténaire

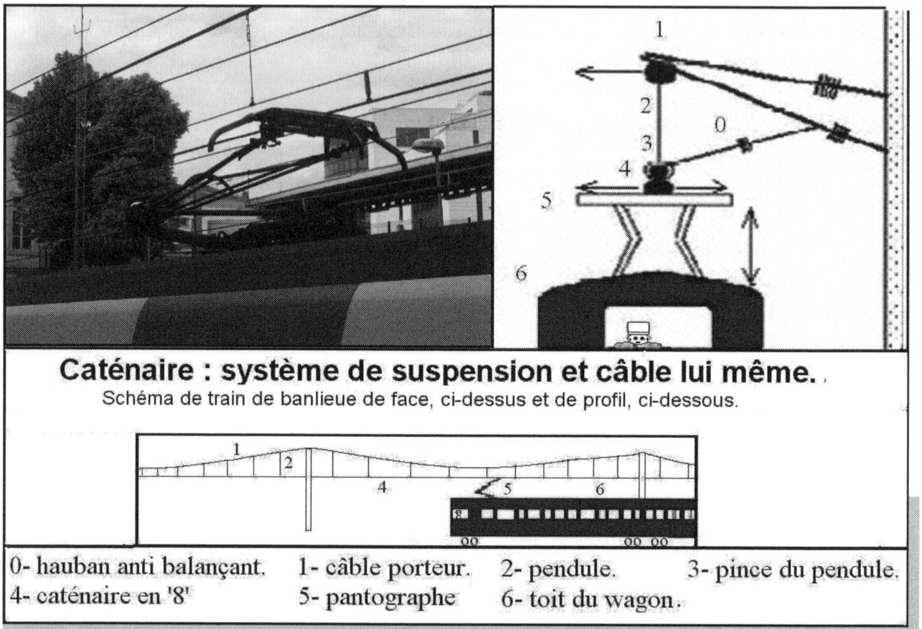

Figure 72 – Caténaire et pantographe.
À gauche, photo du contact caténaire pantographe et, à droite, schéma du système, avec détails techniques numérotés, en illustration des explications données ci-dessous.

On appelle caténaire à la fois le câble alimentant les tractrices électriques et tout le système de suspension et d'isolation. Le câble de cuivre d'un diamètre de 3 cm environ, a une forme de 8 à la section.

Du câble porteur (1), descendent de petits pendules (2), armés de pinces (3) qui portent la caténaire (4), en se fixant dans la rainure du 8 de son gabarit : ce détail évite le frottement du pantographe (5) sur la pince du pendule. Des haubans "anti balançant" (0) empêchent la caténaire de vibrer au passage des convois.

Un système de poulies et contrepoids porte à près de 1 500 kg la tension mécanique de la caténaire des TGV (le système ancien n'était que de la moitié environ) et prévient aussi le déplacement du point d'équilibre du câble.

La rectitude de la caténaire, dans le plan vertical, et l'absence de 'ventre' sont les impératifs qui devraient prévenir sa section par le pantographe (5) de la tractrice.

Au contraire, la caténaire, dans le plan horizontal, dessine des zigzags d'un poteau à l'autre. Ainsi elle ne frotte pas au même endroit, ce qui prévient l'échauffement du pantographe. Le pantographe effectue une poussée verticale permanente indiquée par la flèche pour garder le contact avec la caténaire. (Les flèches indiquent ce mouvement relatif horizontal de l'une, et vertical de l'autre).

Les feux de Moirans en Montagne, Doubs

Revue de presse

1. 23 janvier 1996, Le Figaro, Alexandrine Bouilhet.
2. 24 janvier, Le Figaro, Thierry Oberlé.
3. 28 janvier, Journal du Dimanche, Patrice Trapier.
4. 28 au 28 janvier, Le Monde.
5. 30 janvier, Le Figaro, P.L.
6. 31 janvier 96, Quotidien du Médecin, Zenon.
7. 3 février, Le Monde, Hervé Morin.
8. 3-4 février, Le Figaro, auteur ?
9. Dimanche 4 février, TF1 et Journal du Dimanche, P. Trapier.
10. 5 février, Le Figaro, Francis Puyalte.
11. 15 au 15 février, Ev. du Jeudi, L Neumann.
12. 26 mars, Le Figaro, Sven Ortoli.
13. Calendrier des accidents.

• 1 Le 23 janvier 1996, Le Figaro, Alexandrine Bouilhet

13 feux se sont allumés, une femme de 50 ans est décédée ainsi que le pompier qui tentait de la sauver. Une enquête préliminaire est en cours...

Colonne suivante. Aucun survoltage.

Les lignes EDF qui ont attiré les premiers soupçons semblent d'ores et déjà hors de cause. Selon un responsable du centre EDF de Besançon : "*Nous avons effectué tous les contrôles nécessaires. Les lignes sont tout à fait normales... Je travaille à EDF depuis 30 ans, je n'ai jamais vu une chose pareille*".

Les lignes étaient étroitement surveillées depuis 10 jours, début des incendies. Aucun phénomène de survoltage n'a été observé. D'autres hypothèses telles que celles des HF de l'industrie ou des micro-ondes doivent être envisagées. Ces appareils pourraient créer un phénomène d'induction avec les armatures métalliques des habitations.

Le maire, le docteur Jean Burdeyron, estime "peu probable" l'hypothèse criminelle. 2 détails intriguent les enquêteurs : la hausse de température dans ces foyers et les lieux où ils éclatent. Ainsi, dans la maison du 14 de la rue des Cares :

- 1° incendie du 20 janvier à 13 heures, au rdc, dans l'atelier de bricolage.
- 2° incendie à 13h15 h au 1° étage dans l'armoire de la chambre à coucher, alors que les pompiers n'avaient pas encore rangé leur matériel.
- 3° incendie mortel, toujours du 20 janvier à 20 heures, le feu embrasait la maison.

• 2 Le 24 janvier, Le Figaro

Thèse de feux follets remontant à la surface. Moirans ville de 2 500 heures.

Chez monsieur Robin (45 rue Roussin), sac de ciment et téléviseur débranchés se sont enflammés. Rue des Cares, les feux prennent dans les endroits incongrus tels que lits[4], penderie vide ; tringles et cintres en métal flambent, mais pas le bois.

Température du brasier : l'eau des lances de pompiers se vaporise au dessus sans toucher les flammes. Plus de 1 300°. Les flammes ondulent à l'horizontale. Sur les murs de pierres noircies, les plâtres ont fondu. La piste d'une anomalie sur les lignes électriques étant abandonnée, les courants HF sont étudiés.

• 3 Le 28 janvier, Journal du Dimanche

Une grange a encore brûlé, le vendredi 26 janvier. La porte en métal de la grange renfermant du foin sec de 3 ans est brûlée comme par un coup de chalumeau. Un sac de ciment flambe. Température estimée à 300°. Le carrelage se soulève de 5 cm sur 4 m2 ; les compteurs électriques s'emballent à grand bruit ; les chenaux métalliques vibrent. Un employé d'EDF se voit reprocher de ne pas savoir mesurer l'électricité souterraine.

---

4. De métal ? Non précisé dans cet article. Qu'est-ce qui est incongru dans un lit qui brûle, sinon qu'il est de métal, comme il a été écrit ailleurs ?

• 4 Les 28 au 28 janvier, Le Monde

... Le 26 janvier au soir, un incendie se déclare dans une ferme de la commune (Crénans), à 2 km de Moirans où le quartier de la rue des Cares a été frappé par 11 feux.

• 5 Le 30 janvier, Le Figaro, P L Moirans : la piste souterraine

Développement d'effondrements dans le relief karstique de la région fissurant des poches contenant des gaz avec effondrements imperceptibles, lents, très superficiels et difficilement détectables dans les terrains calcaires du massif.

• 6 Le 31 janvier 96, Quotidien du médecin, P20

Les 2 victimes humaines ont brûlé, mais pas leurs vêtements.

Certains privilégient les micro-ondes dû aux courants haute fréquence (HF) de l'anneau de vitesse du CERN tout proche...

• 7 Le 3 février 1996, Le Monde, P9, Hervé Morin

Les incendies spontanés de Moirans demeurent inexpliqués.

Procureur et juge d'instruction répètent, le jeudi 1er février, que les expertises n'ont révélé aucune anomalie électromagnétique ou nucléaire, ni HF, ni micro-ondes, ni mouvement de terrain libérant gaz inflammables du sous-sol. Le BRGM a indiqué que Moirans est hors zone d'activité sismique. Seules les analyses toxicologiques et anatomopathologiques permettront de déterminer si les deux victimes sont mortes à cause de la chaleur intense ou d'une asphyxie due à l'inhalation des gaz, voire des deux à la fois. Selon le Procureur Marie C. Tarare, elles n'ont pas été atteintes par les flammes, ce qui explique que leurs vêtements n'aient pas brûlé.

Seuls des joints de robinetterie ont fondu, et non des tuyaux de laiton, ce qui laisse supposer une température plancher de 300°. Pour le Procureur, les experts indépendants d'EDF, n'ayant pas encore rendu leurs conclusions, nous ne disposons d'aucune information sur un défaut éventuel d'isolation de la ligne HT.

• 8 Les 3-4 février, le Figaro

12 lignes non signées : la piste électrique exagérée.

Selon un porte-parole à Paris, EDF a estimé hier que la piste électrique est tout à fait exagérée et prématurée. Toutes les pistes relevant du domaine de l'électricité ont été étudiées à fond et sans résultat, y compris par nos experts du centre lyonnais d'ingénierie.

• 9 Le dimanche 4 février

La piste électrique est selon EDF «tout à fait exagérée et prématurée ».

• 10 Le 5 février, le Figaro

'Moirans : un 12° incendie inexpliqué' : le journaliste note :... samedi à 14 heures, littéralement sous nos yeux... de la fumée est sortie par la fenêtre de l'entresol de Charles Raffin, 5 rue des Cares. Encore rue des Cares, encore un samedi.

De la fumée sans feu. Juste en face de la gendarmerie[5]. Dans un périmètre de sécurité sous haute surveillance des gendarmes et des techniciens d'EDF. Une zone interdite par des cordons qui en barrent tous les accès.

• 11 Du 15 au 21 février, Événement du Jeudi

« P. Berthet, juge d'instruction et Marie C. Tatare, procureur de la R publique, nous ont baladé, écrit Benoît Gadrey de France 2, à Lyon : dès le début, ils ont écarté l'hypothèse d'incendies criminels. Les juges ne donnent jamais de conférence de presse car risque de violation du secret de l'instruction...

Ils laissent entendre que toutes les pistes auraient été fermées hormis celle électrique se souvient JM Deleau, journaliste de TF1 à Lyon...

---

5. Ceci est inexact : le 5 est au contraire à l'autre extrémité de la rue et à l'opposé de la gendarmerie (observation de l'auteur).

Les enquêteurs se sont déguisés en journalistes pour pister Raffin.
Résultat, pendant une semaine les médias se sont perdus sur des pistes que les gendarmes savaient vaines : la piste EDF, la piste électromagnétique, la piste surnaturelle, la piste géologique... «

• 12 Le 26 mars, le Figaro
Un avatar dans l'histoire des rapports ambigus entre connaissance
et irrationnel.
L'auteur de l'article distingue 5 actes dans le déroulement de ces mystérieux embrasements.

1- Naissance de l'événement dans les médias.

2- Hypothèse d'un pyromane écartée : brûler des tringles et des polochons, sans toucher aux armoires. Je n'ai jamais vu un feu comme ça déclare un pompier. En 1979, 97 feux de la ferme de Lahore (Hautes-Pyrénées) : pyromane amoureux

3- Analyse technicienne haute fréquence : une pièce d'étain fondue a dépassé les 1300°. (En réalité seuls les joints des tuyaux ont fondu, c à d : 300°). Hypothèse de faille sismique, gaz ou hydrogène des marécages, inacceptables.

4- Un coupable se profile. C'est la 20 kV d'EDF ? EDF parfaite dans son rôle (potentiel) de bouc émissaire.

5- C'était le neveu : les gendarmes s'appuient sur la chromatographie en phase gazeuse pour valider l'hypothèse de la piste criminelle !

13 Calendrier des incendies
Relevé des dates et lieux des incendies d'après la presse locale dans le tableau suivant.

Tableau 14 - Liste des feux de Moirans

dates	heure	référence	adresse	observations
samedi 4/11/1995	17 :30	Raffin JP	14 r des Cares	D'après journal local du 24 janvier 1996
dimanche 7 janvier	15 :15	Raffin Ch	5 r des Cares	"
Jeudi 11 janvier	16 :45	Lançon R	6 r des Cares	"
vendredi 12 janvier	15 :15	Vuillod	49 r Roussin	"
vendredi 12 janvier	18 :40	Robin L	45 r Roussin	"
samedi 13 janvier	12 :30	Vuillod	49 r Roussin	"
samedi 13 janvier	15 :20	Raffin JP	14 r des Cares	"
samedi 13 janvier	18 :30	Lançon R	6 r des Cares	"
samedi 20 janvier	13 :45	Raffin JP	14 r des Cares	" (R d C, atelier de bricolage)
samedi 20 janvier	14 :00	Raffin JP	14 r des Cares	" (1° étage, armoire chambre à coucher)
samedi 20 janvier	20 :16	Raffin JP	14 r des Cares	" 2 morts : Annie Raffin, femme de 50 ans ? Gérard David, pompier.
vendredi 26 janvier	18 :00	Ferme Crenans	à 2 km de Moirans	Ballots de paille roulée plastique
samedi 3 février	14-15	Raffin Ch	5 rue des Cares	Figaro du 5 février (1 incendie)
dimanche 4 février	?	Couloir d'immeuble	45 Rue Roussin	poussette d'enfant brûlée (entendu sur auto radio, à France Info, en route pour Moirans, 5/2/96, à 5 h)
Lundi 5 février	17 h			Annonce inculpation pyromane au TGI de Lons-Le-Saunier.

Enquête personnelle sur place

Parti dans la nuit, le matin du lundi 5 février 96, malgré la neige, je suis allé recenser sur place les poteaux électriques et les transformateurs de la ville. J'en ai dressé un schéma dont j'ai extrait la figure ci-dessous, sur laquelle on voit les 5 maisons groupées en 3 points de la rue des Cares et de la rue Roussin qui ont été touchées par 13 des 14 feux de Moirans.

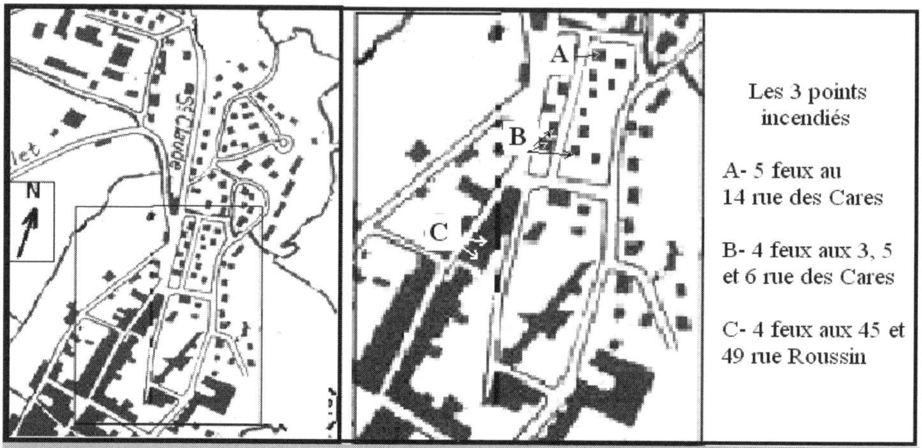

Figure 73 – Plan de Moirans-en-Montagne.

Sur le plan, les 3 points d'incendie A, B, C, se trouvent inclus dans un triangle dont les sommets sont les transformateurs du schéma, Favre, Gendarmerie et, à l'Ouest, Lavoir.

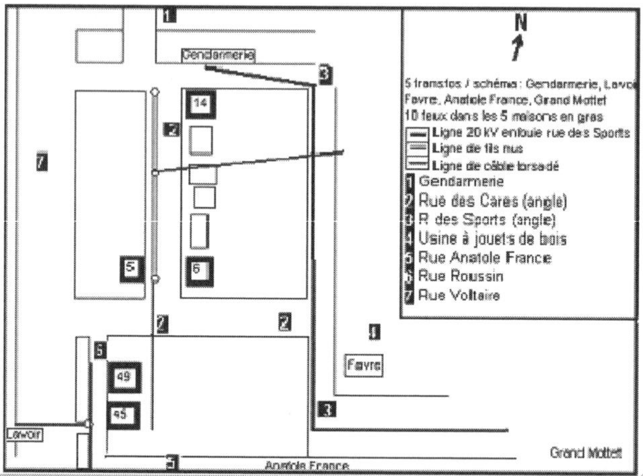

Figure 74 – Schéma des 3 maisons brûlées dans la rue des Cares

Sur le schéma, on aperçoit, au nord, 1) la gendarmerie et son transformateur qui alimente 2) une quinzaine de maisons de la rue des Cares (7 maisons représentées sur le schéma) en une ligne de 4 fils : le 1° poteau se trouve devant le n° 14, et le dernier, entre les n° 3 et 5, devant le n° 6. La ligne de 20 kV, enfouie dans 3) la rue des Sports, alimente le transfo gendarmerie ainsi que 4) la fabrique de jouets, par le transformateur Favre. Une ligne de transport, au Nord, hors schéma semble alimenter 6) la rue Roussin.

Arrivé sur place, je trouve, en quelques heures, à l'aide des adresses dont je disposais les 4 points suivants :

1- la ligne de transport de 20 kV, nouvellement enfouie du côté impair de la rue des Sports, côté le plus proche de la rue des Cares, alimente deux transformateurs de cette rue. L'un d'eux, 'Favre' alimente une usine de jouets, ce qui me paraît pouvoir expliquer des perturbations du week-end dans ce voisinage (Délestage) ; l'autre, 'Gendarmerie', alimente la rue des Cares.

2- L'usine de jouets en bois, qui ferme les samedis et dimanches, peut amener des déséquilibres dans la distribution lors de changements de régime ; elle se trouve sur l'autre côté de la rue des Sports, à moins de 200 m de la rue des Cares.

3- Le premier poteau de la ligne partant du transformateur 'Gendarmerie', en 5 fils nus et aériens, après traversée souterraine de la rue, se trouve au numéro 15, face au numéro 14 de la rue des Cares où l'on déplorait les deux victimes et 5 incendies.

4- Tout proche du numéro 5, face au numéro 6, je trouve un poteau de ce même type (type 1) qui avait vraiment attiré mon attention, lors de ma première étude en Île de France, près d'un an avant, facile à repérer, et rare, (j'en avais trouvé alors 19 pour 1 145 poteaux) ; ici, c'est une même ligne qui passe d'une forme de câblage à l'autre. C'est l'un des 2 seuls poteaux de ce type (sur les 169 de ce quartier de Moirans), l'autre se trouvant en montant la rue du Château, près du transformateur 'Grand Mottet'. Je n'ai pas vu d'insectes sur le poteau du n° 5 de la rue des Cares, ce qui était naturel en raison de la neige et du froid.

Revenu en août 2001, je n'en ai pas vu non plus, mais, alors, le problème était réglé. 4 feux s'étaient produits tout près de ce poteau, à moins de 30 m les uns des autres : 2 au n° 5, et, en face, 2 au n° 6, où 2 lits auraient brûlé en faisant fondre le carrelage sous leurs pieds métalliques (deux matelas roussis se trouvaient sous une bâche, dans la cour).

Mes conclusions

Cette enquête me permet d'énoncer une hypothèse capitale : la victime du n° 14, si elle avait couché sur un lit métallique tel que ceux utilisés par les habitants du n° 6, aurait peut-être été asphyxiée par les émanations du matelas chauffé au contact du métal, mais n'aurait pas été brûlée.

Ceci suggère que, dans cette rue des Cares à Moirans, nous avons à la fois, un exemple de ce que peuvent provoquer les effets d'un courant vagabond de retour exceptionnel au n° 14, et le moyen de prévenir ces effets au n° 6, et, qu'ainsi, dans l'hypothèse où les courants vagabonds de moindre importance seraient à l'origine de certains cancers, les sujets seraient protégés par une literie métallique.

Mais tout ceci n'est qu'hypothèse, puisque le pyromane a signé des aveux !

Bibliographie

a MOUTHON G, *Effets biologiques et médicaux des installations de courants électriques à Haute Tension*, Colloque Assemblée Nationale, 26 mars 1999

b URBAIN JP, *Solutions techniques pour une réduction du champ (ou de l'induction magnétique) créé par les lignes aériennes, Actes du Colloque international sur CEM et Consommateurs organisé par EDF*, Palais des Congrès, Paris, 24/06/1993, Paris

c DRAPER, G et al. *Childhood cancer in relation to distance from high voltage power lines in England and Wales* : a case control, British Medical Journal, 4 June 2005, vol. 330, p. 1290-1 293 ;

d ALBARET, JC : « *Hygiène des ELFs* » 43 schémas Cahiers de Stomatologie, 1993, n° 3, P 15-34, Collège des médecins stomatologistes et chirurgiens maxillo faciaux de France, 22 Avenue de Versailles, 75016 PARIS (F)

e DERANSART T, ARNAUDIES J M, *Toulouse, la contre-enquête*. Valeurs Actuelles, n° 3423 du 5 au 11 juillet 2002, p 32-40.

f SAVITZ, DA, DANA PL, *Magnetic field exposure in Relation to Leukemia and Brain Cancer Mortality among Electric Utility Workers*, American Journal of Epidemiology, 15/01/1995, Vol. 141, N° 2, P123-134, USA

g DEOUX, S, DEOUX, P, SZABASON, F, *Occupational 50-Hz Magnetic field exposure and human heart rate : a case report*. Electro-and magnetobiology, 16 (2), 153-159 (1997).

h SAVITZ, A and al. : *Magnetic field exposure and cardiovascular disease mortality among electric utility workers*. Am. J Epidemiol, 1999. 149, 135-142

i SLESIN, L, "*Working on the ground floor : a cancer risk factor* ?" Microwave news, Jan/Feb 2000, P. 8. SLESIN L., SMITH SD, editor, SSmithKY@aol. com

j AUBERT A, "*Les déplacements aéronautiques des araignées*", Bull. Trim. SOC. Et. Sci. Anjou, 2000, Arboretum de la Maulèvrerie, 9 rue du Château d'Orgemont, 49000 ANGERS (F)

k ALBARET JC, *Attraction de certains insectes par certains pylônes*. Bull. Soc. Ent. France, 1997, 102 (1), P. 88.

l MORA F, *Répartition des insectes sur hêtres et chênes de la forêt Chaux, Doubs*. Laboratoire de biologie et écophysiologie. UFR. Sciences et techniques, 25 030, BESANCON (F). IV°CIFE, Conférence Internationale Francophone d'Entomologie de St Malo, (5-9/VI/1998)

m DAJOZ Roger, *Écologie des insectes forestiers*, in 'Écologie fondamentale et appliquée, éd. Gauthier Villars, 1987.

n ALBARET JC. : *Champ électromagnétique en biologie*, J. Bot. Soc. Bot. France 12 : 101-106 (1999)

o PAULIAN R, *Biologie des coléoptères*, éd. Lechevalier, 120 Bd St Germain, PARIS, 1988

p BAKER RR, *The evolutionary ecology of animal migration*, Ed. W CLOVES, London, 1978

q Mac KAY, WP, MAJDI, S, IRVING, JS, BRADLEY V, MESSER C, *Attraction of ants (Hymenoptera : Formicidae) to Electric Fields*, Journal of the Kansas entomological society, 65 (1), 1992, pp. 39-43.

r CAMLITEPE Y, SRADLING DJ, « *Wood ants orientation to magnetic fields* », Proceedings of the Royal Society of London, Series B, Biological Sciences, 1995, 261 : 37-41.

s BRODEUR P, « *Les courants de la mort* », Laffont, déc. 1992, 367 Pages.

t BRUGERES H, *La Dépêche Vétérinaire*, Supplément Technique N° 30, 27 Fév. 1993, ISSN 0999-4866. France. P16-17.

u JOLIVET P., «*Les fourmis et la Télévision* », L'entomologiste. 1986, 42 (6) : 321-323.

v DANZE JM, *Les courants vagabonds dans les habitations et dans les élevages*. Document TESLABEL Coordination, asbl., 12 rue Beauregard, B- 7 910 Frasnes Lez Anvaing, (B)

w MERCK : *Courants vagabonds dans les étables*. Veterinary Manual Ed Merck and Co, Rawhway, USA, 1986.

x RAGOT JP : *Contribution à l'étude de l'électro galvanisme buccal*, thèse Paris, le 27/02/1969

xbis BARBIER G, FARRACHI A, *La Société cancérigène. Lutte-t-on vraiment contre le cancer ?* Édition de La Martinière, février 2004.

y DAVIES M.S *Effects of ELF EMF on early growth in three plant species (Raphanus sativus L (radish), Sinapsis alba L (mustard), and Hordeum vulgare L (barley), and a replication of, previous results.* Bioelectromagnetics 1996, 17 (2) : 154-161

z PADH H.*Electromagnetic purification of endocytic vacuoles and acidosomes from Dictyostelium. Archives of Biochemistry and Biophysics*, 1995, 316 (1) : 643-648 Cent Biotechnol Northwestern Univ, Hogan Hall, 2153 Sheridan Road, Evanstown, IL 60208, USA

aa SMITH SD, Mc LEOD BR, LIBOFF, AR, *Effect's of CR-tuned 60 Hz Magnetic fields on sprouting and early growth of Raphanus sativus, Bioelectrochemistry and bioenergetics*, 1993, 32 67-76

bb FEAU, *Bulletin Société d'Études Scientifiques de l'Anjou*, SESA, séance du 9 février 1873, P 8-9.

cc WERTHEIMER N, LEEPER E, *Electrical wiring configurations and childhood cancer, Am Jour of Epidemiol,* March 1979, 109, 3, P 273-284. USA.

dd COPIN D, « *Corrosion externe des canalisations métalliques enterrées* » Document Office International de l'Eau, direction de la formation et des Études, rue Edouard Chamberland, LIMOGES CEDEX-France

ee PORTIER CJ, Wolfe MS, *Assessment of Health effects from exposure to power-line frequency electric and magnetic fields.* Working group report, NIH publication N°. 98-3981. National Institute of Environmental Health Sciences, Research Triangle Park, North Carolina, USA 16-24 June 1998. PO Box 12233, MD A3-06, N.C., 27709. by fax : 919-541-1479 ; or by e-mail : emfrapid@niehs.nih.gov

ff THERIAULT G, « *CEM et risque de cancer : historique de l'épidémiologie.* » Actes du Colloque international sur CEM et Consommateurs organisé par EDF, Palais des Congrès, Paris, 24 juin 1993, P57- 61

gg WERTHEIMER N, LEEPER E, Re : « *Use of electric blankets and risk of testicular cancer* » and « *Use of electric blankets and risk of postmenopausal breast cancer* ». Am J Epidemiol, 15 Jan.1993 ,Vol 137, N° 2, P. 252-257

hh VENA JE, GRAHAM S, HELLMANN R, SVANSON M, BRASURE J. « *Use of electric blankets and risk of Postmenopausal Breast Cancer* ». Am J Epidemiol., (1991) ; 134, N° 2, P. 180-185.

ii ZHENG T, HOLFORD TR et coll. *Exposure to electromagnetic fields from use of electric blankets and other in-home electrical appliances and breast cancer risse.* Am J Epidemiol 2000 ; 151 : 1103-1111.

jj SOUQUES M, LAMBROZO J, *CEM liés à l'électricité et risque de leucémie de l'enfant*, Conc Méd, 123-28, 1866, 22-09-2001

kk GINIBRE A, *Dangers d'une couverture statistique*, Conc Méd, 03-03-2001, 123-08, P530.

ll TENFORDE T, *Mécanisme d'interaction des CEM avec les systèmes biologiques, Actes du Colloque international sur CEM et Consommateurs organisé par EDF,* Paris, 24 juin 1993, P49-56.

mm MOULDER JE, *Approche biomédicale : le point de vue d'un cancérologue. Symposium du 21 janvier 1997, Palais des Congrès, Bruxelles Actes du Symposium Champs électriques et magnétiques de très basse fréquence*, Perspectives scientifiques. Éd : J Lambrozo et I Le Bis, EDF- Electrabel.

nn SOUQUES M, *Les champs magnétiques 50/60 Hz et le risque de maladies neurodégénératives : revue de la littérature épidémiologique,* in Annales du Colloque annuel de la SFRP, Corum de Montpellier, SFRP, 2003, 11, 12 & 13 juin.

oo ALBARET JC, « *De la pathologie à l'éthologie autour de certains poteaux électriques de 380V* « Poster n°15 , in Annales du Colloque annuel de la SFRP, Corum de Montpellier, SFRP, 11 au 13 juin 2003.

pp DAMAMME G, Tutorial : *force et énergie dans les diélectriques chargés*, Conférence ASPROM, Électromagnétisme et écologie, 24 & 25 juin 1998, 7 Rue Lamennais, 75008, Paris.

qq VIEIRA Filho JP, « *Malignant tumors among Gaviao Indians. Proximity of electromagnetic fields* », Rev Assoc Med Bras (Brazil), Apr-Jun 1994, 40 (2) P137.

rr MASCHI JP, «*Combat pour une idée : la pollution électromagnétique* », France Europe Editions, 28 Bd Stalingrad, 06 300, NICE, mai 2005.

ss ALBARET JC : *Tumeurs cérébrales et électricité : évaluation et mesure du risque*, 54° Congrès de la SNCLF, Société de Neuro Chirurgie de Langue Française, Poitiers, 7-10 juin 2004. Résumé des communications, P 11.

tt DILLENSEGER JP, *Une poétique du mieux être. Revue d'architecture « d'A »*, n° 59, P55, Centre national des professionnels de géobiologie, 9 bis rue de Verdun, RIEDISHEIM

uu FIGARO (Le) «*L'entreprise, CLUBTEX tisse son réseau* », 12 nov. 2002, P19.

vv CIRE : *Cellule Inter Régionale d'Épidémiologie d'Ile-de-France*, Préfecture de Versailles ; octobre 2004.

ww ALBARET JC : *Réflexions d'un stomatologiste sur un cas d'arthrite dentaire chez un chien*. Rec. Méd. Vét, 1977, 153 (7-8), 473-477.

xx SMITH CW, BEST S, *L'homme électromagnétique,* Ed Marco Pietteur, 1989, version révisée : 2002.

yy BONHOMME-FAIVRE L. *Study of human neurovegetative and hematologic effects of environmental low frequency (50 Hz) electromagnetic fields produced by transformers.* Archives of Environmental Health 1998 53 : 87-92.

zz VENA JE, FREUDENHEIM JL, MARSHALL JR, LAUGHLIN R, SWANSON M, GRAHAM S. « *Risk of Premenopausal Breast Cancer and use of Electric Blankets* », American Journal of Epidemiology, (1994)Vol. 140, N° 11, P974-979.

aaa DANZE JM, LE RUZ P, SANTINI R, BOUSQUET M, MERCIER JL, *Pourquoi et comment mesurer les Champs électriques et magnétiques 50/60 Hz*. Ed Encre, 1995.

bbb SANTINI Roger, *Notre santé face aux champs électriques et magnétiques. Des faits scientifiques aux conseils pratiques*, Ed Sully, mai 1995

SANTINI Roger, DANZE *Jean Marie, SEIGNE Marius, LOUPPE Benoît, Guide pratique Européen des pollutions électromagnétiques de l'Environnement*, Ed Marco Pietteur, 2000.

ccc SANTINI Roger, *Champs électriques et magnétiques de 50/60 Hertz, un réel risque cancérogène ?* La Revue du Praticien, 2000, 494 : 633-636.

ddd LOUPPE B, *Pollutions électromagnétiques : origine, dépistage, effets biologiques, solutions*, Ed Cahiers Société Nature et Progrès, Namur, 2001.

eee BREUER Hans, *Atlas de la physique* , La Pochothèque, Le livre de poche, 1997,version originale en allemand dtv-Atlas für Physik, 1987.

Table des encarts

Table des tableaux

Table des figures

Sigles et acronymes

Les 5 sigles marqués * sont propres à l'auteur.

Code dans la marge:

A : Association. C: Compagnie. D: Divers. I : Institut ou agence. M: Médecine.

O : Organisation. T: Technique.

T - A : Ampère

T - AC : courant alternatif, en anglais : alternating current.

I - AFSSA : Agence Française de Sécurité Sanitaire des Aliments

I - AFSSAPS: Agence Française de Sécurité SAnitaire des Produits de Santé (143-147 Bd Anatole France, 92285, St Denis, CEDEX)

I - AFSSE : Agence Française de Sécurité Sanitaire Environnementale, 27 av. Général Leclerc, 94700, Maisons-Alfort.

I - AFSSET : Agence Française de Sécurité Sanitaire de l 'Environnement et du Travail, 253 av. du Général Leclerc, 94701, Maisons-Alfort Cedex, Tél. : 01 56 29 19 30.

T - ALARA: aussi bas qu'il est raisonnablement possible de le réaliser. (As Low As Reasonably Achievable)

O - ANAES: Agence Nationale d'Accréditation et d'Évaluation en Santé

I - ANARS : Agence NAtionale de Recherche sur le Sida

A - APE: Agir Pour Environnement, www.agirpourlenvironnement.org

A - ARABEL: Association de Recherche Acoustique, 34 rue docteur P . Michaux, 44230, St Sébastien/Loire, Tél.: 0240342748

A - ASPROM: ASsociation pour la PROmotion des Micros, 7 rue Lamennais, Paris 75008

M - BCP: Bradycardie Cardiaque Paroxystique (ralentissement extrême du coeur)

T - BCG: Bilié de Calmette Guérin (vaccin anti-tuberculeux)

T - BT: Basse tension

O - BRGM: Bureau de Recherche Géologique et Minières

A - CICPP: Commission Internationale Consultative Principe de Précaution

O - CIRE : Cellule Inter Régionale d'Épidémiologie

O - CIST : Commission Internationale de Santé au Travail (ICOH, en anglais)

T - CDPA : Câble De Protection Aérien (sigle SNCF)

T - CEM: Champ Electro Magnétique (EMF angl. : Electro Magnetic Field), et Compatibilité Électro Magnétique

C - CGE: Compagnie Générale d'Électricité.

T - CME: Champ Magnétique Elliptique

A - CNIID: Comité National d'Information Indépendante sur les Déchets, 21 rue Alexandre Dumas, Paris 75011, Tél.: 0155782865

O - CNIL: Commission Nationale Informatique et Liberté, 21 rue Saint Guillaume, 75007 Paris.

T - COBOL : Common Business Oriented Language

C - COGEMA : COmpagnie GEnérale des MAtières nucléaires

O - CRIIRAD: Commission de Recherche et d'Information Indépendantes sur la RADioactivité, 471 rue Victor Hugo, 26000, Valence, 04 75 41 82 50

O - CRIIREM : Centre de Recherches et d'Information Indépendantes sur les Rayonnements ElectroMagnétiques non ionisants, 11 rue Edith Piaf, 72000, Le Mans. Tél. : 02 43 21 18 69

T - CS*: Configuration Spécifique (des fils sur un poteau ou un pylône électrique)

T - CVR*: Courant Vagabond de Retour

T - DC : courant continu, en anglais : Direct Current

O - DDE : Direction Départementale de l'Équipement

T - ddp : différence de potentiel (tension exprimée en volts)

A - EDF: Angl. Association de défense de l'environnement (Environmental Defense Foundation)

C - EDF: Fr. Électricité De France

T - ELF: champ de très basse fréquence, 50 et 60 hertz. En anglais Extremely Low Frequency

M - EMAD : Encéphalo Myélite Aiguë Démyélinisante

T - EMF: Electro Magnetic Field (champ électromagnétique)

T - EMC: Encyclopédie Médico Chirurgicale.

O - EPU: Enseignement Post Universitaire

T - fem: force électro motrice

T - femli : force électromotrice longitudinale induite

M - FS: Formule Sanguine

A - GAEC: Groupement Agricole d'Exploitation en Commun (loi Pisani, 1961).

A - GIRI : Groupe International de Recherche sur l'Infinitésimal

A - GRETAC : Groupe de Recherche et d'Enseignement des Thérapeutiques Allopathiques et Complémentaires

T - HCC : High Current Configuration (configuration de courants forts)

T - HT: Haute tension

O - IARC: Association Internationale de Recherche sur le Cancer

O - ICOH : CIST. En anglais : International Committee Organization Health

T - IGH: Immeuble de Grande Hauteur (plus de 10 étages, Loi de 1973)

I - IFP : Institut Français des Pétroles (Rueil-Malmaison)

I - IML: Institut Médico Légal (ex Morgue).

I - INERIS : Institut National Environnement industriel et RISque, 60550, Verneuil-en-Halatte

I - INED: Institut National d'Études Démographiques. (Tour gamma, Gare de Lyon)

I - Inpes : Institut national de prévention et d'éducation pour la santé

O - INSERM : Institut National de Santé Et Recherche Médicale

I - InVS: Institut de Veille Sanitaire, 12 rue du Val d'Osne, 94410 Saint Maurice.

I - IREQ: Institut de Recherches et d'Études Hydroquébec Québec, (Hydroquébec, société d'électricité au Canada).

M - LAL: Leucémie Aiguë Lymphoïde

M - LCC: anglais : Low Current Configuration (configuration de courants faibles)

M - LMC: Leucémie Myéloïde Chronique

M - LMNH: Lymphome Malin Non Hodgkinien

M - MBD: anglais: Malignant Blood Disease, utilisé en France pour 'hémopathie maligne'.

A - MDRGF: Mouvement pour les Droits et le Respect des Générations Futures, 7 rue principale 60380 Saint Deniscourt Tel/Fax: 0344827037

O - MICA: Mécanisme d'Incitation à la Cessation d'Activité

O - NIEHS : National Institute of Environmental Health Sciences. Anglais : Institut National des Sciences de l'Environnement et Santé of Environmental Health Service.

M - ODG : Oligo Dendro Gliome (une tumeur cérébrale)

O - OIE: Office International de l'Eau (Limoges)

O - OMS : Organisation Mondiale de la Santé (en anglais, WHO, World Health Organization)

A - OVALE: Observatoire de Vigilance et d'ALerte Ecologique (Fondatrice, Me Corinne Lepage) 40 rue Monceau, Paris 8°, Tél. : 0613677391

T - PC: Protection Cathodique

T - PCB: Poly Chloro Biphenyle (Liquide de refroidissement des transformateurs)

T - PEMF: anglais : Pulsed Electro Magnetic Field, champ électro magnétique pulsé.

O - PIOM: Phénomènes Inter Ondes Molécules (Laboratoire à Bordeaux).

D - PKiN: Palais de la Culture et des Sciences à Varsovie (P) (Palaz Kultura i Nautae)

A - PRIARTEM: Pour une Réglementation des Implantations d'Antennes Relais de TEléphonie Mobile

T - PVC: Poly Vynile Chlorure (Tuyaux de plastique adoptés par les services des Eaux)

M - RAS: Rien A Signaler.

T - RAS*: EDF: Remontée Aéro-Souterraine (sur plaque du dernier pylône de transport électrique avant le transformateur)

C - RATP Régie Autonome des Transports Parisiens

T - RCI: Résonance Cyclotronique des Ions

T - REMP : Rayonnement Electro -Magnétique pulsé (équivalent du PEMF anglais)

T - RER: Réseau Express Régional

T - RIP: Référendum à Initiative Populaire

C - RTE: Réseau de Transport Électrique

C - SEM: Service d'Études Médicales (d'EDF)

O - SFRP: Société Française de Radio Protection

C - SNCF: Société Nationale Chemin de Fer

A - SNCLF: Société de Neuro- Chirurgie de Langue Française

T - SQUID: Super conducting Quantum Interference Device Appareil de mesure de champs magnétiques de très faible grandeur (coeur, cerveau, etc.) avec supraconducteurs :

T - TGV: Train à Grande Vitesse

T - THT: Très Haute Tension

O - UFC- Que Choisir: Union Fédérale des Consommateurs, 11 Rue Guénot, 75011, Paris

O - UMPC: Université Marie et Pierre Curie (Univ. Paris VI, Jussieu)

T - V: volt; kV: kilovolt; mV: millivolt

M - VADS: Voies Aéro Digestives Supérieures (cf. cancer des VADS)

T - VASEM* : VAriation Spatiale Électro Magnétique des champs.

M - VHB: Virus de l'Hépatite B

O - WHO: anglais, World Health Organization: Organisation Mondiale de la Santé.

O - ZAC : Zone d'Aménagement Concerté (urbanisme)

O - ZAD: Zone d'Aménagement Différé

T - ZARC*: Zone A Risque de Cancer

T - ZED : Zone Électromagnétique de Désadaptation.

O - ZUP: Zone d'Urbanisation Prioritaire.